HAIYANG JISHU JINZHAN 2021

海洋技术进展 2021

国家海洋技术中心
自然资源部海洋观测技术重点实验室 编

海洋出版社
2022年·北京

图书在版编目（CIP）数据

海洋技术进展. 2021 / 国家海洋技术中心，自然资源部海洋观测技术重点实验室编. -- 北京：海洋出版社，2022. 6

ISBN 978-7-5210-0959-0

Ⅰ. ①海… Ⅱ. ①国… ②自… Ⅲ. ①海洋学 Ⅳ. ①P7

中国版本图书馆 CIP 数据核字（2022）第 105269 号

责任编辑：任 玲
责任印制：安 淼

海洋出版社 出版发行

http://www.oceanpress.com.cn

北京市海淀区大慧寺路 8 号 邮编：100081

鸿博昊天科技有限公司印刷

2022 年 6 月第 1 版 2022 年 9 月北京第 1 次印刷

开本：889 mm×1194 mm 1/16 印张：17.75

字数：354 千字 定价：198.00 元

发行部：010-62100090 邮购部：010-62100072

总编室：010-62100034 编辑室：010-62100038

编 委 会

前　言

当今世界正处于“百年未有之大变局”时期，海洋已成为经济全球化、区域经济一体化的联系纽带和战略资源的接替空间，在国家经济发展和对外开放中的影响更加重要，在维护国家主权、安全、发展中的作用更加明显，在国家生态文明建设中的作用更加突出。《中华人民共和国国民经济和社会发展第十四个五年规划和2035年远景目标纲要》以“积极拓展海洋经济发展空间”为专章，明确提出要“建设现代海洋产业体系，打造可持续海洋生态环境，深度参与全球海洋治理”；还提出要“坚持创新在我国现代化建设全局中的核心地位，把科技自立自强作为国家发展的战略支撑，面向世界科技前沿”。在此背景下，编写海洋技术进展，研究国外海洋技术发展现状和趋势，总结我国海洋技术发展现状，梳理关键核心技术发展的不足与短板，分析我国海洋技术的未来发展方向和发展策略，对找准海洋技术创新着力点、实现海洋技术自立自强具有重要的指导意义。

自20世纪80年代以来，国家海洋技术中心组织编写了关于海洋技术进展的系列研究报告与专著。报告与专著立足于国内外海洋科技发展计划与战略，从对海洋观测技术、海上试验场与海洋观测系统等领域发展情况的梳理、分析与研究，向相关管理部门提供战略决策参考，为研究人员了解相关海洋技术发展进展和拓展技术创新空间提供技术咨询和借鉴，为制定国家、行业海洋技术和产业发展规划及确定近、中长期发展目标提供基础支撑和服务，为社会公众普及海洋技术知识提供阅读和参考读本。

本册《海洋技术进展（2021）》共包括9章，第1章主要阐述世界主要海洋组织和海洋国家近几年制定的海洋科技发展战略、规划和政策；第2~9章分别介绍自2015年以来国内外海洋遥感、海洋环境定点观测、海洋环境移动观测、海洋生态在线监测、海洋环境安全保障、海洋观测系统、海上试验场和海水放射性在线监测等技术的发展现状，并预测发展趋势、提出发展建议。

全书编写工作由彭伟和韩家新负责组织策划。各章节执笔人主要有：第 1 章，司玉洁、张中华、倪晨华、李志、赵文璇和吴亚楠；第 2 章，朱建华、韩冰、田震、王贺、李芝凤和胡楠；第 3 章，张翼飞、王鹏、郭海、孙成龙、高艳波、张锁平、张东亮、张倩、厉运周、杨子原、邱文博、贾立双、商红梅、张毅和门雅彬；第 4 章，姜民、王斌、齐占峰、秦玉峰、李亚文、商红梅、彭家忠、薛彩霞、门雅彬、宋雨泽和李超；第 5 章，李燕、王宁、杨鹏程、刘玉和吕意华；第 6 章，刘宁、董涛、张东亮、王心鹏、李亚文和孔佑迪；第 7 章，韩林生、王祎、王静、李晶和李彦；第 8 章，王项南、王鑫、石建军、路宽、王花梅和薛彩霞；第 9 章，张金钊；全书由高艳波、薛彩霞、张中华和门雅彬统稿。

本书的策划与编写得到了自然资源部海洋预警监测司领导的指导和支持，得到了国家重点研发计划项目“基于固定平台的海洋仪器设备规范化海上测试技术研究及试运行”（编号：2016YFC1401200）项目的资助，得到了山东省科学院海洋仪器仪表研究所（齐鲁工业大学海洋技术科学学院）的帮助，在此表示诚挚的感谢。在撰写过程中，参考和吸收了许多国内外文献、相关网站的一些内容，一并向有关作者表示感谢。同时，感谢编写人员的辛勤劳动和密切合作。

囿于海洋技术学科内容和专业领域涉猎广泛，作者的专业技术水平和学术能力有限，加之时间紧促，书中错误之处在所难免，诚望相关领域专家和广大读者给予真诚的批评和指正。

编　者

2021 年 4 月

于国家海洋技术中心

目　录

第1章
海洋科技计划和发展战略

当前，随着人工智能、物联网、大数据、机器人、新材料等新兴技术的进步，全球海洋科学技术发展日新月异，在未来几十年中将对海洋开发利用、海洋军事以及海洋空间发展等方面产生深刻影响。国际海洋组织、世界先进海洋国家和我国政府都特别重视海洋科技发展，积极发布发展战略和规划，争相获取海洋研究、海洋观测、深海探测、海底通信的“先发优势”。海洋科技日益成为各国科技与经济发展竞争的焦点之一。

1.1 国际组织海洋科技发展部署

近年来，国际组织愈发关注构建海洋命运共同体，全球合作与多学科交叉开展全球或区域性的海洋科学研究，已成为发展的基本趋势。这些组织制订了一系列海洋科学计划，提出了一些重要的海洋科技发展战略，并对未来海洋科技发展进行预测研究，这将有助于我们了解海洋科技发展的热点和焦点，保持海洋科技发展的国际视野。

1.1.1 联合国教科文组织：继续推动全球海洋科技战略

为进一步加强全球和区域性海洋研究和技术创新、推动联合国2030年可持续发展议程落实，联合国教科文组织（United Nations Educational, Scientific and Cultural Organization, UNESCO）对世界海洋科学能力现状和趋势进行评估，确定全球海洋科学的机遇和挑战；积极推动海洋观测系统建设，强调持续的海洋观测对可持续发展至关重要。

1.1.1.1 海洋科学促进可持续发展十年规划（2021—2030）

2020年6月17日，联合国教科文组织政府间海洋学委员会（International Oceanographic Commission, IOC）发布了《海洋科学促进可持续发展十年规划（2021—2030）》实施计划初稿。本实施计划由三部分组成，第一部分解释了“海洋十年”背景以及“海洋十年”实施后海洋的理想状态；第二部分描述了“海洋十年”的任务以及行动的标准和程序，还提出了在这个十年中指导数据管理、能力发展和与不同利益攸关方合作的原则；第三部分就管理框架与合作框架、资源需求及资源收集机制等提出方案。

“海洋十年”的愿景是“构建我们所需要的科学，打造我们所希望的海洋”。“海洋十年”的使命是“推动形成变革性的海洋科学解决方案，促进可持续发展，将人类和海洋联结起来”。“海洋十年”将促进生成必要的数据、信息和知识，实现从“我们所拥有的海洋”到“我们所希望的海洋”的转变。下述七项成果勾勒出“海洋十年”结束时“我们所希望的海洋”应有的样貌：

(1)一个清洁的海洋，即海洋污染源已经查明并有所减少或被消除。

(2)一个健康且有复原力的海洋，即海洋生态系统得到了解、保护、恢复和管理。

(3)一个物产丰盈的海洋，即海洋能够为可持续粮食供应和可持续海洋经济提供支持。

(4)一个可预测的海洋，即人类社会了解并能够应对不断变化的海洋状况。

(5)一个安全的海洋，即保护生命和生计免遭与海洋有关的危害。

(6)一个可获取的海洋，即可以开放并公平地获取与海洋有关的数据、信息、技术和创新。

(7)一个富于启迪并具有吸引力的海洋，即人类社会能够理解并重视海洋与人类福祉和可持续发展息息相关。

“海洋十年”的宏伟愿景，仅凭某一个国家、某一个利益攸关方群体、某一代人或某一门科学学科的力量无法实现。“海洋十年”将广泛集结各界利益攸关方，围绕一系列共同的优先事项，统一协调各方所开展的研究、投资和举措，使其共同努力所取得的成果大大超过各自单枪匹马所能取得的成果之和。届时，各项举措将根据具体情况和优先事项，在地方、国家或地区层面发展和壮大。在这一进程的每个阶段，能力建设(包括改善数据和技术获取)、提高海洋素养以及营造有利环境确保广泛包容性(包括性别、代际和地域多样性)都将至关重要。

1.1.1.2 持续发展全球海洋观测系统

2019 年 6 月，联合国教科文组织发布《全球海洋观测系统 2030 战略》(Global Ocean Observing System 2030 Strategy)，分析了全球海洋观测系统建设的必要性，提出了海洋观测系统建设的任务、目标和远景展望。报告指出，在当前全球变暖和海洋灾害频发的背景下，各国对全球海洋观测的需求大大增加，因此需要建立一个真正一体化的全球海洋观测系统。全球海洋观测系统应能全面覆盖全球海洋观测区域，并通过缔结合作伙伴关系，建立全面、响应迅速和可持续的观测系统。全球海洋观测系统的目标是发展成为综合观测系统，为业务服务、气候变化和海洋健康 3 个关键应用领域提供重要信息。到 2030 年，全球海洋观测系统应能满足终端用户的需求。该系统提供的信息将涉及气候、海洋生态系统健康以及对人类的影响，这些都将来自本地测量以及针对物理和生物变化的远程测量。

2019 年 7 月 1 日，在联合国教科文组织政府间海洋学委员会第 30 届大会上，世界气象组织(World Meteorological Organization，WMO)海洋学和海洋气象学联合技术委员会(Joint WMO/IOC Technical Commission for Oceanography and Marine Meteorology，JCOMM)与 IOC 提交了联合编写的

《海洋观测系统》(Ocean Observing System)报告。该报告提到，至2018年，有86个国家参与建设全球海洋观测系统；拥有8 933个海洋观测平台与170颗海洋卫星；观测18个基本海洋变量(EOVs)和9个大气基本气候变量(ECVs)；ARGO计划(Array for Real-time Geostrophic Oceanography)，通俗称“ARGO全球海洋观测网”，通过4 000多个浮标获得了200万个温盐剖面，目前正在进行国际合作项目以获取6 000米深的剖面，并在测量季节性结冰海域的生物地球化学变量；气象机构每年由此发出的天气预报达数十万份；科学家每年发表有关海洋观测的论文有成千上万篇；获得经济效益每年达到1.5万亿美元。该报告还提到，为了获取更多的实时观测信息和长期监测海洋变化所需的高质量数据，同时也为有助于解决样本不良地区缺乏数据的问题，正在引入新技术并不断改进，利用水下滑翔机和冰浮标，监测北极和南极二氧化碳浓度的增加。同时，强调了持续的海洋观测(尤其是海洋酸化监测)对可持续发展至关重要。

2020年4月发布的《全球海洋观测系统2030年战略实施路线图》(A Roadmap for the Implementation of the Global Ocean Observing System 2030 Strategy)是对《全球海洋观测系统2030战略》的补充，该路线图旨在为国家、合作伙伴和发起者提供一个框架，以指导国际社会实现2030年战略和愿景的优先事项和行动。

1.1.1.3 评估全球海洋科学研究现状和趋势

2017年6月8日，联合国教科文组织发布题为《全球海洋科学报告：全球海洋科学现状》(Global Ocean Science Report, The Current Status of Ocean Science around the World)的报告，简称《全球海洋科学报告》(GOSR)。这是政策制定者和学者等广大利益攸关方寻求了解和利用海洋科学潜能以应对全球挑战的一份重要参考文件。该报告可以为与海洋科学资金支持相关的战略决策提供参考信息，展现科学合作机遇，并促进形成有利于进一步发展海洋科学能力的合作。这一能力在国家和国际海洋科学战略和政策的8个综合性、跨学科性和战略性主题中得到体现：蓝色增长、人类健康和福祉、海洋生态系统功能和演变过程、海洋地壳与海洋地质灾害、海洋和气候、海洋健康、海洋观测和海洋数据以及海洋技术。

2020年12月14日，联合国教科文组织发布第二份《全球海洋科学报告》，即《2020年全球海洋科学报告：科学能力摸底调查》(Global Ocean Science Report 2020: Charting Capacity for Ocean Sustainability, GOSR2020)。共有45个国家直接为第二份《全球海洋科学报告》贡献了数据和信息，这些国家2010—2018年期间的海洋科学论文发表数量占比达82%。第二份《全球海洋科学报告》另行考察了以下4个主题：①海洋科学对可持续发展的贡献；②科学应用在专利中的体现；③对海洋科学人力资源性别平等问题的深入分析；④海洋科学能力建设。

报告得出的主要结论：①海洋科学的研究成果对可持续发展政策具有直接影响，并被应用于多个社会部门的管理战略和行动计划。这些研究成果被转化为诸多具有直接社会效益的应用，例如新型药物的生产和工业上的应用。即使如此，其潜力依然尚未得到充分开发利用。②尽管海洋科学与人类社会息息相关，但海洋科学经费供应却普遍不足，由此削弱了海洋科学在为人类可持续提供海洋生态系统服务方面所能发挥的助推力。③海洋科学领域女性所占比例依然偏低，特别是在技术性较强的职类。④各国对青年海洋科学家的认可程度和支持水平存在很大差异。总的来说，处于职业生涯早期的海洋科学家和专业人员作为未来十年及以后应对海洋可持续性挑战的才智来源和劳动力，并未获得适当认可。⑤海洋科学技术能力在各国和各地区之间的分布仍然不均衡，这种不均衡局面又因海洋科学资金支持的短期性或临时性而进一步加剧。⑥全球海洋科学论文发表数量持续增加，特别是在东亚和东南亚国家。⑦各国管理海洋数据和信息的能力不足，继而阻碍数据开放存取和共享。⑧《全球海洋科学报告》进程为在国际范围内衡量海洋科学能力提供了一种系统化的方法。需要建立类似的机制来衡量整个《2030 年可持续发展议程》，特别是可持续发展“目标 14：保护和可持续利用海洋和海洋资源以促进可持续发展”的落实进展情况。到目前为止，这项工作一直是根据需要临时安排，世界上许多地方都缺乏系统化的扶持框架和战略。

1.1.2 国际科学理事会：分析八大海洋科学问题

2016 年 5 月，国际科学理事会(International Council for Science，ICSU)海洋研究科学委员会(Scientific Committee on Oceanic Research，SCOR)、国际大地测量和地球物理学联合会(International Union of Geodesy and Geophysics，IUGG)、海洋物理学协会(International Association for the Physical Sciences of the Ocean，IAPSO)联合发布《海洋的未来：关于 G7 国家所关注的海洋研究问题的非政府科学见解》(Future of the Ocean and its Seas：a non-governmental scientific perspective on seven marine research issues of G7 interest)报告。该报告是由 14 位国际海洋学专家共同完成的，对以下八大海洋科学问题进行了分析和评述，并提出了具体建议。

跨领域问题。未来强化全球海洋及七国集团(Group of Seven，G7)国家海域监测，需要改进和整合全球有关海洋物理学、海洋化学和海洋生物学等领域的科学认识，以确定海洋变化趋势及其变率，并认识其变化机制。跨领域的手段能够为战略性研究挑战提供解决方案，并将有助于实现面向海洋管理的科学—政策效应最大化。

海洋环境塑料污染。塑料物质已成为全球海洋垃圾中最常见的组成部分，对各国环境和经济造成严重威胁。然而，目前对塑料垃圾特别是微塑料颗粒的具体分布、运移路径及其影响均处于未知状态。因此，需要部署卫星传感器、无人飞行器和原位观测系统，对塑料垃圾进行监测，同时需要实验室研究的配合。加强各研究中心与从事海洋垃圾研究的专家之间的联系和交流，同时在现有国际合作网络和框架基础上开展研究人员、企业和政府部门联合研究，将有效促进相关研究的发展。

深海采矿及其对生态系统的影响。目前，商业化深海采矿成为热点。因此，要加强企业和科研机构之间的国际合作，同时联合不同国家深海生态系统领域的专家，展开大规模的有关种群范围、生态系统功能等深海生态系统的基础研究。

海洋酸化。海洋酸化日益严重，由此所产生的海洋生态系统和生态系统服务影响具有不确定性。因此，需要对海水 pH 的时空影响因素、多环境要素相互作用的复杂效应，以及对不同变化速率下进化适应的潜力等开展进一步的研究。

海洋脱氧作用。气候变化正在使海水混合作用减弱，从而导致海洋低含氧区域范围的持续扩大，这将产生重要的生物学和生物地球化学变化。因此，有必要对海水的这种脱氧过程及其影响开展研究，对海洋参数变化进行更高时空分辨率的观测，同时定期收集对变化响应最为敏感的近海区域的数据。为此，G7 国家应当增进资源共享，并对发展中国家提供有关网络协同和能力构建方面的援助。

海洋变暖。温室气体排放导致海洋温度升高，强烈影响着十年尺度的气候变率和极端天气事件的形成。由于目前还无法对深海区域的温度变化进行有效监测，因而对深海温度变化的认识有限，从而导致对未来海平面上升和气候变化的预测存在不确定性。只有开展全深度海洋监测，才能全面认识和理解海洋变暖机理，才能进一步开展在不同气候变化情景下未来海洋变暖趋势的预测。

生物多样性损失。目前对海洋生物多样性的认识极为有限，大部分海洋物种可能尚未被发现。开展海洋保护行动以及进行类似的干预，有助于维持海洋生物多样性及其功能。G7 国家应当建立国际工作组，对海洋生态系统功能及其服务损失的影响进行评估；推动建立由发达国家和发展中国家共同参与的全球海洋保护网络。

海洋生态系统退化。过去 50 年，全球海洋生态系统退化明显加速，为遏制这种趋势，G7 国家同其他国家应当开展国际联合行动，以使海洋生态系统退化驱动机制减弱，促进全球对海洋认识的深化并推动全球海洋保护事业发展。相关行动包括：改进国家海洋生态系统评估；明确海洋生态系统退化的驱动因素，并制定消除及减缓措施；加强对人类活动的海洋环境成本评估及自然资本成本效益分析；推动旨在解决全球环境问题的国际立法；强化海洋知识培训与教育等。

1.1.3 多国联合海洋合作科学研究计划

海洋科学是一门交叉大科学，多国合作开展研究事所必然。因此，海洋领域多个科学研究计划都是由多国合作进行的，它们对海洋科学学科发展和重大的、全球性的科学问题的解决起到了很大的推动作用。

1.1.3.1 Argo 全球海洋观测网计划

Argo 全球海洋观测网建设是由美国、日本等国家的大气、海洋科学家于 1998 年推出的一个大型海洋观测计划，旨在快速、准确、大范围收集全球海洋上层的海水温度、盐度剖面资料，以提高气候预报的精度，有效防御全球日益严重的气候灾害(如飓风、龙卷风、冰暴、洪水和干旱等)给人类造成的威胁。自 2000 年以来，国际 Argo 计划已经在全球海洋上投放了约 1.6 万个自动剖面浮标。至2020年2月中旬，经过30多个国际Argo计划成员国的不懈努力，目前全球海洋浮标数量已达4 000个。其中，贡献前10名的国家有：美国(2 211个)、澳大利亚(359个)、法国(270个)、日本(229个)、德国(162个)、英国(153个)、印度(115个)、中国(98个)、加拿大(96个)和韩国(36个)，累计占Argo观测网内活跃浮标总数的93%左右。

2019年3月，第20次国际Argo指导组会议提出了Argo2020愿景。作为加强版的全球Argo计划，Argo2020在2025年之前将建成一个由4 700个自动剖面浮标组成的全球(包含有冰覆盖的南北极海域和重要边缘海区域)、全海深(0~6 000 m)、多学科(包括物理海洋和生物地球化学等10多个海洋环境要素)的实时海洋观测网。扩展的Argo观测网不仅可以通过基础研究提高人们对海洋、气候变化的评估和认识，还可以通过改进长期海洋再分析和预报模型及其模式参数化等，提高对海洋和天气/气候的业务预测预报水平，从而达到更好的监控当前气候变化和生态系统健康的目的，使得全社会能更好地适应气候变化。此外，Argo2020还会将Core-Argo(2 500个计划浮标)、BGC-Argo(1 000个计划浮标)和Deep-Argo(1 200个计划浮标)等子计划中收集的物理和生物地球化学环境要素资料统一集成在一个综合的Argo数据管理系统中，继续给予广大用户最高效、最大化利用Argo数据的免费共享环境，进一步促进Argo资料在海洋资源开发、蓝色经济发展和气候变化适应等科学和社会领域中的广泛应用，以确保人类社会的可持续发展。

1.1.3.2 热带太平洋观测系统2020计划

热带太平洋观测系统2020计划(Tropical Pacific Observing System 2020 project，TPOS 2020)为提升和重新设计热带太平洋国际观测系统提供了一个极为难得的契机。热带太平洋海-气耦合系统的变化能强烈影响全球气候，是预测世界范围内年际尺度气候变异的关键所在。

热带太平洋锚系阵列(tropical moored buoy array，TMA)在2012—2014年的严重退化，给厄尔尼诺-南方涛动(El Niño-Southern Oscillation，ENSO)的预测工作和相关业务带来巨大风险。因此，2014年，美国提出了热带太平洋观测系统2020计划。TPOS是由全球海洋观测系统(Global Ocean Observing System，GOOS)延伸出来，针对热带太平洋的多国合作的可持续观测系统。TPOS 2020计划旨在提升和重新设计热带太平洋的国际观测系统，提高对ENSO的预测能力，并进一步认知和预测热带太平洋气候变异及其在农业、海洋生态系统、人类健康、防灾减灾等领域的全球影响。

2016年8月，TPOS 2020发布《TPOS 2020初次报告》。报告指出，TPOS在热带海洋和全球大气试验计划(Tropical Ocean-Global Atmosphere，TOGA)开展之后的20年中取得了很大的成功，其重新设计得到的TPOS 2020是基于1985—1994年间的TOGA以及之后对其观测系统的大量更新和改进。该系统利用卫星和现场观测新技术的发展，提供更高的效率、有效性和可靠性。其研究对象包括海洋混合层和与其相互作用的海-气通量、日变化、赤道海气耦合物理机制、太平洋边界区域，以及生物地球化学(特别是海-气碳通量)。TPOS 2020针对矢量风、海表面温度(Sea Surface

Temperature，SST）等多种观测目标的监测方法和技术提出了22项建议，以及“维持或恢复布放在西太平洋6个TMA站点”等多个具体实施措施。

2019年5月，TPOS 2020发布《TPOS 2020第二次报告》。报告指出，热带太平洋观测系统具有几个鲜明的特点：①强调了更加广泛的用户服务，从传统的厄尔尼诺预报服务向支持无缝隙的天气与气候预报预测服务需求发展，特别是在西太平洋重新设计的“丁”字形浮标阵列更好地支持了面向东亚地区的季风预报需求；②从两国主导向地区国家更广泛地参与转变，中国、韩国、印度尼西亚、太平洋岛国、法国、秘鲁等国家都被称为新方案的积极参与者，特别是在将赤道太平洋的Argo浮标数量增加一倍的行动中；③更加强调卫星观测与现场观测的结合，特别是在更好地分辨海洋-大气相互作用过程方面(如海洋混合层的分辨能力、海气界面通量的观测能力都大大提高)，也更好地支持了散射计、降水等卫星的发展；④更加强调了观测与模式的过程研究、预测服务的结合。

2019年11月，自然资源部第二海洋研究所承办了该计划的第六届科学指导委员会会议，不仅拓展了国际合作，也有力地提升了我国在国际大型观测计划方面的话语权，陈大可院士担任科学指导委员会委员。

1.1.3.3 西北太平洋海洋环流与气候试验国际合作计划

2010年，由以中国科学院(简称“中科院”)海洋研究所为主的中国科学家倡导发起的我国第一个海洋领域大型国际合作计划——西北太平洋海洋环流与气候试验(Northwestern Pacific Ocean Circulation and Climate Experiment，NPOCE)国际合作计划开始启动，共有中国、美国、日本、澳大利亚、韩国、德国等8个国家的19个研究院所参与。西太平洋具有复杂多变的环流结构，又有全世界最大的暖水体——西太平洋暖池，可通过调节大气环流进而调控季风、台风及我国的降雨情况，并对全球气候产生重要影响。该计划围绕西北太平洋西边界流及其与邻近环流系统的相互作用和在暖池维持和变异中的作用，以及区域海-气相互作用及其气候效应等主题开展研究。

在过去十年里，NPOCE国际计划研究团队完成了西太平洋深海潜标科学观测网的建设，共布放潜标30余套，已具备了潜标数据实时传输能力。共有40余位科学家直接参与了计划的相关调查研究，其中20位为中国科学家，他们在其中发挥着主导作用。截至目前，在对西北太平洋的观测研究中，中国的贡献占到一半左右。尤其是在西太平洋海洋环流的结构和变异课题研究上，我们取得的成果比其他国家明显占先。

1.1.3.4 2050年科学框架：大洋钻探——探索地球

2020年10月，国际大洋发现计划(International Ocean Discovery Program，IODP)的《2050年科学框架：大洋钻探——探索地球》正式发布。该文件提出了7个战略目标，分别为：①星球宜居性及生命起源：确定海洋区域内生命的条件和作用；②构造板块的海洋生命周期：探索大洋岩石圈的成因、年龄、运动和破坏性研究；③地球气候工厂：研究冰盖、海洋和大气动力学以及海平面的变化；④地球系统中的反馈：限制地球、海洋、大气和生命之间运行的过程；⑤地球历史上的转折点：利用地球地质遗迹照亮未来环境变化；⑥全球能量和物质循环：确定地球系统中能量和物质转移的模式、速率；⑦影响社会的自然灾害：了解海洋环境中的自然危害，并描述控制地质灾害的基本性质、过程和条件。

在IODP计划之前，全球已经完成了两个大洋钻探计划：深海钻探计划(Deep-Sea Drilling Program，DSDP，1968—1983)和大洋钻探计划(Ocean Drilling Program，ODP，1983—2003)。IODP计划是迄今为止历时最长、成效最大的国际科学合作计划。当2003年10月ODP计划结束时，一个规模更加宏大、科学目标更具挑战性的新的科学大洋钻探计划——综合大洋钻探计划(2003—2013)即开始实施。日本投入5亿美元向深海进军，提出了“海底下的大洋”“打穿大洋壳”等目标，掀起了一场深海科技和资源探索的新世纪国际竞争。2013年10月起，综合大洋钻探计划改名为国际大洋发现计划，提出了四大科学目标：理解海洋和大气的演变，探索海底下面的生物圈，揭示地球表层与地球内部的连接，研究导致灾害的海底过程。目前，IODP共有26个国家参与，包括美国、日本、欧洲18国、中国、巴西、印度、韩国、澳大利亚和新西兰等。

1.2 主要海洋国家和地区的海洋发展战略

1.2.1 美国：推出未来海洋科技发展规划

美国非常重视海洋政策和科技发展战略规划的制定，实行更全面的海洋科技强国战略。2018年发布《关于促进美国经济、安全与环境利益的海洋政策行政令》；国家海洋和大气管理局(National Oceanic and Atmospheric Administration，NOAA)也针对海洋管理和海洋科技的发展现状，及时发布各种规划和战略。

从20世纪80年代起，美国先后出台了一系列战略规划，如《全球海洋科学规划》《90年代海洋学：确定科技界与联邦政府新型伙伴关系》和《1995—2005年海洋战略发展规划》等；进入21世纪，美国发布了《21世纪海洋蓝图》《美国海洋行动计划》等；2007年发布了《规划美国未来十年海洋科学事业：海洋研究优先计划和实施战略》，对美国的海洋科学事业进行了十年规划；2013年，美国国家科技委员会发布《一个海洋国家的科学：海洋研究优先计划》(修订版)，对2007年发布的《绘制美国未来十年海洋科学发展路线图》进行修订；2018年，美国国家科学技术委员会发布美国第二个海洋科学技术十年计划——《美国海洋科技十年愿景》，明确未来十年美国海洋科技发展的迫切研究需求与发展机遇。

1.2.1.1 国家海洋和大气管理局：新兴技术发展和观测系统建设规划

美国国家海洋和大气管理局注重规划的制定，对其发展目标常常预先做出判断和规划。并根据未来发展的需求，制订并不断修正其未来的发展计划，保持与国家海洋科学研究的长期规划相一致。近年来，NOAA 着眼于未来技术发展、生态保护以及观测系统建设，制定了多项新兴技术发展、珊瑚礁保护以及观测系统战略规划。

1.《2020—2026 年研究与发展愿景重点领域》报告

2020 年 6 月，NOAA 发布《2020—2026 年研究与发展愿景重点领域》(NOAA Research and Development Vision Areas：2020—2026)报告，规划了未来七年的三个研究与发展重点领域和关键问题，并且都明确了目标和优先事项，指导新冠肺炎疫情背景下 NOAA 2020—2026 年研究与发展方向。

第一个领域是减少灾害天气及其他环境现象的社会影响，关键问题包括：改善灾害天气及其他环境现象的预测及预警；全球气候状况对天气、环境危害、水质和水量的影响；提高天气产品和服务的效用；NOAA 如何加强沟通、产品和服务。

第二个领域是海洋和沿海资源的可持续利用与管理，关键问题包括：利用知识、工具和技术保护和恢复生态系统；在满足社区需要的同时维持健康的生态系统；加速美国水产养殖的可持续发展；海岸及海洋资源、生境及康乐设施的保育等与旅游及康乐活动的增长保持平衡；在日益增加的海上交通和更大的船舶尺寸下，最大限度地提高海上交通效率和安全性；了解海洋未开发地区的状况；NOAA 利用社会经济信息，增强生态系统服务、公共参与实践和经济效益的可持续性。

第三个领域是一个强大而有效的研究、开发和转化进程，关键问题包括：集成并改进建模，提高其在技能、效率和对涉众服务的适应性；优化对地观测及其相关平台；利用大数据和信息技术，加快研发工作，形成新的业务和经济增长点；确保 NOAA 投资得到可靠的社科研究的支持。

2. 六大新兴领域发展规划

NOAA 积极扩展新兴技术在海洋领域的发展。2020 年年底，NOAA 发布了六个重点领域的发展战略，分别为：云战略(NOAA Cloud Strategy)、人工智能战略(NOAA Artificial Intelligence Strategy)、无人系统战略(NOAA Unmanned Systems Strategy)、组学战略(NOAA Omics Strategy)、数据战略(NOAA Data Strategy)和公众科学战略(NOAA Citizen Science Strategy)，旨在提高开发和使用资源的效率、有效性和协调性。

云战略为 NOAA 的云服务建立了默认的体系结构终端状态，提供了迁移到云平台的统一方法，促进了基于需求、业务案例和最佳实践的智能转换，并实现解决方案的广泛共享。

人工智能战略旨在加速整个机构人工智能的扩展应用，以实现 NOAA 任务绩效和成本效益的革命性改进。

无人系统战略通过在每个 NOAA 任务区的飞机和海洋系统(合在一起是“无人系统”)内增加无人驾驶的应用和使用，大幅度扩大关键、高精度和时间敏感数据的收集和利用，以提高 NOAA 的科学研究、产品和服务的质量和时效性。

组学战略将整合现代“组学技术”资源，改变其生物调查方法，加速生态系统资源的可持续发展，以造福人类，促进经济和社会发展。

数据战略旨在加速机构和其他关键合作伙伴间的数据应用，在一定条件下最大化数据的公开透明度。

公众科学战略旨在协调并支持 NOAA 公众科学的发展，提高 NOAA 公众科学的数据质量并加强合作。

3. 2020 年水文调查季节计划

2020 年 1 月，NOAA 发布 2020 年水文调查季节计划（NOAA Hydrographic Survey Projects 2020）。NOAA 会考虑来自海上飞行、地方港口管理、海岸警卫队和划船娱乐等利益相关方的水文测量要求，并在确定何时何地进行测量时会考虑其他水文机构和 NOAA 的科学优先事项。2020 年，NOAA 主要在五大湖、大西洋海岸、墨西哥湾、阿拉斯加与南太平洋五个区域进行水文调查。

4. 珊瑚礁保护战略规划

2018 年 11 月，国际珊瑚礁学会（International Coral Reef Initiative，ICRI）发布了 NOAA 更新的《珊瑚礁保护计划战略规划》（Coral Reef Conservation Program Strategic Plan）。NOAA 珊瑚礁保护计划创立于 2000 年，是 NOAA 依据“珊瑚礁保护法”和 13089 号总统令“保护珊瑚礁”应履行的职责。

更新后的战略规划愿景为：恢复繁茂、多样性的珊瑚礁，为当代和未来保护这些卓越的生态系统服务。四大重点领域为：增强应对气候变化的能力、改善渔业可持续性、减少陆源污染、恢复珊瑚种群。这些规划基于珊瑚恢复能力的管理方法，是具有指导性的，并设定了到 2040 年可量化的长期保护目标。通过实施针对每个重点领域的具体战略，本计划旨在提高美国恢复和保护珊瑚的能力，保持生态功能并改善珊瑚种群，补充珊瑚栖息地、改善珊瑚生境、水质和主要珊瑚礁渔业物种。

5. 综合海洋观测系统战略规划

2018 年 1 月，NOAA 发布《美国综合海洋观测系统战略规划（2018—2022 年）》（U. S. IOOS Enterprise Strategic Plan，2018—2022 年），其中，提出综合海洋观测系统（Integrated Ocean Observing System，IOOS）5 个发展目标和 23 个发展步骤。5 个发展目标分别为：维持海洋、近岸和五大湖环境长期、高质量观测，满足局部、地区和国家需求；分发标准的、可靠的和可访问的数据；支持满足广泛用户需求的模型预测；提供集成的、用户驱动的产品和工具；通过合作伙伴、利益相关方的参与和企业投资提高影响力和效果。

美国高度重视综合海洋观测系统建设，20 世纪 90 年代，海洋观测团体策划建立综合海洋观测系统并召开世界第一届海洋观测大会；2000 年，军民多个部门签署谅解备忘录，统一规划海洋观测系统建设；2006 年 1 月，发布《美国第一个综合海洋观测系统发展规划》［First U. S. Integrated Ocean Observing System（IOOS）Development Plan］；2006 年 12 月，NOAA IOOS 办公室成立；2009 年，发布综合海洋观测系统战略规划（2008—2014 年）（NOAA IOOS Strategic Plan，2008—2014

年)，奥巴马总统签署美国近岸和近海海洋观测系统法案(Integrated Coastal and Ocean Observing System，ICOOS Act passes PL 111—11)，并召开世界第二届海洋观测大会；2018 年发布《美国综合海洋观测系统战略规划(2018—2022 年)》；2019 年召开世界海洋观测大会。

1.2.1.2 国家科学技术委员会：海洋科技未来十年愿景

2018 年 6 月，美国国家科学技术委员会(National Science and Technology Council，NSTC)发布《美国海洋科技十年愿景》(Science and Technology for America's Oceans：A Decadal Vision)报告，主要确定未来十年美国海洋科技事业的迫切研究需求和发展机遇，以及推进美国海洋科技发展的目标和优先事项。

这一愿景报告主要确定了推动美国及其海洋科技向前发展的 5 个目标：目标一，了解地球系统中的海洋，促进研发基础设施现代化；充分利用大数据；开发地球系统的模型；加快由研究向运营转化。目标二，促进经济繁荣，扩大国内海产品生产规模；勘探潜在能源；评估关键海洋矿产资源；平衡经济和生态效益；提升"蓝色"生产力。目标三，确保海上安全，提升海上事务感知能力；了解北极地区的多变态势；维护和加强海上运输。目标四，保障人类健康，防止和减少塑料污染；提升对海上污染物和病原体的预测；应对有害藻华；开发天然产品。目标五，促进具有弹性机制的沿海社区发展，积极筹备应对自然灾害和各类天气事件；降低风险和脆弱性；授权地方和区域决策。

与这 5 个目标相关的两项交叉议题是：海洋相关基础设施的现代化和管理以及队伍建设。报告认为，对这两个领域的持续投资有助于强化美国在海洋科技中的全球领导地位。先进的研究基础设施使美国在此方面拥有得天独厚的条件，不仅能够在发现中谋求发展，还能降低潜在经济和社会损失，确保科学技术队伍有能力开展世界顶级海洋研究。诸如航空、水下、太空和陆基资产在内的基础设施与先进技术，为美国海洋研究和技术利益提供支持。美国的经济福祉和全球科技领导地位有赖于强大的"蓝色"生产力，有助于美国应对未来的海洋需求，提供更多的就业机会，强化生产，促进国家繁荣。

1.2.2 欧盟：倡导国际海洋治理

欧盟现有成员国 27 个，其中海洋国家占一半以上，海岸线约 70 000 km，40%的人口住在沿海地带并创造了不少于 40%的国内生产总值，90%的出口贸易和 40%的内部贸易依赖海洋。欧盟在海洋治理方面较为积极，通过了《国际海洋治理：我们海洋的未来议程》，重视深海研究，关注海洋经济发展，并开展了较为详细的经济统计和产业规划。

1.2.2.1 未来科学——海洋科学中的大数据

2020 年 4 月 27 日，欧洲海洋局(European Marine Board，EMB)发布《未来科学——海洋科学中的大数据》(Future Science Brief：Big Data in Marine Science)报告，概述了大数据支持海洋科学的最

新进展、挑战和机遇。

为了制定解决关键社会挑战的方案，越来越需要对传统上孤立的学科和部门进行更复杂的跨学科分析，欧洲海洋局制定了增加数字化和在海洋科学中应用大数据的发展目标，提出了气候科学和海洋生物地球化学、海洋保护生境图、海洋生物观测和水产养殖部门的病虫害控制等面临的挑战与对策建议。

报告内容包括：探讨了海洋观测范围和规模扩大，自动化采样和“智能传感器”，以及正在不断累积的数据；探讨了气候科学和海洋生物地球化学，特别着重于欧洲和全球计划，以整合用于全球气候谈判的碳和其他生物地球化学数据；讨论了如何利用大数据创建高分辨率、多学科的生境地图，以规划新的海洋保护区；着眼于海洋生物观测，呼吁建立一个全球连接的长期生物观测网络，以便利用大数据进行更复杂的跨学科分析；论述了海洋和近海的食物供应，重点是水产养殖和利用人工智能管控海虱等的暴发；为促进海洋科学成为数据驱动的学科，提出了 7 项发展建议。

1.2.2.2 首个全球海洋治理联合声明

2016 年 11 月，欧盟委员会通过首个欧盟层面的全球海洋治理联合声明文件《国际海洋治理：我们海洋的未来议程》，该文件是在综合考虑现有欧盟海洋政策(如欧盟海上安全战略、北极一体化政策等)的基础上制定的，将从改善全球海洋治理架构、减轻人类活动对海洋的压力和发展可持续的蓝色经济、加强海洋科学研究国际合作三大优先领域，致力于应对气候变化、贫穷、粮食安全、海上犯罪活动等全球海洋挑战，以实现安全、可靠和可持续地开发利用全球海洋资源。

在改善全球海洋治理架构方面，该联合声明指出，在管理国家管辖海域外区域和执行已达到的可持续发展目标等方面，现有的全球海洋治理模式需要进一步发展和深化，欧盟将与其他国际伙伴加强合作，确保这些国际海洋治理目标的达成；在减轻人类活动对海洋的影响和蓝色经济可持续发展方面，欧盟委员会将致力于加强海洋领域行动，确保国家与国际层面相关承诺的达成，并通过加强多边合作，继续加大打击非法捕捞活动的力度，通过卫星通信建立监管全球非法捕捞活动的试点项目；在加强海洋科学研究国际合作方面，欧盟将进一步发展欧盟蓝色数据网、欧洲海洋观测和数据网等海洋研究网络，并将其扩展成为全球范围内的海洋数据网络。

1.2.2.3 钻得更深：21 世纪深海研究的关键挑战

2015 年 9 月，欧洲海洋局发布了《钻得更深：21 世纪深海研究的关键挑战》(Delving Deeper: Critical Challenges for 21st Century Deep-sea Research)报告，报告研究工作组审查了当前深海研究现状和相关知识缺口以及未来开发和管理深海资源的一些需求，提出未来深海研究的八大目标与关键行动领域，并且建议将这些目标与行动领域作为一个连贯的整体，构成欧洲整体框架的基础，以支持深海活动的发展并支撑蓝色经济的增长。

深海研究的八大目标与关键行动领域包括：加强深海系统的基础知识储备，评估深海的各种驱动力、压力和影响，促进跨学科研究以应对深海的各种复杂挑战，为填补知识空白而创新资助机制，提升深海研究和观测的技术与基础设施，培养深海研究领域的人力资源，提升深海资源的透明度、数据的开放存取和管理水平，向全社会展示有关深海的著作以激励和教育公众爱护、珍惜深海生态系统及相关商品和服务。

1.2.2.4 蓝色经济报告

2018 年 6 月，欧盟发布首份蓝色经济年度报告。这份报告从经济增加值、利润和就业岗位等方面，对 2009—2016 年期间欧盟传统海洋产业和海洋新兴产业的发展现状进行了统计分析，指出欧盟蓝色经济发展动力强劲、潜力巨大，已成为拉动欧盟经济增长的重要引擎。但受金融危机引发的整体经济衰退影响，一些传统海洋产业如造船、海上运输和港口经济等还处于缓慢复苏阶段，海洋新兴产业也需突破投入不足的发展瓶颈。作为海洋经济最为发达的区域之一，欧盟海洋经济的发展对全球海洋经济来说举足轻重。细读这份报告中的一系列数据，我们或许可以一窥全球海洋经济的发展趋势。

2019 年 5 月 16 日，欧盟委员会海事与渔业总司和联合研究中心联合发布了欧盟第二份蓝色经济报告，即“2019 年蓝色经济报告”。报告主体从产业、国别等维度进行分析。产业上，欧盟六大海洋产业——沿海旅游业、海洋资源开发、海洋石油天然气、港口仓储、造船修理、海运业 2017 年毛附加值增长到 1 800 亿欧元，较 2009 年增加了 8%；总营业利润为 743 亿欧元，增加了 2%；总营业额为 6 580 亿欧元，增加了 11%；直接雇用了 400 多万人，增加了 7.2%，推力主要来自沿海旅游业和港口仓储行业。国别上，欧盟五大蓝色经济体——英国、西班牙、德国、法国和意大利雇用了欧盟蓝色经济行业六成以上的雇员，并贡献了七成毛附加值。

1.2.2.5 导航未来 V

2019 年 6 月，欧洲海洋局发布《导航未来 V》(Navigating the Future V，NFV)报告，为欧洲各国政府提供关于 2030 年及以后海洋和海洋研究的强有力的、独立的科学建议和专家意见。

该报告重点建议与所有利益攸关方共同设计一个以解决方案为导向的海洋研究议程，其核心是可持续发展的治理。它应该解决以下关键的知识差距：四维海洋(三维海洋随空间和时间的变化)和海洋系统各组成部分之间的功能联系，即物理学、化学、生物学、生态学和人类；多种压力源(如气候变化、污染、过度捕捞)对海洋生态系统功能的影响，它们之间的相互作用、进化和适应以及它们提供的生态系统服务；与气候有关的极端事件和地质灾害(如海洋热浪、陨石和海底地震、滑坡、火山爆发及其引发的海啸)的特征、可能性和影响，以及这些极端事件和地质灾害在气候变化下可能发生的变化；可持续海洋观测所需要的海洋技术、模型、数据和人工智能，以理解、预测和管理人类对海洋的影响。

1.2.3 英国：预测未来海洋发展

英国是全球最重要的海洋国家之一，其海洋战略长期以引领欧洲和全球为目标，其海洋政策的动向对全球相关领域有较大影响。近年来，发布了《全球海洋技术趋势 2030》《未来海洋发展报告》等报告，提出了未来海洋发展的重要关键技术和相关建议。

1.2.3.1 发布全球海洋技术趋势

2015 年 9 月，英国劳式船级社(Lloyd's Register of Shipping)、奎纳蒂克集团(QinetiQ)、南安普敦大学(University of Southampton)共同发布《全球海洋技术趋势 2030》(Global Marine Technology Trends 2030)报告，分析了商业运输、海军和海洋健康方面的未来发展趋势。该报告对海洋技术变化的挑战和机遇进行了梳理，为海洋利益相关方提供参考，并积极采取行动，促进海洋技术的发展和价值的实现。该报告筛选出 18 项重要关键技术：机器人、传感器、大数据分析、推进和动力评估、先进材料、智能船舶、自主系统、先进制造技术、可持续能源生产、造船、碳捕获与封存、能源管理、网络与电子战、海洋生物技术、人机交互、深海采矿、人类机能增强及通信。在海上安全领域，该报告指出未来将重点关注的 8 项技术：先进材料、自主系统、大数据分析、人机交互、先进制造、能源管理、网络和电子战、人类机能增强，并按照商业航运、海军、涉海空间 3 个方向，分别对各自所涉及的 8 项海洋技术进行了分析。

1.2.3.2 未来海洋发展报告

2018 年 3 月，英国政府科学管理办公室(Government Office for Science，GOS)发布《未来海洋发展报告》(Future of the Sea)，从经济、环境、国际管理和海洋科学四个方面阐述了英国的基本情况、优势和应对未来海洋发展的思路。

经济方面：到 2030 年，全球“海洋经济”预计将增加一倍，达到 3 万亿美元，英国估计总值约为 470 亿英镑，涉及传统的航运、渔业等产业和新兴的海上可再生能源、深海采矿业等诸多行业。英国经济高度依赖海洋，95%的贸易通过海运。

环境方面：由于人类直接活动和气候变化，海洋环境正面临前所未有的变化，根据目前的预测，将对全球生物多样性、基础设施、人类健康福利以及海洋经济的生产力产生重大影响，对英国也将产生直接和间接影响。

国际管理方面：世界上约有 28%的人口生活在海岸 100 km 以内，海拔 100 m 以下。海洋的未来是一个全球性问题，稳定和有效的国际治理对于海洋政策实施干预至关重要。英国在许多国际治理论坛中发挥着重要作用，国际海事组织是总部设在英国的唯一的联合国机构。联合国可持续发展目标(Sustainable Development Goals，SDG)中的第 14 项强调了海洋在国际发展中的重要性，该目标致力于“保护和可持续利用海洋和海洋资源”。

海洋科学方面：海洋科学研究在确定全球挑战和机遇方面发挥着至关重要的作用，需要世界各国合作，英国海洋科学的研究水平意味着可积极主导国际合作。机遇主要包括理解全球合作规模及变化和影响，识别新的海洋资源及其开采影响，提高对灾害的预测和应对能力，以及开发海上活动的变革性新技术等。

《未来海洋发展报告》旨在通过加强全球海洋观测，提高人们对海洋的认识了解，鼓励开发利用新技术，支持商业创新，促进完善国际贸易体系，实现英国和全球海洋产业的最大利益。同时，促进各国认识到海洋日益增长的重要性，采取战略性方法管理海洋利益，支持英国海洋政策和国际海洋问题的共同原则，促进世界各国提升海洋研究能力，共同应对气候变化等国际问题。

1.2.3.3 国家海洋设施技术路线图

2020年6月，英国国家海洋学中心(National Oceanography Centre，NOC)发布了《国家海洋设施技术路线图2020—2021年》[National Marine Facilities (NMF) Technology Roadmap 2020—2021]，概述了英国当前的海洋设施能力，并对海洋科学的未来以及新技术进行了展望。

该技术路线图指出了NMF未来几年如何开发国家海洋装备库(National Marine Equipment Pool，NMEP)，包括在船上配备的仪器以及相关的配套基础设施，解释了这些能力如何支持英国自然环境研究委员会(Natural Environment Research Council，NERC)提出的增强综合国力的计划(开发大型研究基础设施)，如何应用于海洋科学，如何帮助实现综合观测系统这一更宏伟的目标，以及所收集的数据如何支持全球海洋观测系统(GOOS)及其组成部分。该技术路线图是NMEP和相关配套基础设施开发过程中科学与技术("科学拉动与技术推动")共同作用的关键。NMEP是欧洲最大的集中式海洋科学设备库，拥有能够从海洋表面到深海采样的10 000多种科学仪器和设备，并为科学家提供了与专业的海洋技术人员和工程师交流的机会，适用于各种学科的研究。作为综合国力的一部分，NMEP提供帮助海洋科学界开展世界一流研究所需的技术支持。该技术路线图新增了与规划、数据管理和考察船性能开发相关的内容，以全面展示NMF和英国海洋学数据中心(British Oceanographic Data Centre，BODC)向英国海洋科学界提供的支持。其中，NMF技术路线图中数据管理的重要性在NOC战略的目标4和海洋观测大会报告提出的数据主题中同时得到了体现：确保观测系统的所有要素都允许相互操作，在开放式数据政策的指导下对数据进行合理的管理，并及时共享数据；在收集和使用海洋数据时使用最佳实践、最高标准、最准确格式及用语，并恪守最高道德标准。

1.2.4 德国：重视海洋产业和海洋技术发展

德国基于独特的地理位置、历史发展、社会环境、管理体制、经济水平等客观因素，海洋技术发展水平全球领先。近年来，德国联邦经济事务与能源部连续发布海洋议程2025与国家海洋技术总体规划，提出了提升德国海洋产业和海洋技术国际竞争力的方针与方向。

1.2.4.1 海洋议程 2025：德国作为海洋产业中心的未来

2017 年 3 月，德国联邦经济事务与能源部（Federal Ministry for Economic Affairs and Energy，BMWi）发布了《海洋议程 2025：德国作为海洋产业中心的未来》（Maritime Agenda 2025：The future of Germany as a maritime industry hub）。该议程是德国近年来首次制定的海洋发展长期战略，进一步巩固了德国政府管理部门、产业界、科学界等各参与方间的协调机制，确立了以高技术、高标准和高效的国际参与手段提升德国海洋产业国际竞争力的总体方针，主要目标是强化德国海洋经济所有分支领域的全球竞争能力。

该议程从巩固和提升技术领先地位、提高国际竞争力、提高港口竞争力、加强海运可持续性发展、推动海洋能源产业革命、紧抓数字化机遇、提高舰船建造能力、积极参与欧盟蓝色经济增长战略等 9 个方面阐述了德国政府在海洋经济领域的目标，即强化德国海洋经济所有分支领域的全球竞争能力。通过全面执行议程，将海洋经济纳入现有国家和国际框架，制订一个强化海洋利益的欧洲计划。该议程还从构建网络与对话机制、发展海洋科技国家总体规划、资助海洋可持续利用、实施港口规划、发展高效海运、完善海运安全保障、促进外贸发展、加强职业教育与就业、重视海运领域的气候和环境保护、做好公共采购 10 个方面论述了德国政府的规划实施办法，并编制相应的专栏。

1.2.4.2 国家海洋技术总体规划

2018 年 12 月，德国联邦经济事务与能源部发布新版《国家海洋技术总体规划》（National Masterplan Maritime Technologies）。根据全球海洋产业数字化、网络化进程和新业态发展趋势，对 2011 年版《国家海洋技术总体规划》作了更新调整。这是 2014 年德国联邦政府将海洋经济纳入国家高科技战略以及 2017 年通过“海洋议程 2025”以来，出台的首部关于海洋产业技术的专项规划，旨在进一步提振德国海洋经济的全球竞争力与产业“辨识度”。

2018 年版《国家海洋技术总体规划》的主要内容为：全球价值链“海洋化”为海洋技术发展提供广阔市场；德国海洋技术企业呈现“小型化、全域化、高质化”趋势；致力于提升德国海洋制造业在全球的地位；推动深化海上风能、海洋油气、水下工业技术、民用航行安全保障、深海采矿 5 个既定海洋技术领域，发展特种船舶制造、绿色航运、未来港口技术、工业/海洋 4.0、极地技术 5 类新兴海洋技术。

1.2.5 挪威：重视制定海洋战略

挪威拥有丰富的海洋资源，海洋产业是挪威创造价值和就业的重要方向。挪威通过构建完善的海洋战略规划体系，加强国际合作，重视技术创新，加强海洋人才培养和海洋污染防治等举措，确保其海洋资源的可持续开发利用，不断提升其国际竞争力和影响力。

2017 年，挪威政府制定了《新的增长辉煌的历史——海洋战略》（New Growth，Proud History-

Ocean Strategy)。该战略分析了石油行业、航运业、海产品行业、矿产资源等海洋行业未来的前景和发展的关键因素，认为密切合作和知识转让对挪威海洋工业的发展十分重要，有很大的潜力创造新的就业机会和价值。政府将通过研究和创新、教育和培训，促进海洋行业知识和技术的发展；通过协助挪威海洋行业的市场准入、国际化和概况分析，加强挪威海洋行业的竞争力；通过国际合作，提升挪威的国际影响力。

2019 年 6 月，挪威政府又发布其最新的《蓝色机遇——海洋战略》(Blue Opportunities-updated ocean strategy)，承诺支持海洋产业进行更多的研究、创新和新技术研发。目前，挪威政府增加了对海洋事业的科研投入，支持应用新技术建造新船型。

1.2.6 日本：推出新海洋基本计划

日本政府每隔 5 年左右就会重新研究、制订海洋基本计划。2018 年 5 月 15 日，日本正式通过了第三期《海洋基本计划》。这一文件作为日本政府指导、制定与实施 2018—2022 年海洋政策的基本方针，旨在协调涉海各省厅间关系、明确未来施政方向、调整政策优先顺序，并对日本涉海事务予以进一步分工、规范与指导。

新《海洋基本计划》主要从两个方面体现出日本政府正计划将海洋政策的重点转移至安保领域。一是大肆渲染所谓日本周边海域安保形势及日本海洋权益受到威胁，为这一政策的转变寻找理由或借口；二是在文件中写入加强海洋安保力量建设的具体措施，借此进一步配合与落实其海洋政策的重要转变。

1.2.7 中国：引领海洋科技向创新方向发展

习近平总书记大力提倡发展海洋科学技术，多次强调建设海洋强国必须大力发展海洋高新技术，要依靠科技进步和创新，努力突破制约海洋经济发展和海洋生态保护的科技瓶颈。要坚持有所为有所不为，重点在深水、绿色、安全的海洋高技术领域取得突破。国家制定了多个相关海洋科技发展规划，引领海洋科技向创新引领型方向转变；重视极地事务，发布《中国的北极政策》白皮书。

1.2.7.1 全国科技兴海规划(2016—2020 年)

2016 年 12 月，国家海洋局发布《全国科技兴海规划(2016—2020 年)》，以深入实施创新驱动发展战略，充分发挥海洋科技在经济社会发展中的引领支撑作用，增强海洋资源可持续利用能力，推动海洋领域大众创业、万众创新，促进海洋经济提质增效。

该规划设置了五个方面的重点任务。一是加快高新技术转化，打造海洋产业发展新引擎。二是推动科技成果应用，培育生态文明建设新动力。三是构建协同发展模式，形成海洋科技服务新能力。四是加强国际合作交流，开拓开放共享发展新局面；加速海洋高新技术引进与融合，推动优势海洋产业走出去，加强联合研发平台建设和国际标准制定。五是创新管理机制体制，营造统筹协调发展新环境。

1.2.7.2 "十三五"海洋领域科技创新专项规划

2017 年 5 月，科技部、国土资源部、国家海洋局联合印发《"十三五"海洋领域科技创新专项规划》，旨在进一步建设完善国家海洋科技创新体系，提升我国海洋科技创新能力。

该规划提出，按照建设海洋强国和"21 世纪海上丝绸之路"的总体部署和要求，开展全球海洋变化、深渊海洋科学、极地科学等基础科学研究，显著提升海洋科学认知能力；突破深海运载作业、海洋环境监测、海洋生态修复、海洋油气资源开发、海洋生物资源开发、海水淡化及海洋化学资源综合利用等关键核心技术，显著提升海洋运载作业、信息获取及资源开发能力；集成开发海洋生态保护、防灾减灾、航运保障等应用系统，通过与现有业务化系统的结合，显著提升海洋管理与服务的科技支撑能力；通过全创新链设计和一体化组织实施，为深入认知海洋、合理开发海洋、科学管理海洋提供有力的科技支撑；建成一批国家海洋科技创新平台，培育一批自主海洋仪器设备企业和知名品牌，显著提升海洋产业和沿海经济可持续发展能力。

1.2.7.3 自然资源科技创新发展规划纲要

2018 年 11 月，自然资源部发布《自然资源科技创新发展规划纲要》，围绕新时代自然资源统一监管新使命与新目标，部署自然资源科技创新主要任务，重构自然资源科技创新格局，把科技发展主动权牢牢掌握在自己手里，切实提高自然资源关键核心技术创新能力，为自然资源事业发展提供有力科技保障。

该规划纲要提出，深化海洋科学认知，开展海洋动力过程研究，加强海洋灾害分布、机理及预测分析，深化陆-海相互作用规律研究，提高海洋生态系统及其变化规律认知，加强海底科学理论创新，开展全球海底地球动力学和演化机制研究；研发全海深资源调查观测装备，突破深海矿产成矿系统科学理论，揭示深海生命过程及极端环境适应机制，创新深海矿产资源勘探开发方法理论；开展全海深潜水器研制及深海关键技术研究，开展海洋环境立体观测/监测/探测新技术研究与核心装备国产化研究及自主动力与生态环境预报技术研发；发展海洋监测传感器及自主观测平台。

1.2.7.4 海洋领域国家重点研发计划

2015 年，国家将科技部管理的国家重点基础研究发展计划(973 计划)、国家高技术研究发展计划(863 计划)、国家科技支撑计划、国际科技合作与交流专项，发展改革委、工业和信息化部共同管理的产业技术研究与开发基金，农业部、卫计委等 13 个部门管理的公益性行业科研专项等，整合形成一个国家重点研发计划。该计划针对事关国计民生的重大社会公益性研究，以及事关产业核心竞争力，整体自主创新能力和国家安全的战略性、基础性、前瞻性重大科学问题，重大共性关键技术和产品，为国民经济和社会发展主要领域提供持续性的支撑和引领。在海洋领域，设立了“海洋环境安全保障”和“深海关键技术与装备”两个重点专项，执行期为2016—2020年。

“海洋环境安全保障”重点专项的目标是围绕我国保障海洋自然和生态环境安全的重大需求，以我国沿海区域及“海上丝绸之路”沿线为重点，突破海洋环境观测和预报技术，形成自主海洋环境观测监测、预测预报、应急处置等关键技术系统与核心装备，显著提升海洋立体观测监测、海洋环境数值预报和海洋环境灾害与突发事件的预测预报和应急处置能力。

“深海关键技术与装备”重点专项的目标是针对我国在探索深海、开发利用和保护深海资源等方面的重大需求，围绕进入深海—认知深海—探查资源—利用和保护这一主线，重点突破核心和共性关键技术，提升我国深海探测和资源开发装备制造能力、作业支持能力以及深海科学研究原始创新能力，带动深海技术与装备产业的发展。通过专项的实施，形成数个国际前沿优势技术方向、一批核心装备产品以及高水平的科学研究成果。

1.2.7.5 中国的北极政策

2018年1月，国务院新闻办公室发布《中国的北极政策》白皮书。这是中国政府在北极政策方面发表的第一部白皮书。中国是北极事务重要利益攸关方，白皮书全面介绍了中国参与北极事务的政策目标、基本原则和主要政策主张。

白皮书指出，北极治理需要各利益攸关方的参与和贡献。中国是北极事务的积极参与者、建设者和贡献者，愿本着“尊重、合作、共赢、可持续”的基本原则，与有关各方一道，抓住北极发展的历史性机遇，积极应对北极变化带来的挑战，共同认识北极、保护北极、利用北极和参与治理北极。中国倡导构建人类命运共同体，努力为北极发展贡献中国智慧和中国力量，愿与国际社会一道共同维护和促进北极的和平、稳定和可持续发展。

1.3 我国海洋科技战略发展建议

1. 尽快制定我国未来5~10年的海洋科技发展规划

2018—2020年，世界许多海洋强国均制定了其海洋发展规划，如美国发布了《美国海洋科技十年愿景》和《2020—2026年研究与发展愿景重点领域》报告，德国发布新版《国家海洋技术总体规划》，日本正式通过了第三期《海洋基本计划》，挪威发布了最新的《蓝色机遇——海洋战略》，各国自上而下的系统性规划布局对海洋科技长足发展具有重要指导作用。我国应根据目前的海洋科技发展现状及存在的问题，充分认识海洋的重要性，尽快制定我国未来5~10年海洋科技发展的规划及路线图，明确海洋发展的重点领域和关键问题，优化整合资源、协同提升海洋科技实力，加快建设海洋强国。

2. 加快海洋产业结构调整，促进海洋经济发展

2018年，美国发布的《美国海洋科技十年愿景》报告中提出：促进经济繁荣，扩大国内海产品

生产规模；提升“蓝色”生产力。2018—2019 年，欧盟发布了两份蓝色经济年度报告，指出欧盟蓝色经济发展动力强劲、潜力巨大，已成为拉动欧盟经济增长的重要引擎。2018 年，德国发布新版《国家海洋技术总体规划》，旨在进一步提振德国海洋经济的全球竞争力与产业“辨识度”。海洋经济已成为国民经济的新增长极，我国应加快蓝色经济的发展，促进海洋产业的结构创新优化布局，实现经济系统、生态资源系统和人类生存系统的可持续发展。

3. 理顺海洋环境治理体系，增强海洋生态治理能力

2016 年，欧盟委员会通过首个欧盟层面的全球海洋治理联合声明文件《国际海洋治理：我们海洋的未来议程》。2018 年，国际珊瑚礁学会发布了 NOAA 更新的《珊瑚礁保护战略规划》。2020 年，美国国家海洋和大气管理局发布的《2020—2026 年研究与发展愿景重点领域》报告中提出：利用知识、工具和技术保护和恢复生态系统。我国应该对照国际海洋环境治理的经验，理顺海洋环境治理框架，提升海洋环境监测能力，加大科技研发投入，增强海洋生态的治理能力。

4. 发展大数据、人工智能等新兴海洋技术

2015 年，英国发布的《全球海洋技术趋势 2030》报告中筛选出 18 项重要关键技术，其中包括大数据分析。2017 年，德国发布的《海洋议程 2025：德国作为海洋产业中心的未来》报告中提到了紧抓数字化机遇。2019 年，欧洲海洋局发布的《导航未来 V》报告中涉及了可持续海洋观测所需要的海洋技术、模型、数据和人工智能等内容。2020 年，美国国家海洋和大气管理局发布了六个重点领域的发展战略，其中包括云战略、人工智能战略和数据战略；欧洲海洋局发布《未来科学——海洋科学中的大数据》报告，概述了大数据支持海洋科学的最新进展、挑战和机遇。我国应围绕海洋环境综合感知与认知、资源开发和权益维护等国家重大需求，开展人工智能、大数据和云计算等新兴技术的应用研发，提升我国在海洋环境观测预测、海洋权益维护等方面的科研能力和水平。

5. 促进海洋相关基础设施现代化建设

2018 年，美国发布的《美国海洋科技十年愿景》中提出了促进海洋相关基础设施的现代化。2020 年，英国发布的《国家海洋设施技术路线图 2020—2021 年》介绍了英国当前的海洋设施能力及未来几年的开发方向和措施。先进的研究基础设施不仅能够促进海洋研究的发展，还能降低潜在经济和社会损失。我国应积极推进海洋相关基础设施的现代化建设，为海洋研究和技术发展提供支持，同时还有助于应对未来的海洋需求，提供更多就业机会，促进国家经济发展。

参考文献

陈连增，雷波，2019. 中国海洋科学技术发展 70 年. 海洋学报，41(10)：3-22.

高峰，王辉，王凡，等，2018. 国际海洋科学技术未来战略部署. 世界科技研究与发展，40(2)：113-125.

高峰，王辉，2018. 国际组织与主要国家海洋科技战略. 北京：海洋出版社.

国家海洋局，科技部，2017. 全国科技兴海规划(2016—2020年). 船舶标准化与质量，(1)：16-25.

国务院发展研究中心国际技术经济研究所，2019. 世界前沿技术发展报告2019. 北京：电子工业出版社：277-205.

何广顺，等，2019. 国外海洋政策研究报告(2018). 北京：海洋出版社：291-300.

IODP综合大洋钻探计划，2003—2013. 2018. 地球科学进展，34(9)：封底.

科技部，国土资源部，国家海洋局，2018. "十三五"海洋领域科技创新专项规划. 科技导报，(14).

联合国教育科学与文化组织，2019. 全球海洋观测系统2030战略. 政府间海洋学委员会手册2019-5(IOC/BRO/2019/5 rev. 2版本)，GOOS报告239号.

欧洲海洋委员会，2019. 领航未来V. [2020-05-08]. https：//xw. qq. com/cmsid/20190625A0A7WR00.

王立伟，2019. 美国国家海洋科技发展：未来十年愿景. 海洋世界，(1)：54-59.

吴秀平，2020. IODP发布《2050科学框架：大洋钻探—探索地球》. 资源环境动态监测快报，(8).

谢若初，2018. 日本新《海洋基本计划》解析. 东北亚学刊，(6)：24-28.

英国劳氏船级社，2015. 2030年全球海洋技术趋势. [2020-05-01]. http：//www. eworldship. com/html/2015/classification_society_0909/106390. html.

英国政府科学办公室，2018. 未来海洋发展报告. [2020-05-08]. http：//www. most. gov. cn/gnwkjdt/201807/t20180713_140595. htm.

张所续，2020. 挪威海洋战略举措的启示与借鉴. [2020-05-08]. https：//doi. org/10. 19676/j. cnki. 1672-6995. 000424.

中国Argo实时资料中心，2003. Argo全球海洋观测网. [2020-04-14]. http：//www. argo. org. cn.

中国Argo实时资料中心，2020. 全球Argo海洋观测网中活跃浮标数量已达4000个. [2020-04-14]. http：//www. argo. org. cn.

中华人民共和国驻欧使团，欧盟发布2019年蓝色经济报告. [2020-04-29]. http：//www. chinamission. be/chn/kjhz/kjdt/t1665965. htm.

自然资源部，自然资源科技创新发展规划纲要. [2020-05-07]. http：//www. mnr. gov. cn/gk/tzgg/201811/t20181113_2364664. html.

European Marine Board，2019. [2020-05-08]. https：//www. marineboard. eu/navigating-future-v.

Federal Ministry for Economic Affairs and Energy，2017. Maritime Agenda 2025：The future of Germany as a maritime industry hub. [2020-05-12]. https：//www. bmwi. de/Redaktion/EN/Publikationen/maritime-agenda-2025. html.

IOC-UNESCO，2020. Global Ocean Science Report 2020-Charting Capacity for Ocean Sustainability. K. Isensee (ed.)，Paris，UNESCO Publishing.

IODP，2020. Exploring Earth by Scientific Ocean Drilling 2050 Science Framwork. [2020-05-10]. http：//iodp. org/2050-science-framework-review-doc/file.

Joint Technical Commission for Oceanography and Marine Meteorology (JCOMM) of the World Meteorological Organization (WMO)，UNESCO's Intergovernmental Oceanographic Commission (IOC)，2019. Ocean Observing System Report Card 2019. [2020-04-10]. https：//en. unesco. org/news/new-report-card-shows-state-and-value-ocean-observations.

KESSLER W S，WIJFFELS S E，CRAVATTE S，et al.，2019. Second Reportof TPOS 2020. GOOS-234，265. [2020-04-

16]. http：//tpos2020. org/second-report/.

National Oceanic and Atmospheric Administration，2018. [2020-04-28]. https：//www. coris. noaa. gov/activities/strategic_plan2018/.

National Oceanic and Atmospheric Administration，2019. NOAA Cloud Strategy，2019—2024. [2020-04-28]. https：//nrc. noaa. gov/LinkClick. aspx? fileticket=d5uzrI7vPnc%3d&tabid=68&portalid=0.

National Oceanic and Atmospheric Administration，2020. NOAA Omics Strategy. [2020-04-28]. https：//nrc. noaa. gov/LinkClick. aspx? fileticket=RReWVFNjr5I%3d&tabid=92&portalid=0.

National Oceanic and Atmospheric Administration，2020. NOAA Artificial Intelligence Strategy. [2020-04-28]. https：//nrc. noaa. gov/LinkClick. aspx? fileticket=jLq7s0Hw1_g%3d&tabid=67&portalid=0.

National Oceanic and Atmospheric Administration，2020. NOAA Hydrographic Survey Projects 2020. [2020-04-16]. https：//www. nauticalcharts. noaa. gov/updates/noaa-releases-2020-hydrographic-survey-season-plans/.

National Oceanic and Atmospheric Administration，2020. NOAA Unmanned Systems Strategy. [2020-04-28]. https：//nrc. noaa. gov/LinkClick. aspx? fileticket=0tHu8Kl8DBs%3d&tabid=93&portalid=0.

National Oceanography Centre，2020. National Marine Facilities (NMF) Technology Roadmap 2020—2021. [2020-05-08]. https：//noc. ac. uk/files/documents/about/ispo/COMMS1155%20NMF%20TECHNOLOGY%20ROADMAP%20202021%20V4. pdf.

National Science and Technology Council，2018. Science and Technology for America's Oceans：A Decadal Vision. [2019-03-05]. https：//www. whitehouse. gov/wp-content/uploads/2018/11/Science-and-Technology-for-Americas-Oceans-A-Decadal-Vision. pdf.

NOAA，2020. Research and Development Vision Areas：2020—2026. [2020-04-28]. https：//nrc. noaa. gov/LinkClick. aspx? fileticket=z4iHSl3P4KY%3d&portalid=0.

Norwegian Ministry of Trade，Industry and Fisheries，2019. Blue Opportunities-updated ocean strategy. [2020-05-08]. https：//www. regjeringen. no/globalassets/departementene/nfd/dokumenter/strategier/w-0026-e-blue-opportunities_uu. pdf.

NorwegianMinistry of Trade，Industry and Fisheries，Norwegian Ministry of Petroleum and Energy，2017. New Growth，Proud History-Ocean Strategy. [2020-05-08]. https：//www. regjeringen. no/contentassets/00f5d674cb684873844bf3c0b19e0511/the-norwegian-governments-ocean-strategy-new-growth-proud-history. pdf.

SCRAVATTE S，KESSLER W S，SMITH N，et al.，2016. First Report of TPOS 2020. GOOS-215，200. [2020-04-28] http：//tpos2020. org/first-report/.

WILLIAMSON P，SMYTHE-WRIGHT D，BURKILL P，et al.，2016. Future of the Ocean and its Seas：a non-governmental scientific perspective on seven marine research issues of G7 interest. ICSU-IAPSO-IUGG-SCOR，Paris.

第 2 章 海洋遥感技术

海洋遥感是全球海洋立体观测体系中最为重要的观测手段之一。依所搭载平台而分，可大致分为卫星遥感和无人机遥感两类，其中卫星是遥感传感器最为常用的搭载平台。依功能而分，海洋遥感又可大致分为海洋光学遥感和海洋微波遥感两类。海洋光学遥感主要用于探测海洋的光学参数，包括叶绿素 a 浓度、悬浮泥沙浓度、有色可溶解有机物和海面温度等。海洋微波遥感主要用于获取海洋的动力环境参数，如海面风场、海面高度、海洋重力场和大洋环流等。这些海洋遥感观测参数可被广泛地应用于海域管理、海洋维权、军事保障、资源环境调查、海洋生态修复和海洋防灾减灾等领域。

本章将在梳理相关文献资料的基础上，着重介绍 2015 年后海洋遥感技术的新进展并对未来的发展方向作出预测，分为海洋光学遥感、海洋微波遥感和无人机遥感三个方面来介绍。

2.1 海洋光学遥感

海洋光学遥感即利用工作波段范围在 0.38~0.76 μm 的可见光传感器获取海洋水体表面的光谱辐射信息，经模型解算，求取海水中所包含的光学性质、组分浓度及各种生态环境信息。海洋光学传感器较陆地光学传感器而言，拥有更高的信噪比和灵敏度，其原因在于海洋水体自身反射率要远低于陆表地物的反射率，因而需要具有更强辐射分辨率的传感器来记录所观测到的地表信息。

常见的海洋光学遥感产品项目包括水体漫(射)衰减系数、水体总光束吸收系数和各组分吸收系数、颗粒物后向散射系数，浮游植物色素浓度和粒径、悬浮颗粒物浓度和粒径、有色可溶解有机物、透明度、浅水区水深和底质、真光层深度等，这些数据产品在海岸带管理、海洋环境监测、海洋生态修复以及海洋预报、海洋安全等领域中发挥了重要作用，是全球观测系统中不可或缺的重要组成部分。然而，光学遥感的发展仍面临着巨大的挑战，尤其是在近岸复杂水体环境中的应用。本节将总结国内外海洋光学遥感发展现状，从光学遥感传感器技术、辐射定标技术、大气校正方法、生物光学算法开发、海洋光学遥感应用 5 个方面对海洋光学遥感技术近年来的进展状况予以阐述。

2.1.1 国外发展现状

2.1.1.1 光学遥感传感器

1978年，美国国家航空航天局(NASA)发射的雨云卫星搭载了全球首个用于海洋水色观测的传感器——海岸带水色扫描仪CZCS。在雨云卫星运行的7年时间内，CZCS获取了大量的海洋水色观测资料，证明了卫星水色探测技术的可行性，开创了海洋水色卫星遥感时代，为后续的水色算法的发展以及水色传感器的设计提供了宝贵的经验。在随后的几十年间，许多国家都发展了自己的海洋水色卫星，其中比较具有代表性的有CMODIS、MERIS、OCI和VIIRS等，各国主要海洋水色传感器及性能参数见表2.1。近5年来，新发展的海洋水色传感器包括欧洲空间局发射的Sentinel-3上搭载的OLCI、日本GCOM-C搭载的SGLI等，未来各国将要发射的水色传感器及主要参数见表2.2。

表2.1 各国主要海洋水色传感器及性能参数

卫星	传感器	国家、地区或国际项目	幅宽(km)	空间分辨率(m)	波段数	波段范围(nm)
Nimbus-7	CZCS	美国	1 556	825	6	433~12 500
SZ-3	CMODIS	中国	650~700	400	34	403~12 500
ADEOS-Ⅱ	GLI	日本	1 600	250/1 000	36	375~12 500
JEM-EF	HICO	ISS	50	100	124	380~1 000
ENVISAT	MERIS	欧洲	1 150	300/1 200	15	412~1 050
IRS P3	MOS	德国	200	500	18	408~1 600
ROCSAT-1	OCI	日本	690	825	6	433~12 500
IRS-P4	OCM	印度	1 420	360/4 000	8	402~885
ADEOS	OCTS	日本	1 400	700	12	402~12 500
KOMPSA-Ⅰ	OSMI	韩国	800	850	6	400~900
ADEOS	POLDER	法国	2 400	6 km	9	443~910
ADEOS-Ⅱ	POLDER-2	法国	2 400	6 000	9	443~910
Parasol	POLDER-3	法国	2 100	6 000	9	443~1 020
OrbView-2	SeaWiFS	美国	2 806	1 100	8	402~885
COMS	GOCI	韩国	2 500	500	8	400~865
Aqua	MODIS	美国	2 330	250/500/1 000	36	405~14 385
Terra	MODIS	美国	2 330	250/500/1 000	36	405~14 385

续表

卫星	传感器	国家、地区或国际项目	幅宽(km)	空间分辨率(m)	波段数	波段范围(nm)
Sentinel 2A	MSI	欧洲	290	10/20/60	13	442~2 202
Sentinel 2B	MSI	欧洲	290	10/20/60	13	442~2 186
Oceansat-2	OCM-2	印度	1 420	360/4 000	8	400~900
Sentinel 3A	OLCI	欧洲	1 270	300/1 200	21	400~1 020
Sentinel 3B	OLCI	欧洲	1 270	300/1 200	21	400~1 020
GCOM-C	SGLI	日本	1 150~1 400	250/1 000	19	375~12 500
Suomi NPP	VIIRS	美国	3 000	375/750	22	402~11 800
JPSS-1	VIIRS	美国	3 000	370/740	22	402~11 800

Sentinel-3 是由 Sentinel-3A 和 Sentinel-3B 组成的卫星星座并飞行于同一轨道上，相位相差 180°，携带多种有效载荷，用于高精度测量海面地形、海面和地表温度、海洋水色和土壤特性，还将支持海洋预报系统及环境与气候监测，其上搭载了海洋水色传感器 OLCI。OLCI 是 MERIS 的后续发展，相对于 MERIS 增加了 6 个波段，共有 21 个波段，与 MERIS 数据保持连续性，其质量稳定，可用性极高(>95%)，准确性和可靠性高。该传感器相对于上一代 MERIS，对相机的布设方式进行了调整，设计成由天底点指向西面，减少了太阳耀斑的影响，以大于 1 200 km 的幅宽和 300 m 的空间分辨率对地球的陆地和海洋进行观测。

日本 GCOM-C 上的 SGLI 传感器能够在从近紫外线到热红外波长和近红外波长(380 nm~12 μm)下进行多通道观察，共有 19 个波段。SGLI 传感器的可见光近红外波段空间分辨率均为 250 m，热红外波段空间分辨率为 500 m，且具有多角度偏振的观测能力。SGLI 每两或三天获取一次全球观测数据，因此能够更好地监测大气(气溶胶-云相互作用)、陆地和海洋参数的变化特征和趋势，为气候变化及灾害监测研究提供新的科学数据。

自 1978 年 Nimbus-7 发射以来，海洋光学遥感获得了长足的发展。随着海洋遥感应用范围的扩大和深入，海洋尤其是近岸水体成为下一步人类关注的重点区域，未来将发射一系列海洋高光谱卫星，用以解析近岸水体的复杂光学特性，提高对海洋的观测能力。例如，德国计划发射的 EnMAP 上搭载的 HSI 传感器具有 242 个波段。美国 GEO-CAPE 上搭载的 COCIS 传感器具有 155 个波段，PACE 卫星上也搭载有高光谱传感器。但这些卫星的重返周期较长，海洋观测的时效性具有一定的限制，在后续的发展中还会有一系列类似 GOCI 的地球同步轨道海洋水色传感器发射，以提高观测的时效性，例如韩国的 GOCI-Ⅱ、美国的 COCIS 以及印度的 HYSI-VNIR 等。

表 2.2　各国计划发射卫星搭载的水色传感器及其主要参数

卫星	传感器	国家	幅宽(km)	分辨率(m)	波段设置	波段范围(nm)
HY-1E/F	COCTS	中国	3 000	500	18	360~12 000
EnMAP	HSI	德国	30	30	242	420~2 450
OCEANSAT-3	OCM-3	印度	1 400	360/1	13	400~1 010
SABIA-MAR	MSOC	阿根廷	200/2 200	200/1 100	16	380~11 800
GeoKompsat 2B	GOCI-Ⅱ	韩国	1 200×1 500	250/1 000	13	412~1 240
PACE	OCI/SPEXone/HARP-2	美国	2 000	1 000	Hyperspec (5nm，350-890+7 bands NIR-SWIR)/Hyperspec (2 nm)/4 bands	350~2 250/385~770/440~870
GISAT-1	HYSI-VNIR	印度	250	320	60	400~870
ACE	OES	美国	TBD	1 000	26	350~2 135
GEO-CAPE	COCIS	美国	TBD	250~375	155 TBD	340~2 160
“观澜”号	OL	中国	—	—	—	—

2.1.1.2　辐射定标与检验

卫星遥感器辐射定标是获取准确可靠的水色遥感数据的重要条件，真实性检验可有效地评价遥感数据的产品质量，从而提高卫星遥感定量化的精度。因此，定标和检验工作伴随卫星遥感器运行的整个生命周期。定标和检验工作都需要大量分布广泛、测量精确、长期连续的现场观测数据，国外已建立了大量长期固定的人工靶场(MOBY 浮标、AERONET-OC 站点等)用于海洋水色卫星的辐射定标与真实性检验。

世界上第一台光学浮标 MOBY 布放在夏威夷拉奈岛以西 20 km 处，从 1996 年开始已相继为 SeaWiFS、MODIS、MERIS、VIIRS 等一系列遥感器提供过定标服务；第二台光学浮标 BOUSSOLE 布放在地中海西北部，该浮标从 2003 年开始工作。法国 Bio-Argo 小组通过在 Argo 浮标加装光学探头实现了海洋光学参数的三维测量，成为海洋光学遥感真实性检验的一种新的方式。

自 1995 年以来，意大利在欧洲空间局 MERIS 等相关项目的支持下，在威尼斯近岸建立了 AAOT 光学试验塔，为多种仪器进行观测比对、长期定点测量提供了高精度的数据源。全球气溶胶-水色(AERONET-OC)网通过改进的 CE318 光度计(SeaPRISM)可以测量离水辐亮度，这些改进的 CE318 光度计通常安装在离岸的平台上，如灯塔、海洋观测平台和石油平台等。AERONET-OC 网以标准化测量在海洋卫星水色产品验证中发挥作用，一是所有站点都执行同一测量系统和协议；二是用相同的参考源和方法校准；三是用相同的处理算法。它涵盖了不同水体类型的站点，是海洋卫星水色产品验证和开发应用的重要数据来源之一，广泛应用于 SeaWiFS、MERIS、MODIS 等水色产品的真实性检验，2002 年至今仍在运行的 AERONET-OC 网建设平台的基本信息见表 2.3。

表 2.3　2002 年至今仍在运行的 AERONET-OC 网建设平台的基本信息

站位名	所在区域	纬度(°)	经度(°)	基座结构	负责机构
AAOT (2002 年至今)	亚得里亚海	45.314	12.508	海洋塔	欧盟联合研究中心
MVCO (2004 年至今)	中大西洋湾	41.325	-70.567	海洋塔	美国新罕布什尔大学
GDLT (2005 年至今)	波罗的海	58.594	17.467	灯塔	欧盟联合研究中心
HLT (2006 年至今)	芬兰湾	59.949	24.9269	灯塔	欧盟联合研究中心
Lucinda (2009 年至今)	珊瑚海	-18.519	146.386	防波堤	美国联邦科学与工业研究组织
LISCO (2009 年至今)	长岛	40.955	-73.342	平台	美国纽约城市学院
Gloria (2010 年至今)	黑海	44.600	29.360	石油平台	欧盟联合研究中心
WaveCIS_Site_CSI_6 (2010 年至今)	墨西哥湾	28.867	-90.483	石油平台	美国海军研究实验室、国家海洋和大气管理局综合项目办公室等
USC_SEAPRISM (2011 年至今)	加利福尼亚州新港	33.564	-118.118	石油平台	美国国家海洋和大气管理局
Ieodo_Station (2013 年至今)	马拉多岛西南海域	32.123	125.182	海洋站	韩国海洋科学与技术研究所、韩国水文和海洋局
Socheongcho (2015 年至今)	黄海	37.423	124.738	海洋站	韩国海洋科学与技术研究所
ARIAKE_TOWER (2018 年至今)	阿里亚克海	33.104	130.272	观测塔	日本宇宙航空研究开发机构地球观测研究中心
Irbe_Lighthouse (2018 年至今)	波罗的海	57.751	21.723	灯塔	欧盟联合研究中心
Section-7_Platform (2019 年至今)	黑海	44.546	29.447	石油平台	欧盟联合研究中心

除以上人工靶场外，寻找一系列空间分布均匀、海洋与大气光学特性年际稳定性高的海洋区域(称为寡营养盐区域)作为自然靶场，开展水色卫星遥感器定标检验也是非常必要的，全球主要寡营养盐区域分布状况见图 2.1。Fougnie 等利用一年的 SeaWiFS 数据产品识别了 15 个海洋场点，并根据海洋和大气参数来表征场区特性；Fougnie 等利用 9 年(1999—2007 年)的 SeaWiFS 数据重新定义之前 15 个海洋场点的空间均匀性，提出了新的 6 块区域；Zibordi 等(2017)利用 1997—2010 年的 SeaWiFS 数据找出建立适用于海洋水色观测计划潜在的系统替代定标场区位置，为地球生物圈气候数据集产品制作服务。利用寡营养盐区域进行遥感器的定标检验和性能跟踪已经应用于许

多海洋水色传感器，这种方法在可见光波段将定标系数的精度提高了 3%~4%。

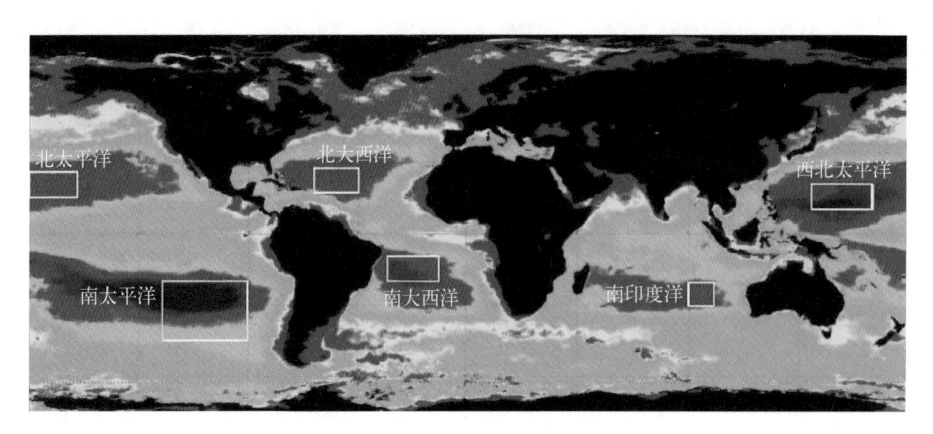

图 2.1　全球六大寡营养盐海区分布

2.1.1.3　大气校正算法

近期，在大气校正研究领域，主要进展体现在现有算法之间的产品比对与精度分析、算法优化等方面开展的工作。大气校正算法的研究重点仍然以如何进一步提高在浑浊水体上的产品精度为主。同时，研究也注重云、陆地等环境因素对大气校正算法的影响及消除，并在提高大气校正算法运行的时效性等方面开展探索性研究。Warren 等针对具有较高空间分辨率和较强海岸带监测能力的 Sentinel-2 卫星多光谱图像仪，通过水上光学测量数据评估了 6 个公开、可用的大气校正算法(Acolite、C2RCC、iCOR、l2gen、Polymer 和 Sen2Cor)。C2RCC 和 Polymer 算法在不同的数据集上实现了最低的均方根差和均值绝对差。蓝绿和红色波段数据显示，需要对大气校正算法做进一步的研究工作才能重现固有的光谱形状，并需要近红外波段数据以准确地反演浑浊水体中的叶绿素 a 浓度。Gossn 等针对 Sentinel-3A 的 OLCI 传感器，采用新的 1 016 nm 短波红外波段，与波长更大的短波红外波段相比，该波段可以降低成本并且在浑浊水体上提升大气校正的精度。同时，为浑浊水体使用简单的水反射模型，结合水体反射模式在模拟数据集上测试了该算法，在没有直接日照的情况下获得了良好的性能。Godding 等提出了将大气校正算法运用到两种含有云环境系统中的研究工作，证明 Azure Batch 是一个响应快的云环境，对于重视算法运行时间少的人来说，它是一个出色的解决方案。研究提出了一种考虑大气和水体浊度在内的改进模型，使用浊度指数来识别浑浊水体，并使用 869 nm 气溶胶光学厚度的阈值来识别多尘大气环境。

2.1.1.4　生物光学算法开发

所谓生物光学算法是通过遥感数据或现场数据计算或反演水体水色要素的方法，是水色遥感的重要组成部分，为海洋生态、海洋动力、海洋系统变化等研究提供了有效的工具，也是水色卫星获取水体中各个要素的基础。目前的水色反演算法大致可分为经验算法和半分析算法。

1. 经验算法

经验算法指的是在大量实测数据的基础上，找出并建立离水辐亮度或遥感反射率与某一水体组分的统计关系。这种算法建立在实测数据的基础上，其中非常具有代表性的一种算法就是波段比值算法，它利用不同波段离水辐亮度之间的比值来反演水体内的叶绿素 a 浓度，从早期的 OC2、OC3，到现在的 OCI、OC4E、OC3V 等，虽然使用的波段以及系数有所不同，但其核心理念并没有发生变化。由于全球水体特性众多，想要使用经验算法通常需要在特定区域调整算法中的系数，以提高其在该区域的代表性。

2. 半分析算法

半分析算法是将经验公式与辐射传输模型相结合，根据表观量—固有量—水体组分之间的关系反演水体组成，最具有代表性的有以下两种。

1)QAA 算法

QAA 算法由 Lee 等开发，是基于辐射传输原理的半分析算法，在二类水体中也有较好的适用性。QAA 算法从最初提出到现在共有 6 次改进，目前最新的算法为 QAA_v6，此外，众多研究者还根据不同水体的需求在其基础上进行区域化的优化，也取得了不错的效果。Andrade 等通过对巴西圣保罗州 Tietê 河的研究，对 16 个方案进行算法评估，应用 QAA_v5 算法进行改进后取得了不错的结果。Watanabe 等(2016)优化了 QAA 算法在热带富营养化水体中的应用，校准与色素、碎屑、有色溶解有机物吸收系数相关的参数，能够更好地对热带水域进行监测。

2)神经网络算法

神经网络算法具有较高的使用价值，它是人工智能方法的一支，利用黑箱子操作，通过对不同波段组合和叶绿素 a 浓度进行测试，找到最佳模型，且神经网络算法可以与 QAA 算法结合使用。在通过欧洲空间局的海洋水色项目和大量辐射传输模拟的训练下，神经网络算法已经被应用到 Sentinel 2 和 Sentinel 3 中，被称为 C2RCC 算法。Gao 等(2021)利用基于深度神经网络正演模型，来表示大气海洋耦合系统的辐射传输，建立了气溶胶与水色的联合反演算法。

2.1.1.5 海洋光学遥感应用

海洋光学遥感应用主要是借助海洋光学传感器，实现遥感反射率、吸收系数、散射系数、漫衰减系数、真光层深度等一系列海洋光学参量的提取，进而反演出诸如透明度、悬浮物浓度、叶绿素 a 浓度及水下地形等海洋环境参数信息，并在此基础上开展物理海洋、化学海洋及生物海洋方面的相关研究，揭示海洋气候、海洋灾害及海洋生态等方面的控制机理及变化规律，进而实现海岸带环境监测与管理。海洋光学遥感应用包括以下几个方面。

1. 全球尺度下的卫星海洋浮游植物认知

当前在光学海洋卫星的帮助下，对于海洋浮游生物的认知已经有了长足的发展，尤其是在全球大尺度下的海洋浮游植物认识方面。海洋浮游植物认知包含生物量、类群结构与生产力 3 个层次。具体而言，采用浮游植物赖以进行光合作用的主色素——叶绿素 a 的浓度来表征浮游植物生物量，借助特定类群光谱差异来识别不同浮游植物群落及类群结构，引用叶绿素 a 浓度、浮游植物碳、吸收系数等海洋光学参量来反演海洋初级生产力(图 2. 2)。近年来(2015 年后)，海洋初级生产力的遥感已经逐步走出以叶绿素 a 浓度为中心，不考虑浮游植物类群的陈旧单一的估算模式，而考虑浮游植物类群特征且与光合作用根本原理一致的算法正在兴起。

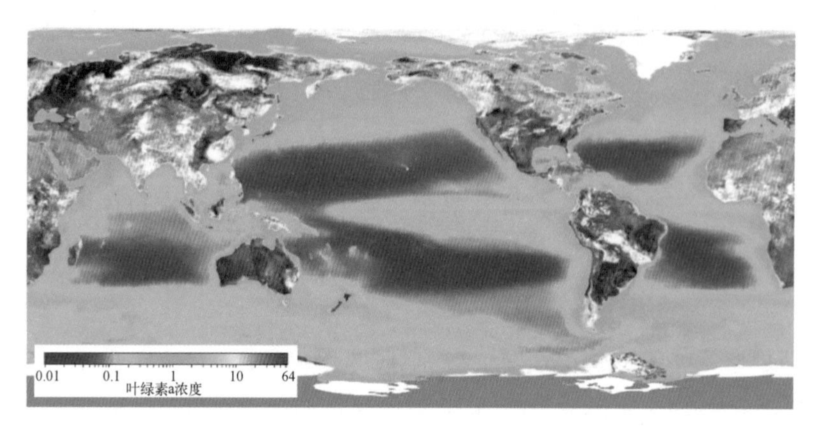

图 2. 2　VIIRS 全球叶绿素 a 浓度气候态平均分布

(图片来自 美国 NOAA STAR Ocean Color，https：//www. star. nesdis. noaa. gov/)

2. 化学元素的循环研究

化学元素的循环研究对象包括碳、氮、铁和 pH 等，其中，海洋碳循环是研究的重点，涉及的类别包括颗粒有机碳(POC)、颗粒无机碳(PIC)和溶解有机碳(DOC)三种。其机理主要是利用光学参量中的散射及反射率信息进行相关要素的反演，进而达到认知海洋中元素形态、迁移机制、界面通量、物质平衡的目的。近年来，除碳元素外，部分学者也开展了氮元素、铁元素的循环研究，虽然这些光学遥感在反演算法和精度上还存在一定的局限性，但其在化学海洋学的研究和应用中已经起到了十分重要的作用。光学遥感为化学元素循环提供大量的准实时、大尺度和长时间序列的观测数据，保障了化学海洋学对元素的迁移机制、界面通量、物质平衡等研究的数据基础，图 2. 3 展示了 2010 年 3 月全球尺度下的颗粒有机碳分布状况。

3. 水质监测

利用长时间序列的卫星遥感海洋光学参量，反演与水质相关的参量，表征区域范围内的水体健康程度，其基本的流程包括数据源获取、水色遥感参数获取、综合分析及信息传递三个部分。用来描述水质健康状况的参数包括水体透明度、近海富营养化指数、悬浮颗粒物浓度等。2015 年后，该领域的研究进展主要集中在两个方面：其一为水色算法的更新，用以改善二类水体下水色要素的反演精度；其二为黑臭水体的监测治理，受政府引导，越来越多的学者将光学卫星应用到黑臭水体遥感监测中去，有效地缓解了政府河道污染监管的难题。尽管对于浑浊、复杂情况下的水质监测还存在诸多问题，但光学遥感在近海及湖泊水质的监测和管理中依然发挥着举足轻重的作用，未来海洋水质监测应当继续朝着要素反演高精度化、综合指标集成化、监测预报一体化的方向发展。

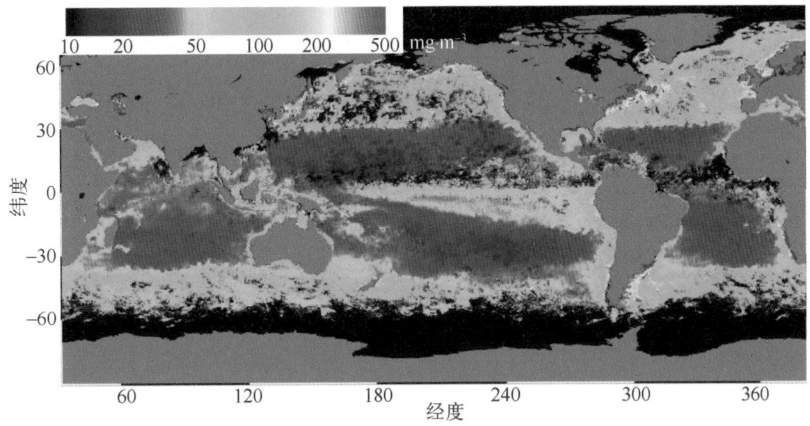

图 2.3　2010 年 3 月全球颗粒有机碳浓度分布

［图片源自 Lee 等（2018）］

4. 灾害监测

运用光学卫星对常见的海洋灾害进行监测，主要包括有害藻华、大型漂浮藻类、海洋溢油、海洋低氧区等。海洋光学遥感已成功应用于环境灾害监测及灾情评估，这些应用包括对赤潮与大型漂浮藻类暴发的监测、海面溢油的目标识别与油膜厚度估算、海洋低氧区时空面积估算等。运用水色遥感技术评估灾情灾害，未来一方面要进一步深入研究适用于不同环境灾害监测相关的方法模型，另一方面，还需要积极拓展其他海洋生态灾害(如近海水母旺发、海岸淤积与侵蚀等)的监测与预警。

5. 浅水地形绘制

浅水地形绘制内容包括水深和底质两部分，运用光学遥感数据，借助水体的辐射传输模型，可在浅水环境下有效地提取出水体深度、底质类型等信息。常见的水体辐射传输模型包括经验算法和半分析算法两种，近年来，部分学者在原有半分析算法的基础上引入了神经网络、机器学习等新方法，进一步提升了浅海水深的反演精度。但目前光学浅水地形绘制仍面临混合像元、假浅水等多种问题，未来仍需进一步探索。

6. 海洋渔业

光学卫星应用于海洋渔业管理的方式有三种：一是进行大尺度高分辨率的环境监测，理解海洋生态系统演化过程，以更好地掌握渔业资源量和补充量；二是定位鱼群、预测渔区，以提高捕捞效率或通过减少人类活动(如禁渔)加强渔业资源保护；三是监测海洋环境变量，预测适用于鱼类生长的区域，为海洋水产养殖服务。

7. 气候变化

全球气候观测系统(Global Climate Observing System，GCOS)在大气、陆地和海洋三个领域分别选定了一些重要气候变量，共同构成一套基本气候变量(Essential Climate Variable，ECV)。ECV 能够提供刻画全球气候系统状态的信息，并提供可用于长期气候监测与气候变化及其对全球影响有关的地球物理变量；这些基本气候变量的连续观测和数据共享对于气候系统监测、模拟与研究具有重要意义。作为海洋生态系统研究和气候模型的必要参量，水色是 ECV 的重要组成部分，也是气候模型的必要参数。卫星遥感能够提供全球范围内真正协调一致的数据集，可为研究气候变化提供重要的数据源。光学遥感在气候变化研究方面有两个作用，其一为提供观测并量化气候变化及其对地球系统的影响；其二为气候模型提供科学且可靠的输入和验证数据。遥感通过量化大气、陆地和海洋的过程和时空状态，在了解气候系统及其变化方面取得了重大进展。卫星数据经常与气候模型一起使用，更新气候系统的动态，并改进气候预测，海表温度在许多海洋过程中起着重要的作用，这些过程与海洋和大气之间的热传递直接相关，是气候状态的重要指标。在数值天气预报模型中，海温场对海洋表面通量的计算也具有重要意义。

2.1.2 国内发展现状

2.1.2.1 海洋卫星及传感器

我国在 2002 年发射了“海洋一号”(HY-1A)卫星，HY-1A 卫星是中国第一颗用于海洋水色探测的试验型业务卫星。卫星上装载两台遥感器，一台是 10 谱段的海洋水色扫描仪(COCTS)，另一台是 4 谱段的海岸带成像仪(CZI)。主要观测海水光学特性，包括叶绿素 a 浓度、海表温度、悬浮泥沙含量、可溶有机物、污染物等。该卫星的发射，实现了我国海洋卫星“零”的突破，推动了我国海洋立体监测体系和卫星对地观测体系的发展。HY-1B 卫星是 HY-1A 卫星的后续型号，同样为试验型业务卫星，载有一台 10 谱段的海洋水色扫描仪和一台 4 谱段的海岸带成像仪。

HY-1C/D 卫星工程是我国首个海洋水色业务卫星星座，采用上、下午卫星组网观测，可有效增加观测频次，提高全球覆盖能力，两颗卫星分别于 2018 年和 2020 年发射升空。较 HY-1A/B 卫星而言，该星座增加了紫外观测波段和星上定标系统，提高了近岸浑浊水体的大气校正精度和水色定量化观测水平，以及海岸带成像仪的覆盖宽度和空间分辨率，以满足实际应用需要；增加了船舶监测系统，可获取船舶位置和属性信息。扩建了海洋卫星地面应用系统，提高了处理服务能力与可靠性；可更好地满足海洋水色水温、海岸带和海洋灾害与环境监测需求，同时服务于自然资源调查、环境生态、应急减灾、气象、农业和水利等行业。海洋水色水温扫描仪主要用于探测海洋水色要素(叶绿素 a 浓度、悬浮泥沙浓度和可溶性有机物等)和海面温度场等。通过连续获取长时序的我国近海及全球水色水温资料，研究和掌握海洋初级生产力分布、海洋渔业和养殖业资源状况和环境质量等，为海洋生物资源合理开发与利用提供科学依据，为全球变化研究、海洋在全球二氧化碳循环中的作用及“厄尔尼诺”探测提供大洋水色水温资料。

海岸带成像仪主要用于获取海陆交互作用区域的实时图像资料进行海岸带监测，了解重点河口港湾的悬浮泥沙分布规律，并对冰、赤潮、绿潮、污染物等海洋环境灾害进行实时监测和预警。卫星上的定标光谱仪为海洋水色水温扫描仪(8个可见近红外波段)和紫外成像仪(2个紫外波段)提供星上同步校准功能，监测海洋水色水温扫描仪和紫外成像仪的在轨辐射稳定性。可见近红外波段具备400~900 nm范围内5 nm带宽连续光谱数据下传的能力，具有在轨太阳定标的能力。

未来，我国将发射海洋系列水色卫星的后续星，进一步提升卫星的观测能力。此外，还有正在研制的“观澜”号卫星，该卫星将搭载海洋激光雷达，与历史上无源的海洋光学遥感技术相比，星载激光雷达至少具有两个独特的优势：第一，垂直穿透进入混合层，可以定量获得光学甚至海洋学特征的轮廓；第二，可以进行独立于太阳辐射的全时测量。使用有源海洋激光雷达仪器有效地渗透到海洋混合层中，从而可以获得海面以下海洋光学特性的垂直推导，将加深对温跃层形成及其相关动力学特征的表征，一旦建立了在大区域快速确定混合层深度的能力，将大大提高高层海洋动力学的理解和建模工作水平。

2.1.2.2 定标检验现状

随着我国自主海洋水色卫星的发展，国内水色辐射定标与产品真实性检验越来越受到重视。在自主海洋水色卫星发射初期，我国仅进行一些海上定标检验。例如，国家卫星海洋应用中心和国家海洋技术中心等多家单位在2002年开展了HY-1A卫星发射后的在轨同步观测，在2007年开展了HY-1B卫星发射后的在轨同步观测。由于对定标过程中的误差分析和定标系数验证研究较少，从而无法保证定标系数的有效性。同时，国内卫星通常采用场地定标法或交叉定标法，且没有进行不同方法定标结果的相互验证，因此不能保证定标系数的准确性。

为了获取长时间的现场观测数据，提高现场观测频率，我国一直致力于建设自主海洋卫星定标检验场。2011年在国家863计划项目支持下，利用海上在产石油平台(PY30-2)建立了多参数海上定标检验现场观测系统，集成了主/被动微波、红外和可见光观测设备，为海上定标检验场的建设打下了基础。2019年在“十二五”海洋观测卫星地面系统中，建设完成了“黄东海光学遥感海上检验场”。这是我国首个专用海上检验场，是我国自主海洋水色卫星基础性设施之一，也是国家民用空间基础设施的重要组成部分，采用国内外最先进的仪器设备，按照国家标准和国际通用观测规范建设而成。它包括了“一大两小”三个观测站点，分布在我国黄海和东海，采用独立的手段获取大量的、长期的、覆盖范围广的现场真值，实现水色卫星数据产品的时空误差检验评估。随着后续海洋水色卫星的研制和投入应用，定标检验工作将按照国家空间基础设施规划，不断完善和健全海洋水色卫星定标检验网，支撑海洋卫星及卫星海洋应用从试验到业务服务的战略转变，支撑当前和后续的海洋卫星及卫星海洋应用工作。

2.1.2.3 遥感应用现状

自2018年以来，HY-1C/D卫星相继发射，大大增强了我国近岸对大洋区域的观测能力，海洋光学遥感卫星以探测水色、水温为主。它通过观测海水光学特征、叶绿素a浓度、海表温度、悬浮泥沙浓度、黄色物质和海洋污染物，并兼顾观测海水、浅海地形、海流特征、海面上大气气溶胶等要素，掌握海洋初级生产力分布、海洋渔业及养殖业资源状况和环境质量，了解重点河口港湾的悬浮泥沙分布规律，从而为海洋生物资源合理开发利用、沿岸海洋工程建设、河口港湾治理、海洋环境监测、环境保护、执法管理以及全球环境变化等领域提供科学依据和基础数据。

1. 海洋环境监测

1)海表温度

利用HY-1C/D卫星上所搭载的COCTS传感器反演海表面温度，对中国海、邻近海域及全球海域，制作4 km空间分辨率的日合成、月平均和年平均海表温融合产品，在海温预报、海洋渔业等领域发挥着重要作用。

2)海洋水色

利用自主国产水色卫星产品资料，定期制作中国近海及邻近海域的旬、月、季、年平均的叶绿素a浓度、悬浮泥沙浓度等海洋水色产品，提供给海洋环境监测、海洋渔业等有关部门使用，成为支持其业务工作的重要数据源。

3)溢油监测

借用海洋光学遥感数据，尤其是HY-1C/D卫星上所搭载的UV传感器数据，可有效地探测海上溢油，为海上溢油事件快速响应、应急处理和海洋生态环境保护与修复提供辅助决策支持。

2. 海洋灾害监测

1)海冰监测

我国渤海及黄海北部海域处于高纬度地区，每年都要有3个月左右的结冰期，利用HY-1C卫星、高分系列卫星等卫星资料，对我国渤海及黄海北部区域的冬季海冰冰情开展了业务化逐日监测，并向国家、海区、省市三级部门和单位提供服务，可为海冰冰情监测与灾害评估和应急响应提供有力的信息支撑。

2)绿潮监测

近年来，我国已逐步建立起绿潮监测的业务化体系，此项业务由国家卫星海洋应用中心开展，统筹协调多种光学遥感卫星，如EOS/MODIS、HY-1C/D、GF-1、GF-2、GF-3、GF-4等，对我国近海的绿潮开展业务化监测。监测成果以《绿潮卫星遥感监测报告》的形式向国家、海区、省市三级部门和单位发布，实现绿潮灾害早期发现和全过程跟踪监测，为绿潮漂移路径的预测、黄海跨区域浒苔绿潮联防联控和防灾减灾提供了准确、及时的信息服务。

3) 赤潮监测

赤潮监测是防灾减灾中重要的一项内容，也已形成业务化监测体系。2015年以来，利用EOS/MODIS、HY-1C/D和GF-4等卫星影像数据，对我国赤潮频发的北海、南海海区开展了赤潮监测工作，获取赤潮发生区域分布及时空变迁状况，制作区域《赤潮卫星遥感监测信息快报》，并向沿海省市相关单位发布，为海洋环境保护提供科学依据。

3. 海洋生态监测

1) 典型生态系统监测

近年来，随着研究的深入和公众环保意识的增强，我国所关注的海岸带典型生态系统逐步增多，当前可用于卫星监测的生态系统包括红树林、珊瑚礁、盐沼、海草床等，运用海洋系列卫星、高分系列卫星、哨兵及陆地系列卫星，开展典型生态系统的监测工作，主要获取典型生态系统物种分布及健康状况，编制系统监测报告，为生态修复、资源评估及政府决策提供依据。

2) 入侵植被监测

植被入侵已成为影响我国生物多样性和生态安全的重要问题，其中，尤以互花米草的入侵最为严重。互花米草自引进以来已蔓延至中国所有沿海省份，不仅淤积航道，还大量挤压了其他植被的生存空间，造成重大生态问题。光学遥感卫星在近年来已被广泛应用到互花米草入侵物种的监测之中，如自然资源部第一海洋研究所开展的黄河口互花米草群落遥感监测，能够有效地分析出互花米草在不同区域的入侵状况，在此基础上制作的互花米草空间分布专题图，可为当地政府针对互花米草的防控和治理提供重要基础数据支撑。

2.1.3 发展趋势

光学遥感因其对全球的覆盖能力，可以自主地获得目标区域的图像和光谱数据，相较于传统测量手段，具有无可比拟的优势。在过去的几十年里，光学遥感无论是在机理研究还是在监测应用方面都取得了长足的进步，但仍面临传感器不够先进、算法不够精确，应用不够广泛的问题，未来光学遥感产业将围绕传感器改进、算法模型优化和产品及应用领域拓展三个方面来发展。

传感器改进：提升卫星空间分辨率，将水色卫星分辨率由原来的1 km提升至优于200 m；提升卫星光谱分辨率，加强光学传感器波段覆盖范围，缩减各波段带宽；提升卫星时间分辨率，积极发展地球同步卫星或卫星组网观测技术，缩短卫星的重访周期；提升卫星垂直分辨率，发展主动遥感探测技术，完成水体组分探测由表层平面到垂直剖面的转变。

算法模型优化：积极开发适用于复杂水体下的大气校正新算法，建立微小尺度下的区域大气耦合模型，准确计算大气辐射传输过程，获取高精度遥感反射比数据；大力发展基于生物光学机理的遥感模式，分区域分季节设定算法模型，反演高精度的水体组分信息，克服“一套算法打天下”的弊端。

产品及应用领域拓展：紧跟时代步伐，研制能满足社会新需求的新产品，生产特定用户定制下的个性化产品，满足不同群体对光学遥感产品的需求；积极探索光学遥感产品分发及共享机制，引入商业化元素，增加公益服务意识，将更多产品推送到用户手中，为人类社会进步贡献力量，也让更多人享受现代科技进步的成果。

2.2 海洋微波遥感

海洋微波遥感技术可以实现全天时、全天候对海洋动力环境要素的观测，主要的遥感器包括合成孔径雷达(SAR)、微波辐射计、高度计等。其中，合成孔径雷达利用卫星运动条件下天线阵列的孔径合成技术，获取高空间分辨率的海面二维图像，进而反演得到海面风场、海浪谱等要素；微波辐射计通过被动接收海面微波辐射实现对海面温度、风速等要素的观测；高度计利用卫星星下点的脉冲回波测量海面高度、有效波高和海面风速。近年来，国内外多颗海洋微波遥感器陆续成功发射，有力地推动了相应微波遥感反演算法研究和应用。本节按照不同遥感器种类分别介绍近年来的主要技术进展。

2.2.1 国外发展现状

2.2.1.1 合成孔径雷达

1. 卫星和遥感器技术进展

1)加拿大 RCM 星座

2019 年 6 月，加拿大发射了“雷达卫星星座任务”(Redarsat Constellation Mission，RCM)的 3 颗 SAR 卫星。RCM 星座由 3 颗构型完全相同的卫星组成，在轨协同工作，设计寿命 7 年，运行于高度约 600 km、倾角 98°的太阳同步轨道，三星运行于同一轨道面，等间距分布，相邻两颗卫星的时距为 32 min。RCM 的卫星具有低分辨率、中分辨率、高分辨率、低噪声、聚束、全极化等多种成像模式(见图 2.4)，最高分辨率为 1 m×3 m，RCM 星座还具有单轨干涉测量(InSAR)能力。聚束模式适用于小区域高分辨率成像，宽幅成像模式幅宽高达 500 km，适用于广域监视。船只探测模式幅宽 350 m，RCM 每天可实现对距离加拿大海岸 2 000 km 的所有海域、长度大于 25 m 的船只的精确探测。RCM 每星每轨平均成像时间 15 min，最长 25 min，连续成像时间 12.5 min。RCM 星座将接替 Radarsat 卫星提供海洋监测(海冰、海风、溢油、船舶)、灾害管理和生态系统监测的遥感数据服务。

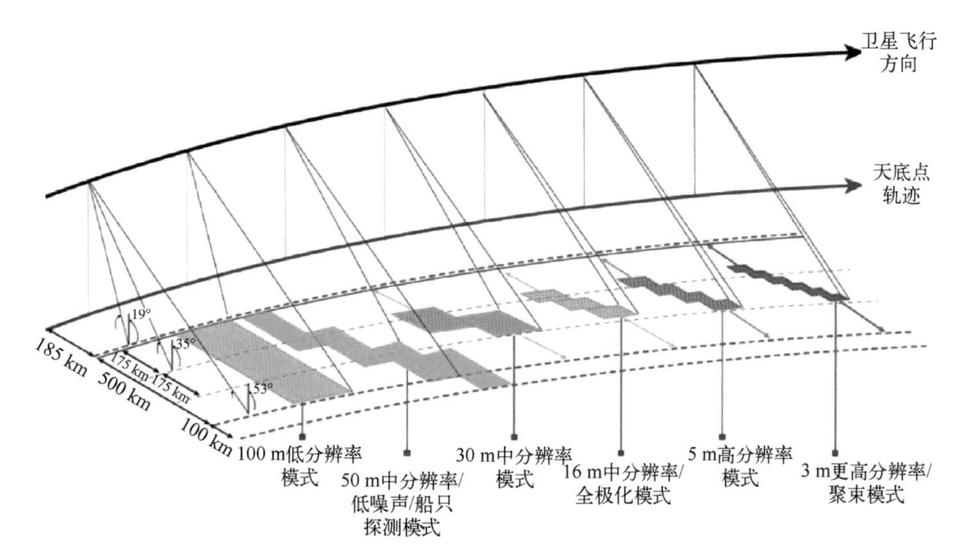

图 2.4 加拿大 RCM 卫星成像模式

2)欧洲空间局 Sentinel-1B 卫星

欧洲空间局于 2016 年 4 月 25 日成功发射了 Sentinel-1B 卫星。Sentinel-1B 和 2014 年发射的 Sentinel-1A 卫星分别运行在轨道高度为 700 km 的近极地太阳同步轨道的两侧，单颗卫星的重访周期为 12 d，两颗卫星联合对同一地区的观测周期可以缩短为 6 d。Sentinel-1B 卫星搭载有 C 波段(中心频率 5.405 GHz)的合成孔径雷达，具有 4 种成像观测模式。

- 条带(stripmap)成像模式：空间分辨率为 5 m×5 m，幅宽 80 km。该模式空间分辨率较高，且入射角可以调节，但幅宽较小，主要用于紧急情况下的快速成像。
- 干涉宽幅(Interferometric wide swath)成像模式：该模式下利用 TOPSAR 技术实现较宽刈幅(250 km)并保证 3 个子条带间影像的一致性。其距离向分辨率为 5 m，方位向分辨率为 20 m，是陆地成像的默认模式。
- 超宽幅(Extra wide swath)成像模式：该模式与干涉宽幅模式相比，子条带数增至 5 个，空间分辨率相应降低至 20 m×40 m，主要针对海洋、极地等大范围覆盖的应用。
- 波模式(wavemode)成像模式：该模式下 SAR 影像由 20 km×20 km 的区域小块组成，是大洋成像的默认模式，主要用于提供海浪方向谱、有效波高、波长、波向等海洋参数。

2. 算法与应用技术进展

SAR 海洋卫星遥感中，技术最成熟并可以应用到业务化产品中的是海面风场反演算法。合成孔径雷达海面风速反演通常基于由垂直极化卫星散射计观测建立的地球物理模式函数。随着合成孔径雷达长时间序列观测数据的积累，2015 年 Mouche 和 Chapron 利用大量 Sentinel-1A、Radarsat-2 雷达图像和时空匹配的 ASCAT 散射计风场资料，建立了垂直极化合成孔径雷达海面风速地球物理模式函数 C_SARMOD。2018 年，Lu 等进一步利用 SAR 图像和时空匹配的浮标风速观测，建立了地球物理模式函数 C_SARMOD2。对于传统合成孔径雷达海面风速反演，由于没有相应的地球物理模式函数，只能将各种极化比模型与散射计模式函数相结合，然而无论是经验还是理论极化比模型均不准确，在将水平极化后向散射转化为垂直极化后向散射的过程中存在潜在的误差，从而影响海面风速的反演精度。为解决这个问题，Zhang 等利用海量 Envisat ASAR 图像和时空匹配的 ASACT 风速和风向，首次建立了水平极化合成孔径雷达海面风速地球物理模式函数 CMODH，利用该模式函数可以由水平极化合成孔径雷达图像直接反演海面风速，无须将极化比模型转化为雷达后向散射模型。

交叉极化观测是极化合成孔径雷达独特的优势，而过去和目前在轨的星载微波散射计卫星均没有交叉极化观测能力。之前利用 Radarsat-2 卫星观测发现，C 波段交叉极化海面后向散射信号对风向和雷达入射角不敏感，只是风速的线性函数，可直接用于风速反演。2017 年，Mouche 等利用 Sentinel-1A 交叉极化数据和 SMAP 卫星资料，针对 25 m/s 以上的高风速提出了 MS1A 地球物理模式函数。交叉极化 SAR 观测的引入，显著地提高了 C 波段 SAR 反演风场在高风速条件下的精度。

在台风监测与预警方面，2016 年，欧洲空间局发起了名为 SHOC 的台风观测计划，通过与 WMO 区域天气预报中心等组织的合作，利用 5 d 内的台风中心位置预报数据，结合卫星轨道，制定台风 SAR 任务规划，并根据台风发展的情况对未来 3 d 的观测计划进行更新，确保制订的观测计划能够准确覆盖台风中心。该计划的实施，极大地提高了对台风中心区域的观测成功率和同一台风生命周期内的重复观测能力，为全球台风科研人员积累了非常宝贵的台风极化 SAR 观测资料，支撑了台风形态学和台风动力过程的相关研究。

2.2.1.2 星载微波辐射计

1. 卫星和遥感器技术进展

1)GMI/GPM 卫星

全球降水观测计划(Global Precipitation Measurement，GPM)是一项国际卫星任务，每 3 h 对世界范围的雨雪进行观测。美国国家航空航天局(NASA)和日本航空航天局(JAXA)于 2014 年 2 月 28 日发射了 GPM 核心观测平台(GPM Core Observatory，GPMCO)，搭载了一个双频降雨观测雷达(DPR)和 GPM 微波成像仪(GMI)，为太空中的降水测量设定了新的标准。作为 TRMM 后续卫星计划，相关合作单位由国际空间机构联盟组成，包括法国国家空间服务中心(CNES)、印度空间研究组织(ISRO)、美国国家海洋和大气管理局以及欧洲气象卫星开发组织(EUMESAT)等。它能够提供全球范围基于微波的 3 h 以内以及基于微波红外 IMERG 算法的 30 min 的雨雪数据产品，范围延伸至南北极圈。GPMCO 扩展了 TRMM 传感载荷，提升了降水观测能力，能够观测热带海洋形成的风暴，并追踪风暴向中高纬度地区运动的轨迹，有利于研究者观测风暴整个生命周期的结构及变化情况。同时，通过 DPR 和 GMI 的观测能够量化降水粒子的微观物理特性，从而建立一个独特的观测数据库，最终实现降水反演算法的改进。对于不同的环境条件，这个数据库可以作为共同参照，实现不同微波辐射计观测结果的统一，建立起太空降水观测的新标准，这种方法的意义已经不局限于 GPMCO 的生命周期，为以后卫星观测降水提供了新思路和新方法。

GPMCO 是 GPM 的核心部分，卫星运行高度为 407 km，轨道为圆形，非太阳同步，倾角 65°，运行速率为 7 km/s，轨道周期为 93 min，一天绕地球约 16 圈。其上搭载的多波段(10~183 GHz)锥形扫描微波成像仪，相较于前身 TMI 更加先进、覆盖范围更加广泛。GMI 由美国波尔航太科技公司为 NASA 戈达德宇宙飞行中心开发建造，它具有 13 个波段，能够观测所有云层内的降水，包括微量降水以及降雪。GMI 低波段(10~89 GHz)与 TMI 类似，能够观测中大规模降水。而 GMI 的高波段(166~183 GHz)能够观测到中小规模降水。

GPMCO 的微波成像仪与 TRMM 卫星相比多出了 4 个高波段，增强了对微量降水及固态降水的观测能力(表 2.4)。因而与重点观测热带、亚热带中大规模降水的 TRMM 相比，GPM 能够更加准确地捕捉微量降水(<0.5 mm/h)和固态降水，这两种降水类型是中高纬度地区降水的重要组成部分，GPM 观测成果对此地区的研究具有重要意义。GMI 主反射器以每分钟 32 转的速率转动，收集以航天器地面轨迹为中心的 140°扇形上的微波辐射测量数据，地表扫描幅宽 885 km。GMI 的天线直径为 1.2 m，运行高度为 407 km，相比于 TMI 和 GPM 卫星群其他卫星携带的辐射计，GMI 能够获得更高的空间分辨率。

表 2.4　GPM 微波成像仪技术参数(海洋用低频通道)

通道	频率(GHz)	波段宽度(MHz)	极化方式
1	10.65	10	V
2	10.65	10	H
3	18.7	20	V
4	18.7	20	H
5	23.8	20	V
6	36.5	50	V
7	36.5	50	H
8	89.0	200	V
9	89.0	200	H

2) MTVZA-GY/Meteor-3M

Meteor-3M 之后正式的业务星包括：Meteor-M N1(2009—2019 年，已经结束任务)、Meteor-M N2(2014—2019 年，已经结束任务)、Meteor-M N3(2021—2026 年)。此外，N2 系列还包括 6 颗星，其中第一颗星 Meteor-M N2-1 于 2017 年发射成功，第二颗星 Meteor-M N2-2 于 2019 年发射成功。该系列卫星都有一台基于 MTVZA 的改进版辐射计 MTVZA-GY(见图 2.5)，这台辐射计有 21 个频率、29 个通道，增加了 10.6 GHz 双极化辐射计，用于海表温度和风的测量(见表 2.5)。

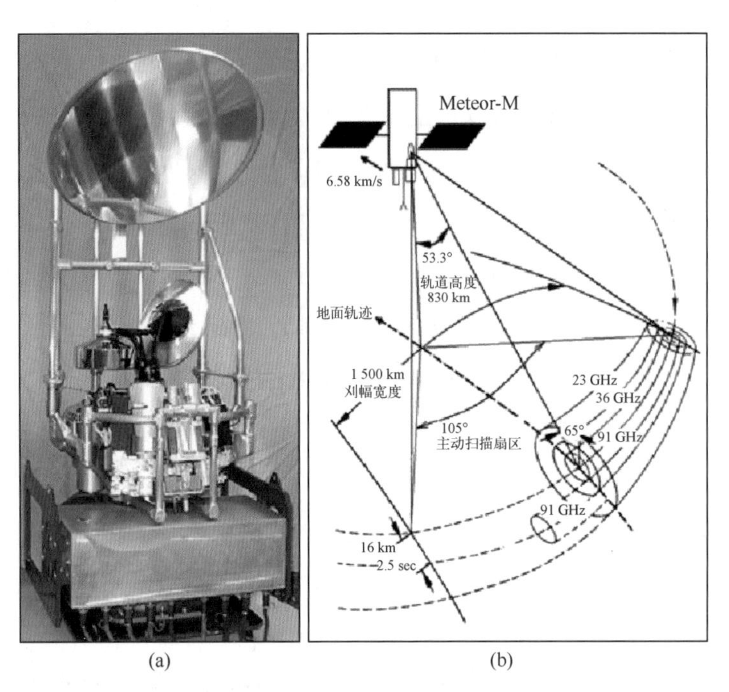

图 2.5　扫描微波辐射计 MTVZA-GY

表 2.5　微波辐射计 MTVZA-GY 技术参数

通道	频率(GHz)	带宽(MHz)	极化	不确定度	瞬时视场	分辨率
1	10.6	100	V, H	0.5 K	89 km×198 km	32 km×32 km
2	18.7	200	V, H	0.4 K	52 km×116 km	32 km×32 km
3	23.8	400	V, H	0.3 K	42 km×94 km	32 km×32 km
4	31.5	400	V, H	0.3 K	35 km×76 km	32 km×32 km
5	36.7	400	V, H	0.3 K	30 km×67 km	32 km×32 km
6	42.0	400	V, H	0.4 K	26 km×60 km	32 km×32 km
7	48.0	400	V, H	0.4 K	24 km×43 km	32 km×32 km
8	52.80	400	V	0.4 K	21 km×48 km	48 km×48 km
9	53.30	400	V	0.4 K	21 km×48 km	48 km×48 km
10	53.80	400	V	0.4 K	21 km×48 km	48 km×48 km
11	54.64	400	V	0.4 K	21 km×48 km	48 km×48 km
12	55.63	400	V	0.4 K	21 km×48 km	48 km×48 km
13	57.290 344±0.322 2±0.1	50	H	0.4 K	21 km×48 km	48 km×48 km
14	57.290 344±0.322 2±0.05	20	H	0.7 K	21 km×48 km	48 km×48 km

续表

通道	频率(GHz)	带宽(MHz)	极化	不确定度	瞬时视场	分辨率
15	57.290 344±0.322 2±0.025	10	H	0.9 K	21 km×48 km	48 km×48 km
16	57.290 344±0.322 2±0.01	5	H	1.3 K	21 km×48 km	48 km×48 km
17	57.290 344±0.322 2±0.005	3	H	1.7 K	21 km×48 km	48 km×48 km
18	91.655	2 500	V, H	0.6 K	14 km×30 km	16 km×16 km
19	183.31 ± 7.0	1 500	V	0.5 K	9 km×21 km	32 km×32 km
20	183.31 ± 3.0	1 000	V	0.6 K	9 km×21 km	32 km×32 km
21	183.31 ± 1.0	500	V	0.8 K	9 km×21 km	32 km×32 km

3)SMAP

土壤水分主被动探测计划(Soil Moisture Active and Passive, SMAP)卫星于2015年1月31日在加利福尼亚范德堡空军基地搭载在Delta-2火箭发射升空。NASA喷气动力实验室(JPL)对SMAP总体负责，NASA戈达德宇宙飞行中心负责其硬件和部分科学论证。SMAP设计寿命为期三年，将在全球尺度上探测地表土壤水分。SMAP搭载L波段雷达和微波辐射计(图2.6)，能够探测到地表5 cm深度，具有穿透云和中等程度植被冠层覆盖的能力，是迄今为止分辨率最高的土壤水分卫星产品。

其中，L波段辐射计与雷达共享6 m网状反射天线，波束入射角为40°，锥形扫描速率为每分钟14圈，辐射计的地面分辨率为40 km。SMAP L波段辐射计的星上定标方案采用最冷目标地物替代方法，在大洋与陆地表面的交叉定标结果优于1 K。

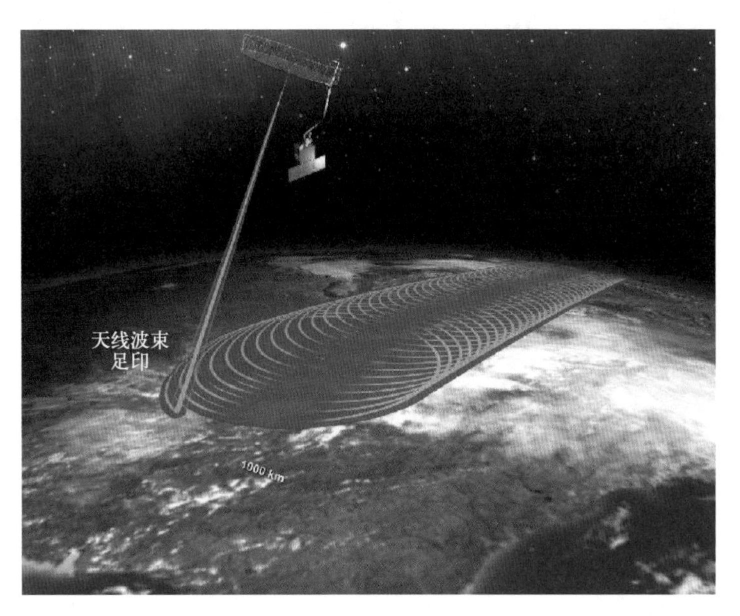

图2.6 SMAP L波段微波辐射计

2. 算法与应用技术进展

1)极端天气和台风监测

海面风场是海气热交换相互作用过程中的关键驱动力，同时也是许多全球海洋和海岸带研究的关键参数。当前大部分星载辐射计和散射计通常采用C和Ka波段测量海面风速，但是这两个波段在极端天气条件如台风高风速下敏感度会降低以及受降雨的影响，无法实现精确测量。而L波段被动微波传感器由于频率特性的原因，相对于高频波段不易受到降雨的影响，因此可以有效填补高风速测量的空缺。

Yueh等利用SMAP的L波段辐射计数据获取极端天气下的海面风速，用于热带气旋的路径与强度预报(图2.7)。该研究采用Aquarius地物参数模型与SMAP L波段亮温建立的匹配数据集为基础，通过线性外推得到高风速区间反演数据集。其反演结果与机载步进频率辐射计(SFMR)测量数据进行比对验证，在风速20~40 m/s范围均方根偏差为4.6 m/s。

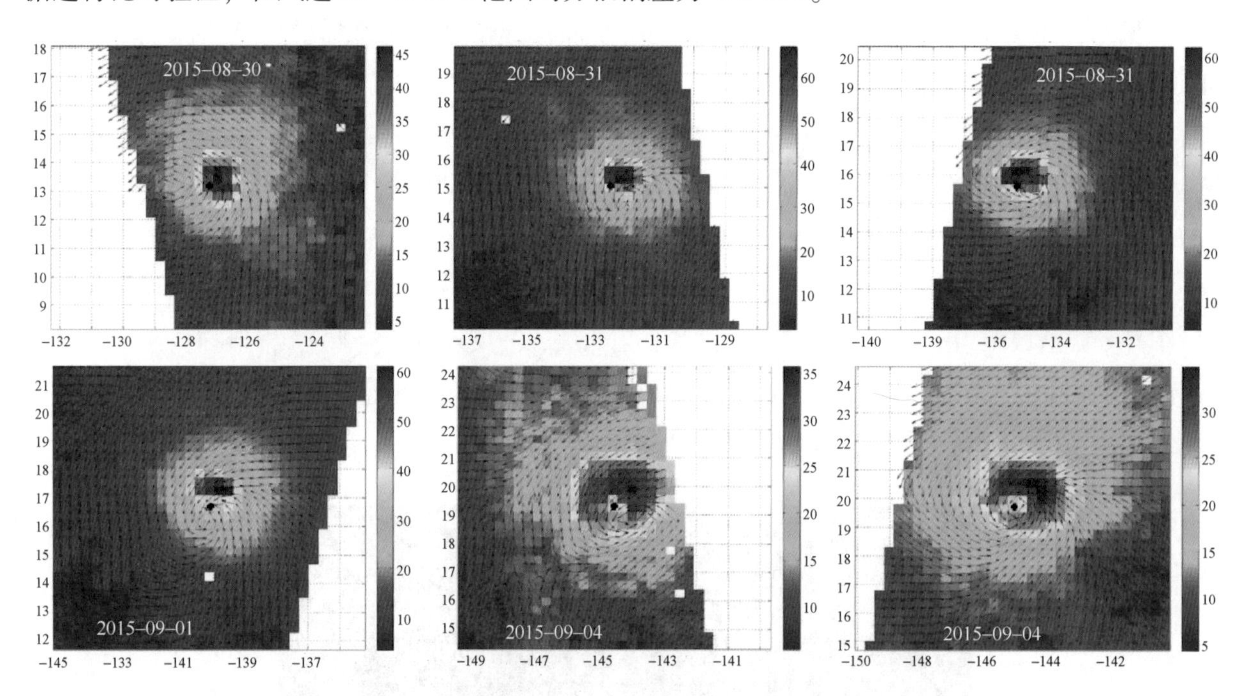

图2.7　SMAP L波段辐射计观测的飓风"希梅纳"风矢量
(2015年8月30日至9月4日)

2)海面白帽覆盖观测

现有的遥感理论一般是在普通海况的基础上在海气界面进行讨论，但高海况下海洋上层和海洋大气之间将出现非正常物理过程，单纯的海气界面将被破坏，例如强风(台风)驱使下大小尺度海面起伏、密集飞沫和卷入海水中的空气、海洋污染物、雨雪、海雾、近岸高浓度悬浮泥沙等，在这些异常状态下，微波遥感将受到何种程度的影响一直是国际上所重视的课题。

在强风驱使下海浪破碎产生的白冠泡沫能明显改变海面的散射和辐射特性，在风速达到

25 m/s 时，1/3 以上的海面都被白冠所覆盖，海气界面的白冠层对海洋表层物理参量的微波遥感将产生重要影响。其中，美国海军实验室的 Anguelova 等提出利用全极化微波辐射计多通道亮温，结合非相干多重散射模型反演得到海面泡沫覆盖率。该项研究首次系统实现了星载遥感器海面泡沫覆盖反演的业务流程，可以有效实时估算全球大洋的表面泡沫覆盖。

2.2.1.3 卫星高度计

在国际上，卫星高度计传感器的发展已经进入创新期。自 2010 年以来，卫星高度计经历了近 30 年的发展，取得了瞩目的成就，成为业务化海洋动力环境遥感的主要手段之一，获得了连续 20 多年的海面高度观测序列。

自 2014 年以来，国际上发射了多颗高度计卫星(主要卫星参数见表 2.6)，其发展主要表现在以下两点。

(1)卫星连续的业务化观测，如 Jason-3 是 Topex/POSEIDON、Jason-1/2 的继任高度计卫星(图 2.8)，Cryosat-2 是欧洲空间局发射的 CryoSat 的继任卫星，它们可以保证其前任卫星所做的支持海洋学研究、气象预报等方面的工作得以延续下去，在原有卫星高度计的基础上，其测量精度更高；印度/法国于 2013 年 2 月发射的 SARAL 高度计卫星，可以作为 Jason-2 的补充卫星，同时也可以填补 Envisat(2002—2012)和 Sentinel-3A(2016)两个任务之间的工作空白。

表 2.6　载有高度计的卫星信息

卫星	在轨时间	隶属	回访周期(天)	卫星高度(km)	测量精度
Sentinel-3A	2016 年 2 月至今	欧洲空间局	27	814.5	
Jason-2	2008 年 8 月至 2019 年 10 月	法国/美国	9.9	1 336	0.03
Jason-3	2016 年 1 月至今	法国/美国	9.9	1 336	0.03
SARAL	2013 年 2 月 25 日	法国/印度	35	约 800	—
HY 2A	2011 年 8 月至今	中国	14/168	971	0.08
HY-2B	2018 年 10 月至今	中国	14	973	~0.05
Cryosat-2	2010 年 4 月至今	欧洲空间局	369	717	

图 2.8　Jason-3 卫星

(2)卫星多功能应用，如Sentinel-3A卫星兼备了水色遥感与微波遥感等多项功能，且使用两种高度计测量模式——SAR模式和LowResolution模式，提高了海岸带地区、内水及海冰的测量精度，除测量海面高度等要素外，还兼备了湖泊和大型河流水面高程监测、海冰高度和厚度监测等功能。

后续的高度计卫星包括Swot(美国/法国/加拿大/英国)、Jason-CS(欧洲空间局/美国/法国)等。

2.2.2 国内发展现状

2.2.2.1 合成孔径雷达

2016年8月，我国成功发射了高分三号(GF-3)SAR卫星。GF-3卫星是我国民用"高分辨率对地观测系统重大专项"中唯一一颗微波成像卫星，也是我国首颗1 m分辨率C频段多极化合成孔径雷达卫星。为了兼顾海陆观测，GF-3卫星综合了欧洲EnvisatASAR与加拿大Radarsat-2卫星的成像模式特点，具有12种观测模式(表2.7)，也是目前世界上设计工作模式最多的SAR卫星。GF-3卫星最高分辨率达到1 m(聚束模式)，最大成像幅宽达到650 km(全球观测模式)，具有获取全极化观测数据能力，并且为海洋观测设计了2种专用观测模式——波模式与全球观测模式。GF-3卫星所具有的多模式、高空间分辨率、大成像幅宽、多极化、定量化应用的特点，对于海洋权益维护、海洋防灾减灾与环境保护、海洋动力环境监测与军事战场环境保障、极地科学考察与研究等应用领域，具有显著的经济与社会效益。

表2.7 GF-3卫星的观测模式

观测模式	分辨率(m)	幅宽(km)	极化方式	入射角(°)
聚束	1	10 × 10	单极化	20~50
超精细条带	3	30	单极化	20~50
精细条带	5	50	双极化	19~50
宽精细条带	10	100	双极化	19~50
标准条带	25	130	双极化	17~50
全极化条带	8	30	全极化	20~41
宽全极化条带	25	40	全极化	20~38
窄幅扫描	50	300	双极化	17~50
宽幅扫描	100	500	双极化	17~50
全球观测模式	500	650	双极化	17~53
波模式	10	5 × 5	全极化	20~41
扩展入射角	25	130	双极化	10~20
	25	80	双极化	50~60

2.2.2.2 星载微波辐射计

2018 年 10 月 25 日成功发射的“海洋二号”B(HY-2B)卫星是我国第二颗海洋动力环境卫星。该卫星集主、被动微波遥感器于一体，属于我国海洋系列遥感卫星，具有高精度测轨、定轨能力与全天候、全天时、全球探测能力(表 2.8)。卫星的主要使命是监测和调查海洋环境，获得海面风场、浪高、海面高度、海面温度等多种海洋动力环境参数，直接为灾害性海况预警预报提供实测数据，为海洋防灾减灾、海洋权益维护、海洋资源开发、海洋环境保护、海洋科学研究以及国防建设等提供支撑服务。

表 2.8 “海洋二号”B 卫星微波辐射计技术参数

频率/GHz	带宽/MHz	极化	扫描刈幅/km	地面入射角	地面足迹/(km×km)	灵敏度/K	动态范围	定标精度	线性度
6.925	350	V H			90×150	优于 0.5			
10.7	100	V H			70×110	优于 0.5			
18.7	200	V H	优于 1 600	53°	36×60	优于 0.5	3~350 K	1 K(95~320 K)	>0.999
23.8	400	V			30×52	优于 0.5			
37.0	1 000	V H			20×35	优于 0.8			

2.2.2.3 雷达高度计

2011 年 8 月，中国发射了第一颗海洋动力卫星 HY-2A。该卫星已在轨道上运行了 7 年。继 HY-2A 之后，我国于 2018 年 10 月发射了 HY-2B 卫星(图 2.9)。该卫星集主、被动微波遥感器于一体，具有高精度测轨、定轨能力与全天候、全天时、全球探测能力，其设计寿命为 5 年。它可以覆盖世界 90%的海洋，并获得海洋动态环境数据，如海面温度、风速、海冰和降雨量等，卫星主要技术指标见表 2.9。在 HY-2A 卫星的基础上，HY-2B 卫星配备了两个新系统，即跟踪和监测船只的自动识别系统。HY-2B 卫星还可以在中国的近海和其他海域接收、存储和传输浮标测量数据。

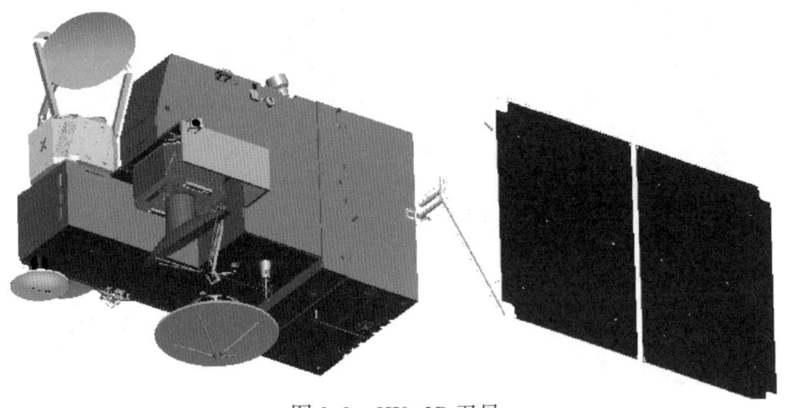

图 2.9 HY-2B 卫星

(图片来源：国家卫星海洋应用中心)

HY-2C 卫星于 2020 年 9 月 21 日发射，HY-2D 卫星也于 2021 年 5 月发射，与 HY-2B 卫星共同构成我国海洋动力环境监测网。

表 2.9　HY-2B 卫星观测要素产品精度指标

参量	测量精度	有效测量范围
风速	2 m/s 或 10%，取大者	2~24 m/s
风向	20°	0~360°
海面高度	约 5 cm	—
有效波高	0.5 m 或 10%，取大者	0.5~20 m
海面温度	±1.0℃	-2~35℃
水汽含量	±3.5 kg/m^2	0~80 kg/m^2
云中液态水	±0.05 kg/m^2	0~1.0 kg/m^2

来源：http：//www.nsoas.org.cn/news/content/2018-11/23/44_697.html。

2016 年 9 月，由中科院空间中心研制的“天宫二号”空间实验舱(图 2.10)搭载三维成像微波高度计发射升空，它也成为国际上第一个突破传统星载高度计只能进行星下点沿飞行方向一维线观测、刈幅只有数千米的局限，单侧幅宽达到数十千米、海平面高度相对测量精度达到厘米级、绝对测量精度达到分米级的宽刈幅雷达高度计(如果轨道高度在 800 km 以上，则能够实现单侧 100 km 以上的观测幅宽)。“天宫二号”的高度计在实现宽刈幅海面测高的同时，可对海面三维形态以及海洋内波进行观测，还可对海面风速和海面有效波和波向进行测量。

图 2.10　“天宫二号”

2.2.3 发展趋势与建议

虽然近年来卫星高度计技术发展迅速，但还存在着覆盖范围受限，空间分辨率不足，近海、河流、湖泊等区域测量精度较低等问题。针对这些技术难点，卫星高度计的未来发展方向主要是提高数据的时空分辨率和测量精度等。

(1)采用三维成像高度计提高数据的空间分辨率。三维成像高度计是传统高度计技术、孔径综合处理技术和干涉处理技术的结合，该系统通过偏离天顶点观测以及孔径合成技术来获得距离向和方位向的地面分辨率，将脉冲有限和波束有限工作方式相结合，通过双天线获取相关信息并从中获取分辨率单元的高度值。虽然“天宫二号”首次使用了三维成像高度计，但是该项技术还在试验阶段，要实现该技术的业务化运行还需要进一步测试。

(2)开发与改进近岸、大型河流、湖泊等区域算法和模型，提高卫星高度计在这些区域的测量精度。尤其是在近岸区域，目前的波形重构算法、湿大气路径延迟、海况偏差模型等精度较差，亟须开发精度更高的算法和模型，以弥补高度计在上述区域测量精度不足的缺陷。

2.3 无人机

2.3.1 国外发展现状

2.3.1.1 国外无人机系统发展现状

1. 无人机系统

21 世纪的前十年，世界各国都在大力发展各种用途的无人飞行器，目前，世界上有 32 个国家已研制出了 50 多种无人机，有 55 个国家装备了无人机，国外无人机示例见图 2.11。无人机成为 21 世纪武器装备发展中的最大亮点。

美国、以色列、南非等国家都非常重视无人侦察机和多用途无人机的研制、生产及应用。美国在发展无人机计划的同时，也考虑民用和商用的可能性，如环境监控、通信中继、毒品侦察、大气取样、野生动物跟踪、测绘等。美国国家航空航天局定购了两架高空军事无人机的原型机，一架是“捕食者”无人机，一架是“全球鹰”无人机。它将用这两架无人机来勘察森林火灾情况。NASA 德莱顿飞行研究中心正在研究将伊克纳(Ikhana)无人机用于森林灭火，而美国国家海洋和大气管理局已采用无人机进行天气预报和全球变暖的观测研究。俄罗斯将无人机应用于气象和生态观测；Ka37 无人驾驶直升机将用于农业和空中拍摄。同时，俄罗斯还研制了用于农作物统计、输气输油管道监控、化学和核物质监护等方面的旋翼无人机。俄罗斯天然气工业公司可以使用无人机监测管道状况。

图 2.11　国外无人机

美国、加拿大、欧洲等国家和地区已经建立了天、空、地一体化林业监测系统，大力发展卫星遥感监测和无人机动态监测系统加强森林防火预警和监测。美国林业局 2006 年使用牵牛星(Altair)无人机监测加利福尼亚州森林大火，为消防人员提供实时态势感知能力。牵牛星无人机搭载多波段红外热像仪对火灾情况进行监测，通过卫星数据链将图像传回地面实时图像处理系统，处理后的图像数据通过网络快速分发至指挥中心和灾害管理部门。牵牛星无人机的续航时间可达 24 h。加拿大林区采用多架配备先进的直升机轮流监测森林火灾，飞行费用每小时需 5 000~6 000 加元，由于费用昂贵，加拿大也开始积极研究采用无人机开展森林防火监测。欧洲各国也大力发展无人机动态监测系统。俄罗斯采用无人机对东西伯利亚林区过火地表的恢复情况进行评估。西班牙等国致力于研究采用小型无人机监控森林火灾。

目前，美国正把无人机应用于国土安全任务和科学实验。此外，还试图把无人机综合到民用机场的日常运营中，这些行动将创造一个真正意义上的民用和商用无人机市场。美国国土安全部海关和边境保卫局(CBP)已经试用“捕食者”-B 和“赫尔墨斯”-450 无人机，目的是监视美国与墨西哥之间的边界和海岸线。此外，美国国土安全部正在研究使用无人机在美国和加拿大边界上空进行巡逻的可行性。美国农业部林务局也在探索无人机的新应用，例如监视森林野火等。而阿拉斯加州则希望应用无人机对其所辖海域进行监视，以保护渔业水域不受偷渔者的破坏。未来，美国政府希望在其国内的救灾行动中使用无人机，在与 2005 年“卡特里娜”飓风发生后紧急状况类似的情况下，无人机可以扮演“空中移动电话基站”的角色，以帮助重建受灾地区的通信系统。洛杉矾治安局已经采购了一套被称为“天空观察者”的无人机系统，供其下属的特警分队使用。该部门认为，这种无人机可以用于空中监视、追踪逃犯以及搜寻失踪旅行者和迷路儿童。民用无人机市场现在依然处于其幼年期，并将继续缓慢增长。在美国，像国土安全部和地方警察机构这样的政府非军事部门有望成为无人机的大宗用户。

欧洲也在积极寻求无人机的民用应用，包括边境巡逻任务等。在意大利，无人机已经被用于支持缉私、反偷渡、反恐等行动，而比利时政府已经开始使用无人机监视北海海域的石油盗采活动。以色列在使用无人机支持军事行动方面有着丰富的经验，现在以色列高速公路警察正在考虑使用无人机帮助跟踪并逮捕肇事者，他们使用的无人机是以色列航空防务系统公司生产的“航空星”无人机，在跟踪肇事者的行动中，一架无人机与五辆警车编组使用并为后者提供关于肇事者的实时视频传输，目前高速公路警察正在研究试用的结果，以决定是否正式将这种基于无人机的交通监视系统用于执法和增强交通安全。

2. 无人机数据链

无人机数据链体制和技术不断走向成熟和完善。数据链总的发展趋势是在兼容兼顾现有装备的基础上，积极开发新的频率资源，提高数据传输速率，改进网络结构，增大信号隐蔽性，提高抗干扰、抗截获及数据分发能力，逐渐从战术数据终端向联合信息分发系统演变，并在与各种指挥控制系统及武器系统链接的同时，实现与战略网的互通。无人机的测控站将实现系列化、通用化。

目前，就测控与信息传输系统领域而言，美国在一定程度上领先于其他国家(见图 2. 12)。早期美军的测控与信息传输系统主要是以各军兵种的使用需求为牵引而独立研发的，在系统体制、工作频段、传输性能、消息格式、控制协议、人机接口、信息处理、信息分发等方面缺乏统一的规范。通过近十年来的多次局部战争，美国的测控系统暴露出几类严重制约其应用效果的问题。主要表现在：频谱使用混乱、系统兼容工作能力差，系统互联、互通、互操作性差，协同作战能力有待提高，装备型号品种繁多，技术支持与保障协调困难等多个方面。为此，美军成立了专门的系统管理机构针对各军兵种装备进行统筹规划，制定了一系列测控数据链标准，包括 Link-1 点对点数字数据链、Link-4/4A 飞机控制用战术数据链/战术数字信息链、Link-7 空中交通控制用数据链、Link-10 海用数据链、Link-11/11B 战术数据链、Link-14 战术数据广播、Link-16战术数据交换多功能信息分发以及 Link-22 战术数据链等。

继美国之后，欧洲、亚洲和南美洲等国家也在不断重视无人机的军事应用与发展，除长期在该领域居于前列的法国、英国、以色列等发达国家外，印度、韩国、日本、新加坡、土耳其、伊朗、委内瑞拉等国家也都在积极研制或从国外购买军用无人机及相关测控数据链与指挥控制设备，不过大多数发展中国家在测控系统技术方面还主要依赖几个技术先进国家。

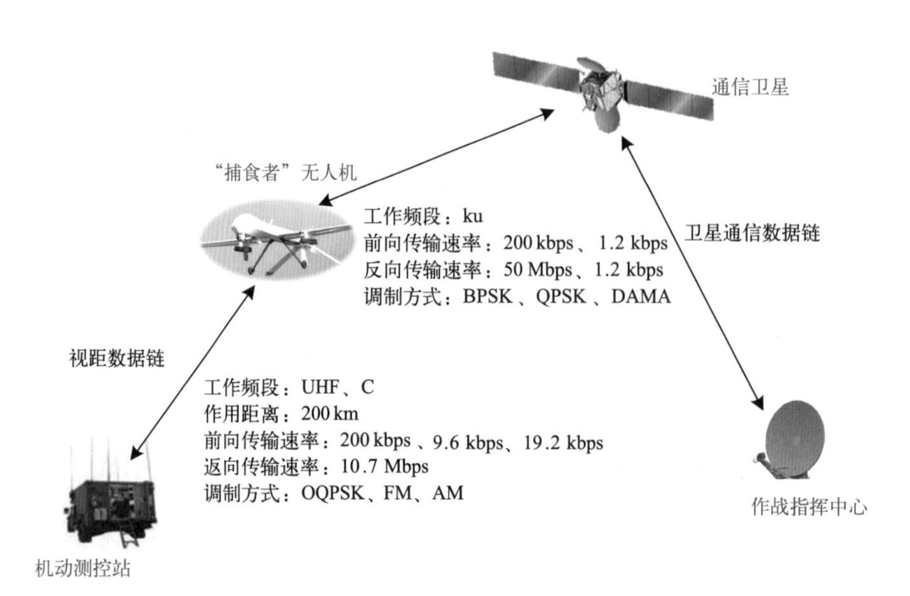

图 2. 12 "捕食者"无人机数据链

3. 无人机地面测控站

地面测控站分系统是整个无人机系统的控制部分，主要实现对无人机飞行过程的控制、飞行航迹规划和显示、有效载荷的控制、通信链路的通信控制和状态监控以及无人机的发射和回收等功能；主要包括飞行控制系统、任务规划系统、载荷控制系统和目标识别与自动跟踪系统等。依可控机型不同，地面测控站常被分为便携式地面测控站(图 2. 13)和车载地面测控站(见图 2. 14)两种。

图 2. 13 便携式地面测控站

当今世界，无人机系统的控制基本还处于"人在回路"的控制模式。无人机在飞行前需要事先规划和设定它的飞行任务和航迹。在飞行过程中，地面测控站需要随时了解无人机的飞行状况，根据需要调整无人机的飞行姿态和航迹，及时处置飞行中遇到的特殊状况，以保证飞行安全和飞

图 2.14　车载地面测控站

行任务的完成。另外，为了保证数据的高速、可靠传输，地面测控站还要通过数据链来控制机上载荷的工作状态，以确保侦察监视等任务的顺利进行。

随着无人机业务应用领域的扩展，多架无人机协同工作以提高工作效率和拓展飞行任务等需求越来越迫切，多无人机协调航迹规划问题备受瞩目。另外，为了实现对目标的多角度、高倍率观测，需要对任务载荷进行多角度旋转、变换焦距、定点拍照等控制；对无人机拍摄到的图像进行准确、实时处理，能够自动识别火源、电力缺陷和管道缺陷等目标。使任务载荷实现目标自动跟踪等研究，也具有很大的实际应用价值。因此，对地面测控站控制无人机实现多功能观测的技术研究具有巨大的应用前景。

2.3.1.2　国外无人机海洋应用现状

国外无人机遥感监测技术发展迅速，许多国家都应用过无人机进行海洋监测活动。无人机海洋应用包括海域巡逻、海洋环境调查、海岸线监视、港口航道监测、海岛海域监测等。美国、法国、俄罗斯、以色列、德国等国家在这方面经验丰富，其中美国综合技术实力最强，开展的海洋监测活动也最多。美国海洋无人机活动已不局限于本土范围，例如利用无人机追踪太平洋飓风、进行索马里护航活动、观测海洋生物等。利用的任务载荷种类繁多，除了常见的可见光摄像机、高清相机外，还有多光谱相机、高光谱仪、SAR、红外设备、激光雷达等。

在无人机监测中，美国 NOAA 等部门通过无人机飞行的方式进行海域空中数据采集。海域监测内容包括：海域岛礁和养殖区空中监测、应急条件下海上石油平台溢油监测和海上搜救等。目前，在美国本土已建有 60 余个无人机基地，其中超过 50%部署在美国东、西海岸地区，用于监测海上经济活动(围填海、人工岛和石油平台等)和应对海上威胁。根据规划，还将继续加强海上监测力量，配备大型无人机以及船载小型无人机，同时培训超过 1 000 名无人机操作人员。

此外，美国海军还在全球构建广域海上监视系统(Board Area Maritime Surveillance，BAMS)，包括在全球范围内的5个地点部署60余架MQ-4C无人机，用于监测全球重点海域及海岸带的岛礁和航道上船舶动态等，为海域管理单位提供高分辨率遥感影像等信息。

2.3.2 国内发展现状

无人机作为一种新型、高效的监视监测手段，在各行业均得到了广泛应用，我国在海域海岛监管、海岸带监测、海洋灾害监测等业务领域先后利用无人机开展了相关应用和探索，经过多年的发展，海洋无人机在基地建设、人员配备、平台建设、通信能力、数据处理技术等方面都取得了长足的进展。

2.3.2.1 国内无人机系统发展现状

1. 无人机载荷

1)可见光相机/摄像机

高分辨率可见光相机是可见光成像技术发展的重要产物，具有作用距离远、分辨率高等特点，目前应用于民用的各个领域。

可见光相机在海洋领域可用于海岛面积测绘、地理坐标测绘、养殖区面积测算、获取港口基础地理信息。可见光摄像机能检测赤潮发生发展、船舶排污，检测是否存在违法填海与海洋污染，进行沙滩和滩涂调查。可对无人机传回的高清视频进行实时显示与拼接，与地理图层进行叠加，对海上可疑目标进行识别与跟踪，为执法取证、态势分析和整体指挥提供支持。

2)红外热像仪

红外是红外辐射、红外线或红外光的简称，它是太阳光谱红外光的不可见光，其波长范围相当宽，波长为0.75~1 000 μm。太阳光从紫外到红光的热效应逐步增大，而红外光具有最大的热效应。除了太阳能辐射红外光，自然界中的任何物体，只要本身具有一定温度，都能辐射红外光。

利用红外热像仪探测物体发出的红外辐射，并将物体辐射的功率信号转换成电信号，通过成像装置的输出就可以完全模拟被扫描物体表面温度的空间分布，得到与物体表面热分布相应的热图像。即将不可见的热辐射图像转变为人眼可见的、清晰的图像。红外热像仪非常灵敏，能探测到小于0.1℃的温差。当物体内部存在缺陷时，它将改变物体的热传导，使物体表面温度分布发生变化，红外热像仪可以测量表面温度分布变化，探测缺陷的位置。运用这一方法，便能实现对目标进行远距离热状态图像成像和测温并进行分析判断。

在海洋行业，可利用红外热像仪识别舰船目标，监控违法作业，实现船舶跟踪与定位。红外热像仪观测距离从几十米到上千米，隐蔽性好，能昼夜工作，并且穿透烟雾与尘埃的能力很强，特别适合在远距离监视。目前，常用的探测波段为中波或长波，对地面和空中的人员车辆均有良好的效果。但在水中，落水人员产生的微弱热量(辐射红外线)很快被水体发散，难以被中长波红外设备发现，限制了在夜间或能见度不佳的条件下搜救落水人员，而近红外可以看作可见光向长波方向的延伸，其传感器成像机理与中长波红外有些不同，与可见光传感器相同。跟可见光传感器一样，近红外传感器主要接收的不是人体发出的而是人体反射的红外光谱信号，不受海水温差的影响。另外，由于目前近红外传感器的分辨率远比中长波红外传感器的高，能见距离也明显比可见光远，对目标的搜索和识别非常有利。

3）高光谱/多光谱成像仪载荷

高光谱遥感是高光谱分辨率遥感（Hyperspectral Remote Sensing）的简称，它是在电磁波谱的紫外、可见光、近红外、中红外和热红外波段范围内，获取许多非常窄且光谱连续的影像数据的技术，是在传统的二维遥感的基础上增加了光谱维而形成的一种独特的三维遥感。对大量的地球表面物质的光谱测量表明，不同的物体会表现出不同的光谱反射和辐射特征，这种特征使吸收峰和反射峰的波长宽度在5~50 nm，其物理内涵是不同的分子、原子和离子的晶格振动，引起不同波长的光谱发射和吸收，从而产生了不同的光谱特征。运用具有高光谱分辨率的仪器，通过获取图像上任何一个像元或像元组合所反映的地球表面物质的光谱特性，经过后续数据处理，就能达到快速区分和识别地球表面物质的目的。

高光谱成像光谱仪具有光谱分辨率高（5~50 nm）、光谱范围宽（0.4~2.5 μm）的显著特点，可以分离成几十甚至数百个很窄的波段来接收信息，所有波段排列在一起能形成一条连续、完整的光谱曲线，光谱的覆盖范围从可见光、近红外到短波红外的全部电磁辐射波谱范围。高光谱数据是一个光谱图像的立方体，其空间图像维描述地表二维空间特征，其光谱维揭示图像每一元的光谱曲线特征，由此实现了遥感数据图像维与光谱维信息的有机融合。高光谱遥感在光谱分辨率方面的巨大优势，使得空间对地观测时可获取众多连续波段的地物光谱图像，从而达到直接识别地球表面物质的目的。地物光谱维信息量的增加为遥感对地观测、地物识别及地理环境变化监测提供了更充分的光谱信息，使传统的遥感数据目标识别和分析方法发生了本质的变化。

在海洋行业中，通过高光谱遥感，可以了解海洋的生态环境、海洋的温度变化、叶绿素a分布、河口海岸的泥沙含量等，主要应用于海冰监测、赤潮监测、溢油监测等业务。

4）激光雷达载荷

激光雷达（Light Detection And Ranging，LiDAR）的遥感原理和普通雷达基本相同。普通雷达采用无线电波进行遥感探测，而激光雷达采用激光器发射的可见光或近红外光进行遥感探测。在大气和环境研究中，也会采用其他波段的光波进行遥感探测，如紫外光和太赫兹波。激光雷达使用两种激光：脉冲式和连续波式激光。其中，连续波式激光雷达用于卫星遥感和长距离遥感，而机载激光雷达通常是基于时间-飞行差原理的脉冲式激光雷达。

激光雷达的作用原理是从激光器发射出的脉冲激光由空中入射到地面上，在树木、地面、道路、桥梁、房子等处引起散射，一部分光波会经过反射返回到激光雷达的接收器中。接收到的雷达信号通常有两种处理方式：一种是飞行遥感任务完成后，从雷达的存储系统中取出所有原始数据在地面进行处理；另一种是在载机上进行信号预处理，再经过无人机数据链系统传送给地面站或移动基站进行数字处理，形成探测目标的雷达图像。形成的激光雷达图像主要是数字高程图(DEM)和数字正射影像图(DOM)。

在海洋行业中，激光雷达可应用于海岸带地形测量、海岛地形测量、海岸带三维景观仿真模拟、水深测量、海冰监测等领域。

5)合成孔径雷达(SAR)载荷

合成孔径雷达属有源微波遥感范畴，是现代雷达技术的重要发展方向之一。其主要优点是：成像分辨率高，探测距离远，可以全天时、全天候工作，还可以穿透云雾及隐蔽物和障碍物，检测运动物体，在军用和民用领域都有广泛的应用价值。随着轻型天线和压缩信号处理技术的发展和成本的降低，合成孔径雷达已逐渐成为无人机必不可少的载荷之一。

SAR 通过测量地表后向散射信号的幅值及其时间相位，并进行适当的处理后，能产生标准化后向散射截面的图像。标准化后向散射截面携带着地表信息，它反映了雷达观测到的地表粗糙度。因此，SAR 在地形监测、海平面测量方面有较多的应用。

SAR 具备全天候、全天时进行高分辨率成像观测的能力，可以用来监测海浪、海洋内波、浅海水深和水下地形、海冰、海岸带、溢油污染、水面船只目标等。

2. 无人机数据链

在国内，航空测控数据链得到了长足的发展，目前已成功突破了同时多目标测控、宽带信号跟踪、图像数字化压缩、飞机中继与 Ku/Ka 双频段卫星中继、综合显控、机载设备小型化等一系列关键技术，并成功研制了基本适应现代应用环境需要的多种型号的测控数据链和地面指挥控制站。通过地-空视距数据链、飞机中继数据链或机-星-地卫星中继数据链，可实现对不同种类、不同用途的各型航空平台的任务规划、指挥控制、遥控、遥测、跟踪定位与载荷数据传输等综合功能。

技术稳步前进的同时，产品也不断成熟。目前，我国已成功研制包括视距数据链、空中中继超视距数据链、卫星中继超视距数据链、空中机间宽带数据链等产品，并可通过管理控制设备控制工作链路的转换与复用；研制完成了同时遥控遥测及分时任务信息传输的一站多机数据链、同时三目标测控与信息传输一站多机数据链。测控数据链普遍采用多功能合一的综合信道体制，上、下行遥控遥测数据采用了直接序列扩频、扩跳组合扩频抗干扰传输体制，并正在向混沌扩频抗干扰传输体制发展。早期的载荷信息一般采用模拟传输体制，目前主要采用了保密性能、抗干扰性能俱佳的数字传输体制，视距链路传输速率达 64 Mbit/s，超视距链路传输速率达 51.2 Mbit/s，可满足可见光、红外、数码相机、低速 SAR 等多种载荷的要求。测控数据链的工作频段有 UHF、L、S、C、Ku 等频段，并逐渐向 Ka 频段发展，视距数据链与超视距数据链结合，其作用距离可满足近、中、远程等各类航空平台的任务要求。

目前，民用无人机特别是小型、微型无人机应用较为广泛，针对轻小型的无人机飞行平台、几十千米的测控范围，其无人机数据链系统一般采用价格相对低廉的数传电台，对于有实时图像传输要求的无人机系统，通常会使用图传电台。随着无人机平台的多元化和大型化，能实现图像、测控信息一体化传输，传输距离超过 100 km 的超近程、近程、中远程、卫通数据链等在电力、海洋、林业等领域正处于应用及推广期(图 2.15)。

图 2.15　无人机数据链设备

3. 无人机地面测控站

便携式地面测控站(图 2.16)通常采用一体化设计原则，实现无人机状态控制、航迹显示和图像显示等多种功能于一体。车载地面站(图 2.17)充分考虑通用化、一体化设计原则，充分考虑操作台的易操作、多功能性，具有任务规划、飞行控制、航迹显示、载荷控制、链路监控和目标识别与自动跟踪等多功能于一体的软件系统，同时能够实现现场视频会议，能够实现对多种机型、多种载荷的控制。

图 2.16　无人机便携式地面站设备

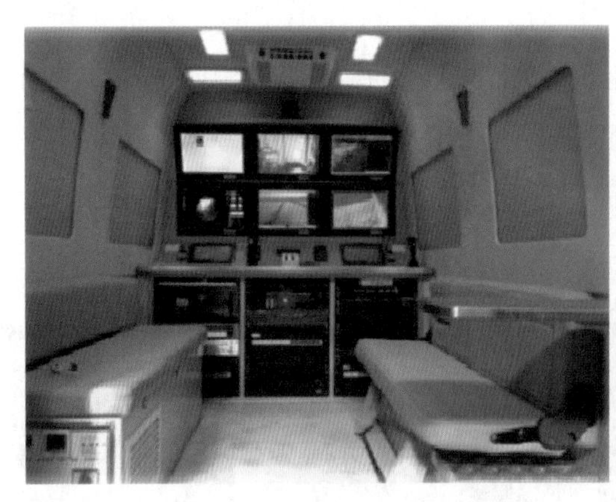

图 2.17　无人机车载地面站设备

可控制多类型无人机、兼容多种任务载荷的通用化、一体化地面测控站和具有小型化、大宽带及通用性等特性的地面测控系统是未来发展趋势，对通用便携式、车载式地面测控站的设计方法和先进技术的研究可以保证地面测控技术与时代同步。

2.3.2.2　国内无人机海洋应用现状

无人机作为一种高效灵活的监视监测手段，通过搭载可见光相机、可见光摄像机、红外相机、多/高光谱成像仪、SAR 等遥感载荷设备，能在海洋生态监测中发挥重要作用。

国内无人机进行海洋监测，基本以中小型无人机为主，主要开展近海海域监测活动。目前，民用远距离海域无人机监测很少，任务载荷以可见光摄像机、高清相机为主，红外、高光谱、SAR 等载荷还在初期实验搭载阶段，船载无人机的应用也在前期摸索阶段。

无人机监测技术经过多年的发展和应用探索，在海洋领域已得到了广泛的应用，并将继续发挥更大的作用。

1. 海域管理应用

自 2012 年起，无人机早期被利用在对重点用海项目、区域用海规划等的遥感监测中。可利用无人机搭载的遥感载荷包括数码相机、高清摄像机、倾斜摄影相机、多光谱成像仪、MiniSAR 等，获取丰富的监测数据。还可以通过移动监控指挥车，实现无人机的协同联动和移动监控指挥。应用无人机为重点用海项目、用海疑点疑区、海岸线等的监管，提供高精度影像资料和视频资料，促进海域管理精细化、科学化。

2. 海岛管理应用

利用无人机可对全国重点海岛及领海基点等开展监测，获取重点海岛的遥感影像、三维倾斜摄影数据模型等，可直观反映海岛的地形地貌及植被覆盖情况，为海岛管理及海岛权益维护提供技术保障。

3. 海洋灾害监测应用

在浒苔、赤潮等海洋生态灾害监测以及台风、海冰灾害监测方面，可利用无人机搭载遥感传感器摄取灾害区影像，搭载摄像设备拍摄现场实时视频，更加快速、客观和全面地获取灾情信息，能够达到灾前预报、灾中监控、灾后评估“三效合一”的监测效果。无人机浒苔灾害监测应用如图 2. 18 所示。

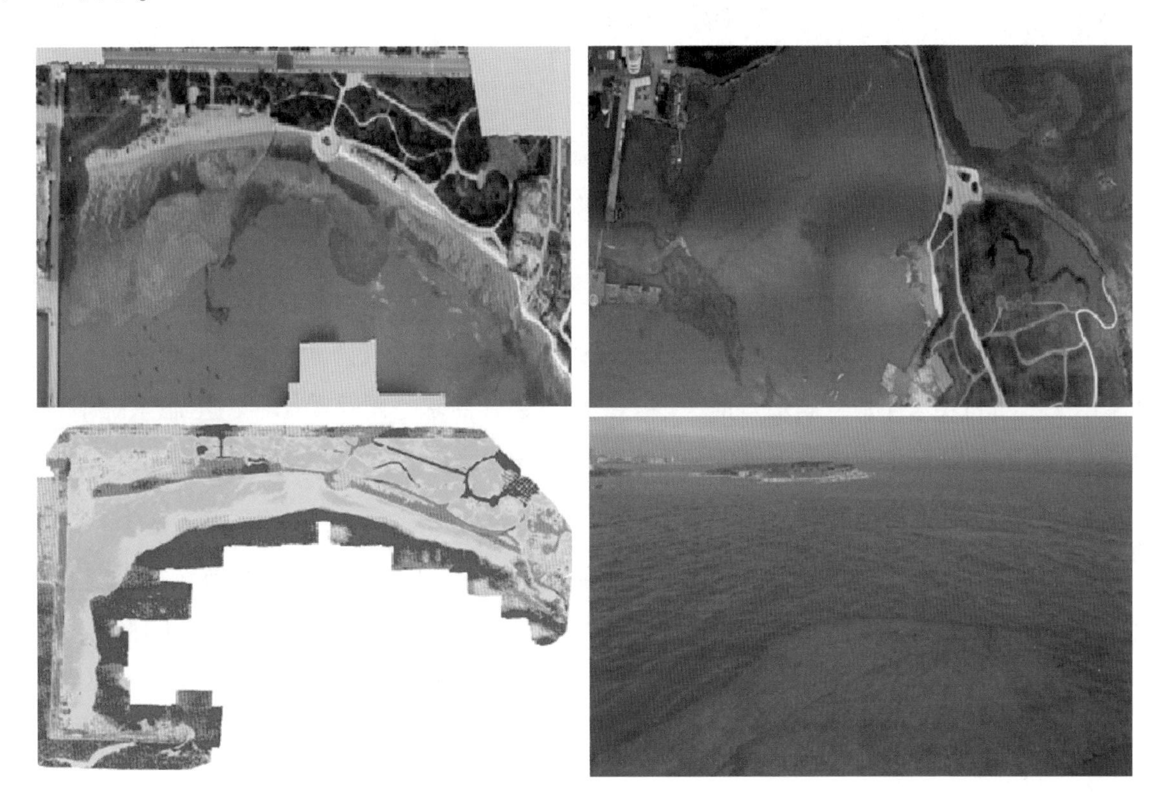

图 2. 18　无人机浒苔灾害监测应用

4. 海洋生态系统监测应用

在典型海洋生态系统监测方面，可利用无人机搭载可见光、多光谱等载荷，对红树林、海草床、珊瑚礁、河口等生态系统以及重点保护区进行遥感监测，获取视频、可见光/多光谱影像、全景照片等多类型数据，对生态系统的健康状况、发展趋势、植被及物种种类等进行数据分析和综合研判，能大幅提高生态系统监测效率和频次，为生态系统评估和保护提供基础的数据支撑。

5. 海洋生物监测应用

在海洋生物监测方面，可利用无人机搭载可见光相机、热红外相机等载荷，对海洋生物重点活动区域进行航拍，基于获取的影像数据对海洋生物目标进行信息提取，分析评价相关海洋生物的栖息分布情况，为掌握海洋生物群落的数量、评估海洋生态健康情况、制定海洋生物保护措施提供参考和依据。无人机海洋生物及生态监测应用见图 2. 19。

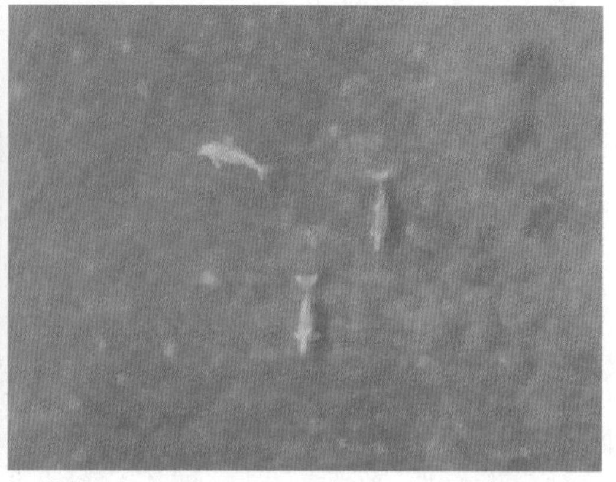

图 2.19　无人机海洋生物及生态监测应用

6. 海洋生态保护和修复监管应用

在重要生态系统保护和修复工程监管监测方面，可利用无人机搭载相机、摄像机等开展工程项目监督性监测和效果评估，满足事前、事中、事后监管需求，跟踪动态监测生态系统结构、功能的恢复程度和演替过程，为客观评价修复成效提供基础信息。

2.3.2.3　无人机相关管理政策

面对民用无人机的广阔市场前景，我国政府陆续出台了多项政策支持、规范无人机产业发展。后续，预计无人机的各项相关政策将进一步落地实施，且政策将更为细化、具有针对性，支持力度也有望再度加大。

2016 年 11 月，国务院正式印发《“十三五”国家战略性新兴产业发展规划》等，明确提出要大力发展无人机产业。

2017 年 12 月，工业和信息化部出台了《关于促进和规范民用无人机制造业发展的指导意见》，旨在促进我国民用无人机制造业健康有序发展。

2018 年 3 月，民航局发布《民用无人驾驶航空器经营性飞行活动管理办法(暂行)》。对无人驾驶航空器经营许可证的申请条件及程序、无人驾驶航空器经营性飞行活动的监督管理方式等做了明确规定。

2019 年，无论是无人机实名登记制度，还是无人机商用管理规定，都进一步深入落地。可以预期的是，未来各项无人机政策将越发完善，新的政策、法规也将陆续出台，从而构建更为完善的无人机监管体系，以助力民用无人机产业的有序、健康发展。

此外，为保障无人机监测业务安全有序开展，需要重点关注的政策法规还包括：

(1)《民用无人驾驶航空器实名制登记管理规定》；

(2)《民用无人机驾驶员管理规定》；

(3)《轻小无人机运行规定》；

(4)《无人驾驶航空器飞行管理暂行条例》;

(5)《民用无人驾驶航空器经营性飞行活动管理办法》;

(6)《轻小型民用无人机飞行数据报送及管理规定》;

(7)《民用无人驾驶航空器系统空中交通管理办法》;

(8)《无人驾驶航空器系统作业飞行技术规范》;

(9)《关于促进民用无人驾驶航空发展的指导意见》。

2.3.3 发展趋势与建议

我国是海洋大国，海岸线漫长，管辖海域广袤，海洋资源丰富，海洋蕴藏着人类可持续发展的宝贵财富。党的十九大报告指出，“坚持陆海统筹，加快建设海洋强国”，是未来海洋事业发展的新要求、新目标、新任务，要大力推进海洋生态文明建设和海洋生态环境保护，提高创新思维能力，全面经略海洋，深度参与全球海洋事业发展与海洋治理，把我国建设成为海洋经济发达、海洋科技先进、海洋生态健康、海洋安全稳定、海洋管控有力的新型海洋强国，走依海富国、以海强国、人海和谐、合作共赢的发展道路。

海洋无人机业务发展顺应海洋事业发展趋势，应能更好地满足多种海洋业务需求，增进全面发展，无人机业务应用不断丰富、充实，并在海洋环保、海域监管、防灾减灾等领域具备更有针对性、更有成效的无人机遥感监视监测能力。

2.3.3.1 发展趋势

海洋无人机业务运行将更加灵活，业务成果丰富多样，以适应海洋业务的新变化、新内容、新要求，提高无人机业务效率，更及时、有效地为海洋综合治理提供技术支持和数据支撑；海洋无人机业务应用不断创新，面对发展的新形势、技术的新突破、研究的新进展，无人机业务不应墨守成规，需创新应用模式，引进先进技术，拓展业务合作，群策群力，提升服务水平。

海洋无人机技术及装备发展主要体现在无人机平台(即无人机本身)、飞行载荷、数据通信三个方面。未来的无人机主要面向长航时、小型化、低功耗、灵活控制、复杂环境飞行、安全发射及回收、平台通用性等发展需求，将具备更高的自主飞行控制能力，智能化程度更高，快速有效地获取、传输、处理飞行信息，实现平台的有效控制。同时，无人机还将具备更好的互操作性，即采用通用的地面指挥平台控制多种类无人机，实现“一站式”飞行管控。无人机模块化也是其发展趋势，相同的部件可以在相同或不同的无人机平台上即插即用，可降低无人机生命周期成本，快速适应外部变化及应用新技术。飞行载荷方面，主要面向多源信息感知需求，各类载荷传感器如可见光相机、可见光摄像机、多拼相机、高光谱成像仪、红外热像仪、微光夜视仪、激光雷达、SAR、环境监测仪等将取得进一步发展，发展方向为低功耗、小型化、轻型化。数据通信技术主要方向为高带宽、长距离通信。

2.3.3.2 存在的问题

随着无人机技术在海洋领域的深入、广泛应用，由于顶层设计缺失、规范标准几乎空白、违法违规飞行风险较大、安全隐患突出等客观因素，海洋无人机在空域申请、监控管理、标准建设等方面的需求日益突出，主要体现在以下几个方面。

1. 海洋无人机业务体系有待完善

当前，由于海洋无人机业务体系建设缺乏顶层设计和统一规划，使得各个单位业务职责模糊，发展结构不统一，分头建设、各自为营的情况突出，导致人力、物力和经费等资源浪费严重，各单位协同调度能力缺乏，人员队伍专业程度不足，监测数据利用率低，业务应用范围亟待拓展，业务推进效率有待提高。因此，加强海洋无人机业务体系建设显得十分迫切。

2. 海洋无人机监控管理和运维保障能力有待提高

海洋无人机缺乏科学统一的管理平台，导致业务人员和无人机资源调度利用效率低下，不能实时、全局监控无人机业务运行状态，影响无人机精细化作业，难以保证无人机任务管理与监测数据的一致性和有效性。此外，海洋无人机运维保障基地建设滞后，不能提供完善的综合保障运维服务，难以满足工作人员日常生活和设备安全要求，影响无人机及时、高效地执行任务。同时，由于缺乏规范的海洋无人机作业人员管理培训，难以有效保证无人机出勤作业安全。

3. 海洋无人机规范标准体系有待健全

海洋无人机能力建设规范不统一，各个单位购置的无人机型号、技术指标、数据链、监控软件等都各不相同，协同作业效率低下，作业飞行、数据标准、成果处理等不规范，影响无人机统一调度管理和数据共用共享。

4. 海洋无人机空域申请、安全管理工作有待完善

海洋无人机空域使用和适航管理监控法律体系不完善，虽然《低空空域使用管理规定(试行)》《通用航空飞行管制条例》等法律法规对空域使用管理做出了规范，但关于海洋无人机飞行的空域申请、管理等细节不完善，缺少牵头单位与空管部门建立协调机制，不利于开展飞行计划备案和工作任务申报等工作，产生严重“黑飞”现象。

2.3.3.3 发展建议

加强海洋无人机业务发展规划及顶层设计，力争通过几年的时间，逐步建成布局科学合理、能力均衡全面、运行安全高效、成果丰富可靠的海洋无人机业务、保障、管控及应用体系，实现近岸海洋无人机监测全覆盖、中远海海域重点覆盖，海洋监视监测及保障能力显著提升，基本满足海洋生态监测、海洋灾害防护、海域海岛监管等业务需求，成为服务海洋生态文明建设、维护海洋权益、建设海洋强国的重要力量。

1. 建立健全标准制度，规范海洋无人机业务运行管理

编制完善海洋无人机通用技术标准(无人机准入)、海洋无人机监视监测作业技术标准、数据处理及应用规程等，规范海洋无人机作业流程，提高无人机监测业务规范化、标准化水平，促进数据统一和共享。建立海洋无人机运行管理制度，构建海洋无人机共建共享协作机制，鼓励装备及资料共享，加强全国海洋无人机的规范管理。

2. 科学规划总体布局，全面提升海洋无人机监测能力

积极推进国家级、海区级和沿海省级无人机基地建设，完成基地装备部署，形成全国海洋无人机分布均衡、重点突出、特色鲜明、能力全面的总体布局，实现全国近岸海洋无人机监测全覆盖，中远海重点海域定点覆盖，全面提升全国海洋无人机监测能力。

3. 构建海洋无人机运行保障及管控体系，进一步提高运行效率

形成一套完善的海洋无人机业务运行、保障和管理体系，重点推进组织机构建设、无人机基地建设、无人机装备部署、专业人员培养，加快完成海洋无人机管控平台构建，构建切实可行的业务运行流程和监测作业流程，保障业务稳定、高效、有序开展。

4. 创新海洋无人机技术应用体系，促进成果决策支撑

大力增强海洋无人机技术应用创新能力，积极探索飞行平台、飞行载荷、数据处理等新技术在海洋无人机业务中的应用，加快技术升级更新，跟进海洋业务的新变化、新要求，促进技术与业务深度融合，创新无人机监视监测应用产品，显著提升监测成果支撑、服务各项海洋业务的水平。

5. 加强海洋无人机安全管理，确保飞行合法合规

探索建立成熟的无人机飞行空域申报流程，与相关部门合作，确立顺畅、可行的无人机空域申报途径，保障飞行合法合规，确保飞行安全。建立人员、装备、数据等安全管理办法，保障人身、财产和数据安全。

参考文献

国家卫星海洋应用中心．2020. 2019年中国海洋卫星应用报告．(2020-07-24)[2020-10-15]. http://www.nsoas.org.cn/news/download/file/file/20200724/1595571735856091134.pdf.

李忠平，白雁，崔廷伟，等，2019. 水色学概览．厦门：厦门大学出版社．

卢聪景，2011. 海洋水色卫星遥感二类水体反演算法综述．能源与环境，64-66.

孙璐，蒋锦刚，朱渭宁，2017. 基于GOCI影像的长江口及其邻近海域CDOM遥感r反演及其日内变化研究．海洋学报(中文版)，39(9)：133-145.

王丛丛，2015. 海洋盐度的主被动微波遥感探测技术研究．空间电子技术，12(4)：19-23.

杨劲松，任林，郑罡，2017. 天宫二号三维成像微波高度计对海洋的首次定量遥感．海洋学报，39(2)：129-130.

ANDRADE C，ALCANTARA E，BERNARDO N，et al.，2018. An assessment of semi-analytical models based on the absorption coefficient in retrieving the chlorophyll-a concentration from a reservoir. Advances in Space Research，63(7)：2175-2188.

ANGUELOVA M D，BETTENHAUSEN M H，2019. Whitecap fraction from satellite measurements：Algorithm description. Journal of Geophysical Research：Oceans，124(3)：1827-1857.

ANGUElOVA M D，GAISER P W，2013. Microwave emissivity of sea foam layers with vertically inhomogeneous dielectric properties. Remote sensing of environment，139，81-96.

BERG W，2018. Calibration of Microwave Radiometers from GPM to Cubesats. IGARSS 2018 - 2018 IEEE International Geoscience and Remote Sensing Symposium. IEEE.

BROCKMANN C，DOERFFER R，PETERS M，et al.，2016. Evolution of the C2RCC Neural Network for Sentinel 2 and 3 for the Retrieval of Ocean Colour Products in Normal and Extreme Optically Complex Waters. ESASP，740.

CLS，2017. sea level anomalies. https：//datastore. cls. fr/wp - content/uploads/2017/02/sea _ level _ anomalies _ 18 _ 0 _ D20160705_R20170227. png.

ESA，CNES，2016. Basic Principle. http：//www. altimetry. info/radar - altimetry - tutorial/how - altimetry - works/basic - principle/.

EUMETSAT，2017. Sentinel-3 SLSTR Marine User Handbook. Doc. No.：EUM/OPS-SEN3/MAN/17/921927，Issue：v1Be-signed.

FOUGNIE B，HENRY P，MOREL A，et al.，2002. Identification and Characterization of Stable Homogeneous Oceanic Zones：Climatology and Impact on In-flight Calibration of Space Sensor over Rayleigh Scattering. Proceedings of Ocean Optics XVI，Santa Fe，New Mexico，18-22.

FOUGNIE B，JEROME LlIDO，Gross-Colzy，L，et al.，2010. Climatology of oceanic zones suitable for in-flight calibration of space sensors. Proceedings of SPIE - The International Society for Optical Engineering，7807.

GAO S，LI Z，CHEN Q，et al.，2020. Comparison of HY-2B Passive Brightness Temperatures with SSMI/S，GMI，AMSR2 and MWRI in Land Surface. IOP Conference Series Earth and Environmental，502：012007.

GAO M，FRANZ B A，2021. Efficient multi-angle polarime tricivorsion of aerosols and ocean color powered by a deep neural network forward model.

GOSSN，2017. Atmospheric correction of OLCI imagery over very turbid waters based on the REO/NIR/SWIR bands.

GODDING，2019. Costs and Benefits of Atmospheric Correction in the “clouds”.

JIA Y J，YANG J G，Lin M S，et al.，2020. Global Assessments of the HY-2B Measurements and Cross-Calibrations with Jason-3. Remote Sensing，12，2470-2497.

LEE Z P，SHANG S，DU K，et al.，2018. Resolving the long-standing puzzles about theobserved Secchi depth relationships. Limnology and Oceanography. 63(6)：2321-2336.

LU Y，ZHANG B，PERRIE W，et al.，2018. A C-band geophysical model function for determining coastal wind speed using synthetic aperture radar. IEEE Journal of Selected Topics in Applied Earth Observations and Remote Sensing，11(7)：2417-2428.

MOUCHE A，CHAPRON B，ZHANG B，et al.，2017. Combined Co- and Cross-Polarized SAR Measurements Under Extreme

Wind Conditions. IEEE Transactions on Geoscience and Remote Sensing, 55(12): 6746-6755.

MOUCHE A, CHAPRON B, 2015. Global C-Band Envisat, RADARSAT-2 and Sentinel-1 SAR measurements in copolarization and cross-polarization. Geophys. Res, 120, 7195-7207.

MOUCHE A, SOULAT F, POTIN P, et al., 2019. Sentinel-1 Contribution To Tropical Cyclones Observations At High Resolution. IGARSS 2019 - 2019 IEEE International Geoscience and Remote Sensing Symposium.

MOHAMMED P N, AKSOY M, PIEPMEIER J R, et al., 2016. SMAP L-Band Microwave Radiometer: RFI Mitigation Prelaunch Analysis and First Year On-Orbit Observations. IEEE Transactions on Geoscience and Remote Sensing, 54(10): 6035-6047.

NASA, 2016. Jason-3 satellite. https://www.jpl.nasa.gov/images/earth/jason/20160114/jason3-20160114-16.jpg.

OSTM, 2017. Jason-3 Products Handbook. Issue: 1, Rev: 4. https://www.ospo.noaa.gov/Products/documents/hdbk_j3.pdf.

RAIZER V, 2017. Advances in Passive Microwave Remote Sensing of Oceans.

WANG Y C, SHEN F, SOKOLETSKY L, et al., 2017. Validation and Calibration of QAA Algorithm for CDOM Absorption Retrieval in the Changjiang (Yangtze) Estuarine and Coastal Waters. Remote Sensing, 9(11): 1-20.

WARREN, 2019. Assessments of atmospheric correction algorithms for the sentinel-zamultispectral image over coastal and inland waters.

WATANABE F, MISHRA D R, ASTUTI I, et al., 2016. Parametrization and calibration of a quasi-analytical algorithm for tropical eutrophic waters[J]. ISPRS journal of photogrammetry and remote sensing, 121(11): 28-47.

XIE F, ZHANG C X, SHAO H, et al., 2016. Retrieving inherent optical properties for turbid inland waters: an improved quasi-analytical algorithm based on the linear spectral backscattering coefficient constraint. Proceedings of the SPIE, Volume 10255, 102551Z.

YUEH S, FORE A, TANG W, et al., 2016. L-band active-passive microwave remote sensing of ocean surface wind during hurricanes. IGARSS 2016-2016 IEEE International Geoscience and Remote Sensing Symposium. IEEE.

ZHANG Y H, SHI X J, WANG H J, et al., 2018. Interferometric Imaging Radar Altimeter on Board Chinese Tiangong-2 Space Laboratory. Japan, Yokohama. Conference: 2018 Asia-Pacific Microwave.

ZHANG B, MOUCHE A, LU YR, et al., 2019. A geophysical model function for wind speed retrieval from C-band HH-polarized synthetic aperture radar. IEEE Geoscience and Remote Sensing Letters, 16(10): 1521-1525.

ZIBORDI G, MELIN F, BERTHON J F, et al., 2009. Aeronet-oc: a network for the validation of ocean color primary products. Atmospheric and Oceanic Technology, 26(8): 1634-1651.

ZIBORDI G, MELIN F, BERTHON J F, 2006. Comparison of seawifs, modis and meris radiometric products at a coastal site. Geophysical Research Letters, 33(6): 231-246.

ZIBORDI G, MELIN F, 2017. An evaluation of marine regions relevant for ocean color system vicarious calibration. Remote Sensing of Environment, 190(2017): 122-136.

第 3 章 海洋环境定点观测技术

海洋环境定点观测技术主要是指利用岸基海洋观测站与雷达观测站，以及离岸锚系浮标、潜标与海床基等定点海洋观测仪器设备对海洋环境要素进行测量的技术。海洋环境定点观测技术已成为世界各国业务化海洋环境观测的主要技术和手段，在海洋防灾减灾、海洋经济发展与海洋科学研究等方面发挥了重要作用。

3.1 岸基台站

岸基海洋站主要是指建设在海滨、海岛或石油平台上的海洋环境观测设施，是海洋观测系统(网)重要的组成部分。它作为固定的海洋观测平台，对沿岸海域的水文气象环境进行观测，或对环境质量进行监测。按观测规范或者特殊要求的观测方式，海洋站能够长期、连续、定点、自动地观测表层水温、表层盐度、潮汐、波高、波周期、波向、风速、风向、气温、相对湿度、气压、降水量和能见度等水文气象要素，并按规定时间将观测的水文气象要素上报给数据中心。

3.1.1 国外发展现状

目前，各沿海国家都根据本国的海洋发展需求和特点积极发展岸基台站观测技术，美国和日本的海洋站是典型代表。

3.1.1.1 美国海洋站

美国的海洋站主要分布在东、西两岸，其次是墨西哥湾和阿拉斯加沿岸，太平洋和大西洋岛屿上也有建站，其中有一半左右建在同经济、军事活动直接有关的港湾、岛屿等处，一些沿海大都市、港口附近的海洋站设置相当密集，分为海洋水文气象站、验潮站和海浪站三类。建设单位主要有：国家海洋和大气管理局(NOAA)、海岸警备队、海军海洋局和陆军工程兵团以及一些有关的研究所、大学和公共团体。美国三类海洋站的主要业务是不同的，而且在同一类型海洋站中又分不同的等级，观测项目不同，仪器设备也有差别。

海洋水文气象站。此类海洋站大都属国家海洋和大气管理局的国家气象局海洋资料浮标中心

(National Data Buoy Center, NDBC)管辖，约有60个站，主要为海洋水文气象预报服务，侧重沿海气象观测，设在灯塔、海角、海滩、近岸岛屿和海上平台上。气象观测项目主要有气压、气温、风速和风向，部分站有相对湿度、降水量和能见度观测。少数站有水文观测，包括水位、水温和无方向的浪高和周期。美国国家气象局(NWS)的海洋站与浮标的仪器设备利用数据获取控制和传输系统(Data Acquisition Control and Telemetry System, DACT)进行数据获取和传输，技术人员可直接读取数据，无须做进一步处理。DACT硬件和软件是模块化的，利用世界气象组织(WMO)规定的数据格式传输数据。

验潮站。主要由NOAA的气象局和大地测量局管辖，此外，海岸警备队等部门也建有部分验潮站。共分三级：①主控站，永久性常设，共232个；②二级站(数百个)，观测时间至少连续一年，为当地提供潮汐预报和潮位季度变化资料；③三级站，观测周期至少30天，主要用于更准确地获取二级站之间特殊地区的潮汐资料。应用的设备主要有：空气声学潮位仪(多用作主机)；压力式潮位仪(包括装设在水下的压力传感器和气泡式潮位计，前者多用作副机，后者在北方冰冻地区当主机用)；采用绝对轴角编码器的浮子式潮位仪(大湖区潮位站的主机)；如图3.1所示的微波式潮位仪，未来将逐渐取代大部分空气声学潮位仪和浮子式潮位仪。

图3.1　布放在加利福尼亚州La Jolla临海的微波式验潮仪

(图片来自NOAA Technical Report NOSCO-OPS075)

海浪站。美国的海浪观测，除了前面提到的水文气象站兼作日常性的一般观测，还有专门的海浪站。这种类型的海洋站以海浪观测为主，配合进行若干海上气象(主要是风)的观测，也有少数站只专门为实验研究海浪而使用。设立专门海浪站的主要目的是为满足港工建设、海岸工程、造船、航海所需，为研究拍岸浪、沿岸海浪变形、波压和波浪冲击力提供基本数据，以及从事某些专门的科学实验。因此，此类海浪站多为陆军海岸工程研究中心、运输部门和若干海洋研究机构所有。在美国海域共布放近300套测波设备，主要有坐底式测波仪、电容或电阻式测波杆与波浪浮标等。测波杆不常用，坐底式测波仪包括压力式测波仪、可同时测量海流的声学测波仪，深度大于 10 m 的海区的海浪观测平台是锚系资料浮标。观测数据实时传送给国家资料浮标中心，经质量检测后再上传到国家气象局在各地的分支机构和全球电信系统（GTS）。

本节作者全面调研了美国业务化海洋站应用的主要业务化海洋仪器设备，归纳总结如表 3.1 所示。

表 3.1　美国海洋站主要业务化海洋仪器

测量要素	生产厂家	型号	测量指标
潮位	美国 Aquatrak	Aquatrak 5000	动态测量范围：>10 m（标准），>15 m（可选），>23 m（定制）；水文变化速率范围：±3 m/s；分辨率：1 mm；标度校准：±0.025%（标准）；±0.01%（可选）；非线性：±0.02%
	美国 WaterLOG	H-361i	测量范围：0.3～40 m（H-3611），0.3～70 m（H-3612）；测量精度：±3.0 mm；响应时间：1～5 s；浪涌保护：内置 1.5 kVA
	美国 YSI	YSI 600LS	测量范围：0～9.1 m；测量精度：±3.0 mm，分辨率 1 mm；响应时间：1～5 s。测温范围：-5～+50 ℃；精度±1.5 ℃；分辨率 0.01 ℃
风向、风速	美国 R. M. YOUNG	05106 海洋型	测量范围：0～100 m/s；测量方位：0～360°；测量精度：±0.3 m/s 或 1%读数（风速），±3°（风向）
	美国 R. M. YOUNG	27005	测量范围：0～25 m/s（发泡聚苯乙烯螺旋桨），0～35 m/s（碳素纤维螺旋桨）；直径：22 cm（发泡聚苯乙烯螺旋桨），20 cm（碳素纤维螺旋桨）
	美国 R. M. YOUNG	81000	测量范围：0～40 m/s；分辨率：0.01 m/s（风速），0.1°（风向）；测量方位：0～360°；测量精度：±0.05 m/s 或 1%读数（<30 m/s），3%读数（>30 m/s）±2°（<30 m/s），±5°（>30 m/s）
	芬兰 Vaisala	WMT70i	测量范围：0～40 m/s（701），0～65 m/s（702），0～75 m/s（703），0～60 m/s（52）；测量方位：360°；测量精度：70i 型±0.01 m/s 或 2%读数（风速），±2°（风向），52 型±0.3 m/s 或 3%读数（风速 0～35 m/s），±3%（风速 36～60 m/s）
	芬兰 Vaisala	WM30	传感器：风杯（风速），风标叶片（风向）；测量范围：0.5～60 m/s，0～360°；启动阈值：<0.4 m/s（风速），<0.1 m/s（风向）；测量精度：±0.3 m/s（<10 m/s），<2%（>10 m/s），±3°（风向）
气温、水温	美国 YSI	EXO	测量深度范围：250 m；温度：-5～+50℃（工作），-20～+80℃（存储）；分辨率：0.01℃；测温精度：±0.15℃
	美国 YSI	6600	温度：-5～+50℃（工作），-10～+60℃（存储）；测温范围：-5～+50℃，温度传感器 6 560；分辨率：0.01℃；测温精度：±0.15℃
	美国 YSI	6000MS V2	温度：-5～+50℃（工作），-10～+60℃（存储）；测温范围：-5～+50℃，温度传感器 6 560；分辨率：0.01℃；测温精度：±0.15℃

续表

测量要素	生产厂家	型号	测量指标
气压	美国 Setra	Model 270	测量精度：<±0.05%FS；迟滞：0.01%FS；分辨率：无限，仅受输出噪声限制(0.005%FS)；温度影响：补偿范围-1～+49℃；大气压范围：0～10，20，50，100 psia(绝压)，0～5，10，20，50，100 psig(表压)
	美国 Setra	Model 276	测量精度：<±0.25%FS；大气压范围：0～20 psia；分辨率：无限，仅受输出噪声限制(0.005%FS)；温度影响：补偿范围-1～+49℃；工作温度：-18～+79℃
	美国 Setra	Model 278	测量精度：<±0.25%FS；大气压范围：500～1 100 hPa，600～1 100 hPa，800～1 100 hPa；分辨率：0.01 mb；工作温度：-40～+60℃
	芬兰 Vaisala	PT210	测量范围：50～1 100 hPa，500～1 100 hPa。测量精度：50～1 100 hPa 型 20℃时，±0.35 hPa，长期±0.2 hPa/年；500～1 100 hPa 型(A 型)20℃时，±0.15 hPa，长期±0.15 hPa/年；500～1 100 hPa 型(B 型)20℃时，±0.2 hPa，长期±0.1hPa/年
海流	美国 FSI	3D-ACM	最大流速量程：3 m/s；精度：±2%；最大工作深度：1 000 m
	挪威 NorTek	Aduadopp	最大流速量程：5 m/s；精度：±1%或5 mm/s；采样频率：1 s 至几小时；采样位置：距探头 0.3～5 m(可选)
	挪威 NorTek	Vector	声学频率：6.0 MHz；精度：±0.5%或1 mm/s；采样频率：1～64 Hz；采样位置：距探头 0.15 m
盐度	美国 海鸟	SBE19 Plus SEACAT 和 SBE 911Plus	测量范围：-5～+35℃(温度)；0～7 S/M (电导率)；上限 15 000 psia，取决于具体位置(压力)。精度：±0.001℃(温度)；±0.000 5/M 19Plus，±0.000 3/M 911Plus(电导率)；±0.1%满量程 19Plus，±0.015%满量程 911Plus(压力)。分辨率：±0.001℃ 19Plus，±0.002℃ 911Plus(温度)；±0.000 05/M 19Plus，±0.000 4/M 911Plus(电导率)；±0.002%满量程 19Plus，±0.001%满量程 911Plus(压力)
	澳大利亚 Greenspan	EC250	测量范围：0～1 000 μS/cm 到 0～70 000 μS/cm(可定制)；线性度：0.2℃(温度)，±1% FS(电导率)；精度：±1% FS(25℃标态)，±0.7% FS(25℃非标态)
海浪	荷兰 Datawell	MK Ⅲ	测量范围：±20 m(波高)，1.6～30 s(周期)，0～360°(方向)；分辨率：1 cm(波高)，1.5°(方向)；精度：<±0.5%，三年后<±1%(波高)，0.4°～2°(方向)
	挪威 NorTek	NorTek AWAC	测量范围：0～30 m；采样频率：2 Hz；单元大小：0.4～2 m；精度：1%；收集面积：100 cm^2
雨量	美国 R. M. YOUNG	50202	精度：±1 mm；尺寸：高 65 cm，直径 14 cm；驱动临界：1 mm
	美国 R. M. YOUNG	52202	精度：±2% (25 mm/h)，±3%(50 mm/h)；能耗：24 VDC/AC，500 mA；工作温度：-20～+50℃；收集面积：200 cm^2

3.1.1.2 日本海洋站

日本海洋站多数为单参数的观测站，例如海浪、潮汐、水温等观测站。

海浪观测。日本海浪观测网长期监视日本海域近海海浪变化，建于 20 世纪 70 年代，由日本港湾局和国土交通省(MLIT)、国土交通省下属局、冲绳总务厅、内阁府、国土技术政策综合研究所(NILIM)及港湾技术研究所共同管理，为海上作业和港口作业安全、港口和岸边设施的设计提供服务。港湾技术研究所负责运行管理该网站，计算海浪参数，发布波浪实时数据和波浪统计年报信息。至 2019 年 4 月，该观测网包含 78 个观测点，每 20 min 或每 2 h 计算一次波高、波周期和波向数据。观测设备主要有：压力测波仪，安装在海底，通过测量海水压力变化，计算出海面波动；超声测波仪，测量海底到海面的距离；声学多普勒测波仪，安装 4 个超声波传感器和一个压力传感器，估计波浪方向谱；全球定位系统(GPS)锚系测波仪，使用 RTK-GPS 技术每 s 测量一次浮标的三维位置。压力测波仪、超声测波仪和声学多普勒测波仪三种坐底式测波仪布放在离岸边几千米处，水深在 20~50 m；GPS 坐底浮标布放在距岸边 10~20 km 处，水深在 100~300 m，主要测波仪如图 3.2 所示。

图 3.2　海浪测量仪器

(信息来自 https://nowphas.mlit.go.jp/about_nowphas/?lng=chn.)

潮位观测。日本潮位观测网主要由气象厅、海上保安厅、港湾局、国土地理院和地方自治体等部门负责实施。约有 300 个验潮站点，其中，气象厅 188 个(至 2021 年 1 月 1 日)，海上保安厅 90 个(至 2020 年 3 月 2 日)。主要使用浮子式潮位仪、声学潮位仪、声学管式潮位仪、雷达潮位仪。

3.1.2 国内发展现状

20 世纪 80 年代以前，我国海洋站以人工观测或纯机械仪器观测为主，80 年代初，开始海洋站水文气象自动观测技术的研究。2000 年左右，国家海洋局在我国沿海及岛屿初步建成了第一代业务化海洋站水文气象自动观测网，提供沿海地区的风速、风向、气温、相对湿度、水温、盐度、波浪、潮汐和降水等水文气象观测数据。目前，自然资源部所辖海洋站数量已有 150 余个，海洋站水文气象自动观测系统发展到第二代，实现了低功耗、无人值守和人机交互等功能，但在规模、服务项目等方面与国外还有一定差距。

目前，我国海洋站由气象系统、潮位系统、波浪系统和数据中心四部分组成，可根据实际需要灵活配置，气象系统、潮位系统和波浪系统可通过专线、电话、CDMA、GPRS、VHF、卫星等方式与数据中心通信，数据中心可通过CDMA、GPRS、专线与数据传输网通信。气象系统自动采集、处理和存储风速、风向、气温、气压、降水和能见度数据；潮位系统自动采集、处理和存储表层水温、表层盐度和潮汐数据；波浪系统用于自动观测波高、波周期和波向等；数据中心一方面接收、处理、存储气象系统、潮位系统和波浪系统的数据，一方面将接收的数据传输给数据传输网。

3.1.2.1 海洋站自动观测系统

国家海洋技术中心研制的CZY1型海洋站自动观测系统(又称“气象子系统”)得到了广泛应用，该设备由数据采集器和传感器两大部分组成。

1. 数据采集器

按照《海滨观测规范》(GB/T 14914.2—2019)的要求，对气温、相对湿度、气压、风速、风向、降水量、能见度、水温、盐度、潮位等要素进行自动采集、处理和存储，对数据进行初步质量控制。实物见图3.3。

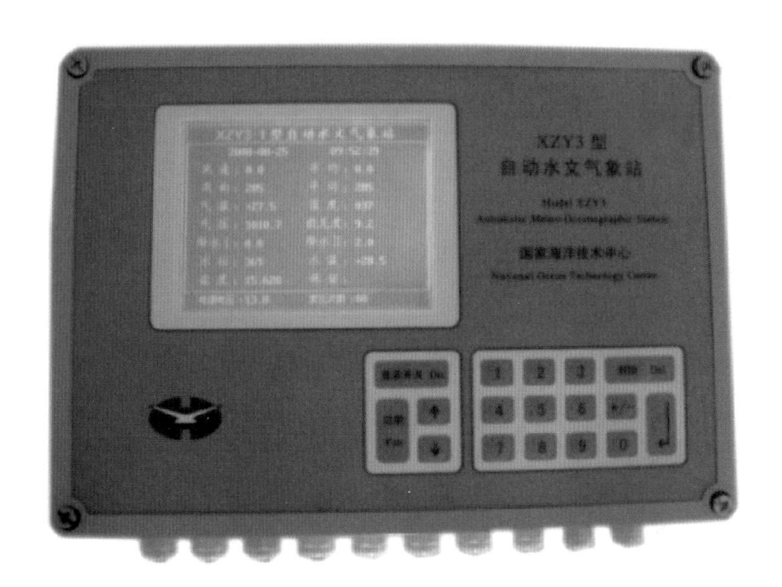

图3.3　数据采集器

2. 传感器

包括温湿传感器、气压传感器、降水量传感器和能见度仪等。各传感器可通过电缆分别接入数据采集器。CZY1型海洋站自动观测系统技术指标见表3.2。

表 3.2 CZY1 型海洋站自动观测系统测量要素和指标

测量参数	测量范围	准确度
风速	0~75 m/s	±0.3 m/s，≤5 m/s，±5%*读数，>5 m/s
风向	0~360°	±3°
气温	-40~+60℃	±0.2℃
相对湿度	0~100 RH%	±1%(湿度≤90%)，±1.7%(湿度>90%)
气压	800~1 100 hPa	±0.3 hPa
降水量	0~999.9 mm	±0.4 mm，≤10 mm，±4%*读数，>10 mm 时
能见度	10~50 000 m	±10%，10~10 000 m，±20%，>10 000 m
潮汐	0~1 000 cm	±1 cm
表层海水温度	-5~50℃	±0.2℃
表层海水盐度	2~42	±0.4
波高	0.2~25 m	±(0.1+5% H)，H 为实测值
波周期	2~25 s	±0.25 s
波向	0~360 °	±10°

注：测量参数的范围和测量准确度与选用传感器的技术指标有关。

3.1.2.2 潮汐温盐观测系统

潮汐温盐观测系统主要用来测量潮位、表层海水温度和表层海水盐度，由水文数据采集器、潮位传感器、水温盐度传感器、通信机和电源组成。水文数据采集器和潮位传感器也可以合称为水位计。常用的潮位传感器根据工作原理分为码盘、压力、超声和雷达等类型，目前海洋站主要使用浮子式潮位传感器测量潮位。国家海洋技术中心研制的潮汐温盐观测系统在海洋站(点)得到了广泛应用。潮汐温盐观测系统包括 SCAII 型浮子式水位计和 YZY4 型温盐传感器。

1. 浮子式水位计

浮子式水位计的浮子和重锤安装在验潮井内，水文数据采集器安装在验潮井上方的工作台上。浮子式水位计转轮置于主机一侧，便于安装，并可有效防止线缆相互缠绕打结。当浮子随水面升降时，带动绳轮转动，绳轮通过转动变速机构带动轴角编码器转动。数据采集电路每秒钟采集处理一次水位数据并更新显示(显示 1 min 的平均数据)，在整分钟时存储一分钟平均水位数据，判别并保存高低潮数据。SCAII-3A 型浮子式水位计的主要技术指标见表 3.3，实物见图 3.4。

表 3.3　SCAII-3A 型浮子式水位计技术指标

名称	技术指标
测量范围	水位 0~1 000 cm
准确度	水位±1 cm
数据采集频率	1 Hz
数据处理	显示和存储的数据为 1 min 的平均值，判断高低潮
数据存储	60 d 每 min 的水温、盐度、水位和高低潮
数据显示	显示每 min 的水温、盐度、水位，每 s 更新一次
数据传输	可通过 RS232/42、光纤、GPRS/CDMA、微波、卫星等与数据处理子系统通信
工作方式	连续工作
工作温度	-10~+45 ℃
供电电源	DC 9~16 V
整机功耗	<2 W

图 3.4　浮子式水位计实物

2. 温盐传感器

温盐传感器一般安装在温盐井内，温盐传感器和水位计通过电缆连接，最大传输距离不小于 1 000 m。主要由测温敏感元件、电导池、振荡器、标准电阻、多路转换开关、放大器、交直流转换器、A/D 转换和单片机等组成自动校准电路，信号通过电缆输出。YZY4 型温盐传感器的主要测量技术指标见表 3.4，实物见图 3.5。

表 3.4 YZY4 型温盐传感器技术指标

名称	技术指标
测量范围	水温-5~+50 ℃；盐度 8~42
准确度	水温±0.2℃；盐度±0.4
分辨率	水温 0.05℃；盐度 0.1
输出信号	数字量输出
工作电压	9.5~28VDC
功耗	38 mA(12 VDC)
尺寸	ϕ 64 mm×140 mm
重量	0.9 kg
工作方式	上位机向传感器供电 10 s 后，传感器向上位机连续传输数据，每 s 一组，断电后停止数据传输

图 3.5 YZY4 型温盐传感器

3.1.2.3 波浪观测系统

我国现阶段沿岸海洋站中的波浪观测系统主要由海上测量浮标、锚系、岸站接收处理模块、软件等组成，用于长期、连续、自动地测量波高、波周期、波向等参数。数据的采集、处理和存储按照《海滨观测规范》(GB/T 14914.2—2019)的要求，数据传输符合海洋数据传输网要求。

目前，经常使用的波浪浮标大多是基于加速度传感器，还有部分波浪浮标是基于 GPS 传感器。现行的基于加速度传感器的浮标测波方法有两种，一种是基于三轴加速度传感器，可以测量浮标随波运动的三轴运动的加速度和三轴旋转(航向角、俯仰角和横滚角)，进而算出海洋参数。另一种是基于重力传感器。

以基于加速度传感器的波浪浮标测波方法测量波浪时，波浪伴随着海面的变化作相应的运动，即代表了水质点的运动状态，结果经计算输出一个加速度信号。离散的加速度信号由采集电路采集得到，即通过一定采样率采集得到一系列竖直加速度值来得出波高、波周期、功率谱等数据。

波浪观测系统的主要测量技术指标见表3.5。图3.6为海洋观测站的测波室。

目前，波浪观测系统已应用于全国的各海洋观测站(点)。

表3.5　波浪观测系统技术指标

名称	技术指标
波周期	测量范围：2~30 s； 准确度：0.25 s，分辨率：0.1 s
波向	测量范围：0~360°； 准确度：±10°，分辨率：0.1°
表层水温	测量范围：-5~45 ℃； 准确度：±0.1℃，分辨率：0.01℃

图3.6　海洋观测站测波室

3.1.3　发展趋势与建议

随着海洋观测技术和装备越来越成熟和先进，未来我国海洋站自动观测系统将向着观测站点紧凑化、功能多样化、系统智能化等方向发展。

1. 观测站点紧凑化

为了适应海洋预报业务精细化和防灾减灾的需求，海洋观测站点逐渐增多，向局部集群化和整体网络化发展。过去建设的海洋观测站点多为有人值守，建设规范按照《海滨观测规范》和《地面气象观测规范》执行，水文站多为正规验潮室，配有验潮井和温盐井，气象站多为正规气象场。今后海洋站观测站点多为无人值守站，站点建设向紧凑化发展，水文方面以简易井或无井方式观测，气象方面以观测塔或观测杆代替大面积的气象场，以适应海洋站点快速建设和观测设备易于部署的业务需求。

2. 功能多样化

当前我国海洋站观测要素主要为海洋水文、海洋气象和海洋化学等方面，但各类仪器的功能差异较大，各地区装置的配备水平参差不齐，海洋观测设备功能单一，各个站点对海洋生态环境、海洋环境灾害及突发事件等监测能力仍显不足。国家海洋局于 2017 年 1 月发布了《"一站多能"海洋(中心)站规划布局方案》，未来将有效整合海洋观测和监测业务体系，基于现有海洋站陆续开展生态环境监测，完善全国海洋观测站点布局，增强海洋观测监测、海岛监视监测能力，单一功能的观测站点将向着功能多样化的方向发展，在避免重复建设的同时，也将大力提升海洋站综合业务效能。

3. 系统智能化

海洋站观测业务正逐渐由连续、实时、现场观测演变为长期、原位观测，无人值守和无人操作将成为海洋观测的主要趋势。随着人工智能的发展，海洋观测技术将具有图像识别、自主数据采集、自主参照数据知识库、自主处理观测数据等功能。此外，通过物联网、大数据、云计算等技术，可实现在虚拟空间中构建海洋环境演变模型。随着观测数据的不断积累、模型准确性的不断提升，海洋实体空间与模型技术将深度交互融合，逐渐形成智能感知、智能管理、智能分析、智能决策等能力。

4. 观测和监测设备的标准化、体系化

现阶段市场上应用的海洋观测设备虽然已经能在海洋观测领域发挥出一定作用，但同时，由于标准体系上的不一致，这些设备之间很难展开协作，同时为海洋站设备维护增加了难度和成本。因此，海洋观测和监测设备需要从顶层对执行的规范标准、硬件接口标准和数据接口标准等进行统一要求，标准体系的建立能有效地解决这些问题，同时能提升设备整体的可靠性。

5. 布局立体化

随着海洋强国建设的不断推进，我国海洋站观测技术将从单点观测向多点观测发展，从专业性观测向区域性观测发展，从近海观测向深远海和极地观测发展，从浅水观测向深海观测发展，最终将形成包括"岸、海、空、天"多维度观测空间布局，覆盖全部管辖海域、大洋和极地重点关注区域的观测范围，集合海洋空间、环境、生态、资源等各类数据，协同共享各地区观测设备和信息，逐步实现高密度、多要素、全天候、全自动的立体化海洋观测布局。

3.2 岸基雷达观测站

岸基雷达观测站主要是布设在沿岸、岛屿、平台上的海洋观测雷达，尤以岸基雷达居多。目前，常用的岸基海洋观测雷达主要有高频地波雷达、X 波段导航雷达、C 波段或 S 波段多普勒雷达等。高频地波雷达主要获取表面流(场)，同时获取海浪(场)、风(场)等海洋环境信息。X 波段导航雷达以波浪场和表面流场为观测对象。C 波段或 S 波段多普勒雷达主要获取海浪信息。岸基雷达观测站的建设与发展更趋于网络化、规范化和实用化。

3.2.1 国外发展现状

国际上，各国海洋业务的需求促进了海洋观测雷达的应用。近几年，高频地波雷达网络化发展较快，高频地波雷达网在海洋环境监测、海洋防灾减灾、海上搜救保障、海洋工程、海洋科学研究和海上安全等方面得到了广泛的应用。

3.2.1.1 全球海洋高频雷达网

目前，全球在位海洋观测工作的高频地波雷达总数超过 400 部，北美区域的美国、加拿大和墨西哥的海洋观测高频地波雷达数量达 200 余部，亚洲和大洋洲区域的海洋观测高频地波雷达数量超过 110 部，欧洲在位海洋观测工作的高频地波雷达数量约 60 部。

全球在位海洋观测高频地波雷达设备中，美国 CODAR 公司生产的 SeaSonde 雷达、德国 HELZEL 公司生产的 WERA 型雷达已安装数百套，占据了绝大多数的市场份额，系统技术与应用水平属于国际领先。

美国综合海洋观测系统(Integrated Ocean Observing System，IOOS)发起的所谓“全球高频雷达网”(Global HF Radar Network，Global HFR Network)，目前主要组成来源是北美区域的美国、加拿大、墨西哥，亚太区域的澳大利亚，欧洲的德国、意大利、西班牙、马耳他、克罗地亚等运行的海洋观测高频地波雷达，美国希望通过这些不同区域运行的海洋观测雷达，得到全球更大范围的海洋表面流场信息。

3.2.1.2 美国海洋高频雷达发展

美国最早实现了海洋观测高频地波雷达组网运行，数量达 170 余部，雷达站工作的设备主要以美国 CODAR 公司生产的 SeaSonde 雷达为主，另有少量站点使用德国 HELZEL 公司生产的 WERA 雷达，此外，在网的雷达站工作着 10 余部夏威夷大学研制的 LERA 雷达。美国海洋高频雷达网观测区域基本覆盖了其东、西海岸沿海海域和墨西哥湾美方沿海区域，此外在夏威夷、阿拉斯加、波多黎各、美属维京群岛等区域运行的高频地波雷达，对于观测区域海洋环境发挥了重要作用。

美国高频地波雷达的建设和应用历程较长，所以积累了许多经验，形成了一系列技术规范，包括高频地波雷达系统的安装建设、雷达系统的运行维护、数据质量保证/质量控制(QA/QC)等。2016年，美国IOOS在总结了多年来工作经验的基础上，推出了第一版高频地波雷达观测表面海流数据的实时质量控制手册(Manual for Real-Time Quality Control of High Frequency Radar Surface Current Data: A Guide to Quality Control and Quality Assurance for High Frequency Radar Surface Current Observations. Version 1.0)，其中包括观测表面海流用SeaSonde型高频地波雷达的选址、安装和维护的质量保证最佳实务[Quality Assurance (QA) Best Practices for Deployment and Setup of SeaSonde ©-Type High-Frequency Radar for Ocean Surface Current Mapping]，以及与该实时质量控制手册相关的文档：

- 高频地波雷达能力和性能评估指南(Guidelines for Assessing HF Radar Capabilities and Performance)
- 高频地波雷达网中编码NetCDF径向数据(Encoding NetCDF Radial Data in the HF-Radar Network)
- CODAR高频地波雷达的质量保证/质量控制及相关实践(QA/QC and Related Practices at CODAR)
- 高频地波雷达网近实时海面流制图(HF-Radar Network Near-Real Time Ocean Surface Current Mapping)
- WERA高频地波雷达中各个网格单元上海面流速数据的实时质量控制(Real-Time Quality Control of Current Velocity Data on Individual Grid Cells in WERA HF Radar)

上述规范和技术文档都能从美国IOOS网站获得。

美国一方面持续改进完善现有的高频地波雷达在海洋领域的实际应用，另一方面还在推进新技术的发展。近几年，美国科技人员利用多站数据融合方法，在推动海洋观测数据应用中取得明显进展，在区域内利用多部单基地雷达所形成的多站雷达系统来进行海洋监测，通过多站数据的信息融合，实现大范围、高精度的海洋表面流探测，进一步结合数值预报推动海洋灾害预警等应用服务。据文献介绍，新泽西沿岸7部13 MHz高频地波雷达实现多站数据融合，展现出大范围的海洋表面流场(如图3.7所示)，凸显了多部雷达组网观测大范围流场的应用优势。

由于美国在高频地波雷达技术应用方面走在世界前沿，因而成为许多国家在高频地波雷达建设与发展上的技术样板。

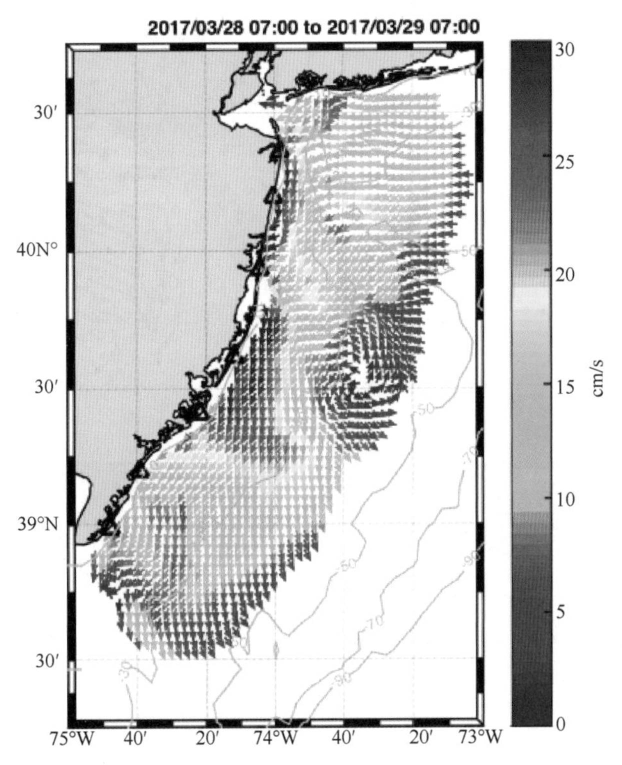

图 3.7 美国新泽西沿岸 7 部 13 MHz 高频地波雷达多站数据融合展现的大范围流场

3.2.1.3 亚太海洋高频雷达

在亚洲区域，日本、韩国拥有海洋观测高频地波雷达数量较多，越南、菲律宾、泰国等国拥有少量雷达。以韩国为例，沿海海洋观测的高频地波雷达已超过 40 个站点，多数为 25 MHz、43 MHz 频段的中短程探测雷达，韩国计划在未来十几年，通过设计一系列业务化数据标准、管理规范等，建设韩国高频地波雷达网。

印度岸基海洋雷达观测网(Indian Coastal Ocean Radar Network，ICORN)作为印度海洋观测网(Indian Ocean Observation Network)的重要组成部分，2019 年已运行有 10 个雷达站，均采用美国 CODAR 公司 SeaSonde 雷达系统，其运行维护、数据质量控制等流程主要根据美国高频地波雷达有关标准执行，尤其是影响海流测量精度的天线校准工作，以每 6 个月定期做 1 次天线方向图测量校准，作为保障海流测量精度的措施。据文献介绍，ICORN 获得了印度东部沿岸海流季节性逆转变化的资料，对热带东印度洋上层海洋环流季节变化的观测取得了明显的效果。2017 年 2 月和 10 月在多个雷达观测网站点观测到的印度东部沿岸海流(East India Coastal Current，EICC) 季节性逆转变化见图 3.8。

在大洋洲，仍然是澳大利亚综合海洋观测系统(Integrated Marine Observing System，IMOS)的海洋观测雷达最具代表性，澳大利亚岸基海洋雷达观测网(Australian Coastal Ocean Radar Network，ACORN)属于 IMOS 的重要组成部分，其雷达站点的设备以美国 CODAR 公司生产的 SeaSonde 和

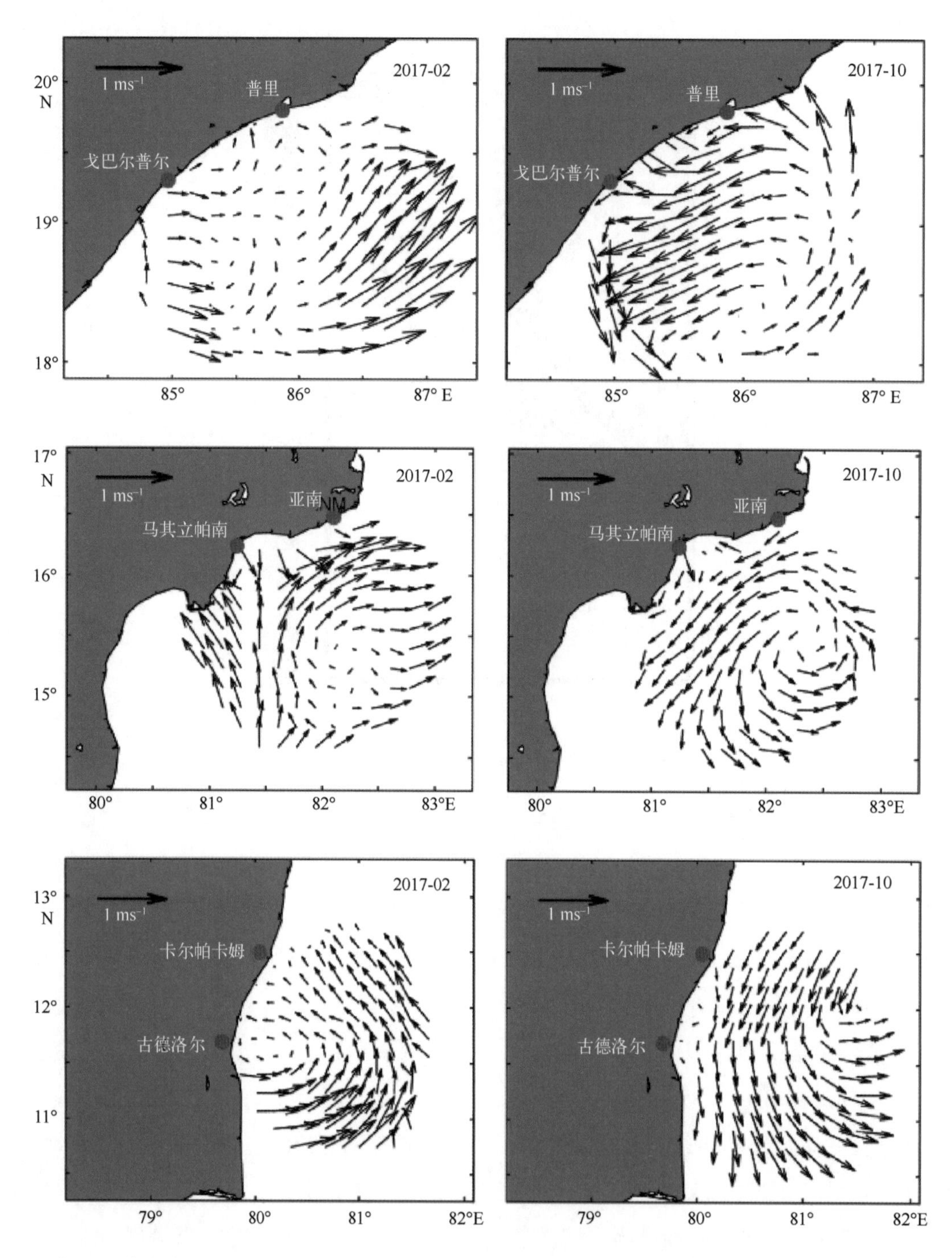

图 3.8　印度岸基海洋雷达观测网于 2017 年 2 月和 10 月在多个站点观测到的印度东部沿岸海流季节性逆转变化

德国 HELZEL 公司生产的 WERA 雷达为主。近年在改进雷达数据质量方面，对雷达数据质量控制采取不同的处理层级，包括电磁信号的多普勒谱、径向流场、合成流场等多层次的质量控制过程。2019 年修订发布了 2.1 版的海洋雷达质量控制流程“Quality Control Procedures for IMOS Ocean Radar”。

3.2.1.4 欧洲海洋高频雷达

至2020年3月，欧洲海洋观测系统高频海洋雷达工作组已列入清单的雷达站共计105套，正在运行的有59套，计划将要安装20套，目前未运行的有26套(包括曾经在这些位置安装过的或当前不能运行的雷达站)。30套高频海洋雷达的实时数据传输给高频海洋雷达数据节点。

欧洲海洋雷达网在雷达系统、站点选址、台站建设、运行维护、技术标准、数据质量控制、数据交换与共享、应用领域都进行了详细的设计与实施，虽然分布在欧洲不同的国家和区域，但是实现了欧洲区域海洋雷达的系统化发展与应用。欧洲借鉴了美国的技术标准、质量控制流程、测试方法等经验，结合欧洲实际需求，确定了欧洲海洋雷达网的标准化质量控制流程，规定了高频海洋雷达数据从采集到分发的步骤。其中，高频海洋雷达工作组在欧洲海洋雷达网建设运行中扮演着重要的角色，负责协调技术、发布标准、加强质量控制与分析、推动科研和技术创新、接入欧洲海洋观测系统(EOOS)，支撑欧洲海洋雷达网成为EGOOS的一个重要组成部分。欧洲近几年在高频地波雷达方面的发展，促进了海洋雷达在整个欧洲区域的应用和服务，并且与美国、澳大利亚雷达网在技术发展、数据共享和用户体验与应用等多方面强化了合作。

根据国际上特别是美国、欧洲、澳大利亚目前的应用情况，高频地波雷达提取表面流场信息已经得到广泛应用。与此同时，国外发达国家已经开始对高频地波雷达提取波浪场开展测试与评估。此外，高频地波雷达提取风场等信息的研究也取得许多进展。

3.2.1.5 X波段和S波段等雷达

除了高频雷达，在X波段、C波段、S波段雷达硬件系统方面，国外的近期研究并不多见，但是在X波段、S波段雷达算法研究方面，对理论与方法的创新一直持续不断。

X波段测波雷达技术作为近岸观测的一种手段，为了提高其适用性和数据质量，国外许多机构和研究人员仍在继续研究探索，尝试改进其应用。例如，加拿大海洋观测网(Ocean Networks Canada，ONC)，在哥伦比亚省沿岸部署2个X波段雷达WaMoS系统，质量控制遵从厂家提供的服务，调整参数并开发新的数据产品，此工作目前未见后续报道，对其新的数据质量改进效果尚不明了。

Miros公司的Wavex系统进行着持续改进工作。据近两年的Maritime Reporter and Engineering News报道和Miros公司的产品介绍，Wavex系统已经过数次重要的改进，最新的海洋表面监测系统支持全自动校准，可以为用户提供高质量的波浪和海面流参数，适用于多种雷达类型和测量条件，由于无须手动校准，因而有助于降低安装和运营成本。图3.9是Miros公司的Wavex系统图形用户界面中的一个选项卡，无须使用参考设备进行校准，可为用户提供一系列实时海洋观测数据。2019年5月，Miros公司发布白皮书“Automatically Calibrated Wave Spectra by the Miros Wavex System”，介绍Wavex系统目前不仅支持完全的自动校准功能，并且提高了测量精度。2020年Miros公司发布了数据手册的第六版(Miros-Wavex-Datasheet)。

类似于X波段导航雷达用于海浪监测，S波段导航雷达亦可以用于海浪监测。Cheng Hao-

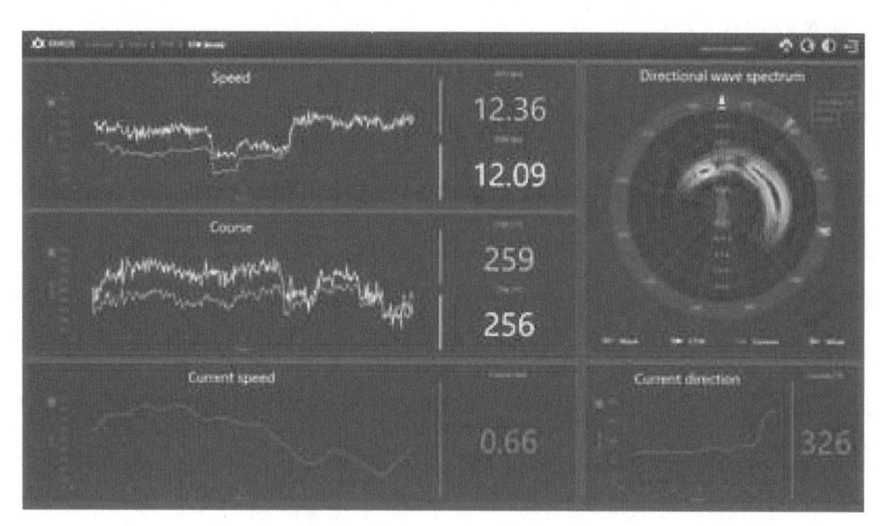

图 3.9　Miros 公司的 Wavex 系统图形用户界面中的一个选项卡

（图片来源：Miros）

Yuan 等研究了 S 波段导航雷达用于海浪监测的性能，认为 S 波段雷达测量的波高精度相当于 X 波段雷达测量的波高精度，而在降雨情况下的 S 波段雷达具有更好的测量效果，所以建议 S 波段雷达和 X 波段雷达可以作为互补的系统。

国外研究人员针对现有 X 波段海浪反演算法中计算精度有限的问题，还提出了新的算法与探索，包括随着人工智能和机器学习领域的发展，采用人工神经网络(ANN)、支持向量机(SVM)、无监督学习等先进算法，引用到 X 波段雷达的测波数据处理，以期改进测量精度，促进实际应用。

3.2.2　国内发展现状

《全国海洋观测网规划(2014—2020 年)》明确有新建、升级和改造现有地波雷达站、测波雷达站等任务。我国海洋观测网已建成和按计划待建的雷达站主要承担近岸海流、海浪和海冰等观测任务，是海洋环境监测网的基础和重要组成部分。

3.2.2.1　海洋雷达网

我国在沿海建成数十部海洋观测雷达站，其中的高频地波雷达正在推进网络化建设与应用，X 波段雷达还在持续致力于改进遥测海浪参数的准确性。

为使海洋观测网中雷达站的建设和运行科学化、标准化、制度化，近年编制和发布了多项技术规范和标准。2016 年 5 月，国家海洋局发布了海洋行业标准《海洋观测雷达站建设规范》(HY/T 201—2016)，适用于我国新建和原有岸基海洋观测雷达站的升级改造，自 2016 年 8 月 1 日起实施，该标准规定了海洋观测雷达站建设的相关术语和定义、雷达站分类及功能、雷达站基础设施建设要求、频率协调和频率指配及设站、仪器设备配置技术要求、观测数据集成技术要求、雷达站管理体系建设和业务化运行综合保障等。2018 年，自然资源部发布《中国海洋观测站(点)代码》

等7项关于海洋行业标准的公告（发文字号2018年第16号），以《中国海洋观测站（点）代码》（HY/T 023—2018）代替HY/T 023—2010，对雷达站名称识别信息等做出新的规范。2019年12月，自然资源部发布2项高频地波雷达相关海洋行业标准，自2020年2月1日起实施，一是《高频地波雷达电性能检验方法》（HY/T 0279—2019），规定了高频地波雷达主要电性能检验要求、检验项目、检验方法和报告编制，适用于对高频地波雷达主要电性能的检验；二是《高频地波雷达现场比测试验规范》（HY/T 0280—2019），适用于高频地波雷达的现场比测试验，对高频地波雷达现场比测试验的准备、比测方法、数据质量控制、数据分析和报告编制等内容提出规范要求。其他国家标准中有关岸基雷达观测、数据处理和质量控制等部分内容正在审批阶段，待批准发布后实施。

我国已在沿海地区布设的高频地波雷达、X波段测波雷达，既有进口雷达也有国产雷达。国产雷达普遍造价低，后期维护成本低，售后服务便捷，目前国内大部分雷达站都采用国产品牌。我国在海洋观测雷达技术与应用方面，还在持续改进和发展。

3.2.2.2 海洋高频雷达

近几年仍在进行许多高频地波雷达的性能评价和技术研究工作。徐全军等对于国产阵列式高频地波雷达矢量流长周期适用性开展了比测试验数据分析，主要从有效探测区内表层海流及其实际观测精度的效果探讨了业务应用的可行性。郑世浩等对于国产便携式高频地波雷达遥测海表面流的误差分布情况，开展了试验与分析。黄奇华等为解决流场数据大范围缺失的问题，将神经网络技术与空间插值相结合，建立了海流的神经网络插值模型，尽量保障区域数据的完整性和准确性。蔡佳佳等探讨了一种基于人工神经网络的浪高风速反演提取方法，并验证了该方法在高频地波雷达风速反演中的可行性。徐全军等对于国产阵列式高频地波雷达对“莫兰蒂”台风风眼的观测进行了分析，通过连续观测，得到了台风海面风眼的轨迹。魏国妹等对于国产便携式高频地波雷达海浪和海面风探测性能进行了分析，有助于更好地了解OSMAR-S100型雷达系统海浪和海面风的综合探测性能。

高频地波雷达的新技术研究也取得了成果。2015年，武汉大学陈泽宗团队研制成功了一款采用小型圆形接收天线阵的高频地波雷达系统，见图3.10所示，其具有占地面积小，能多频同时工作的特点，通过长时间的海边实验，验证了其获取海洋动力学参数的能力。此外，该团队还开展了岸空双基地高频雷达、空基高频地波雷达的理论研究工作，如图3.11所示为岸空双基地高频雷达和空基高频雷达模型。

国内高频地波雷达岸基移动平台技术得到了较快的发展。例如，研究了适用于机动应急观测的车载高频地波雷达技术。图3.12是湖北中南鹏力海洋探测系统工程有限公司开发的车载高频地波雷达。

图 3.10　小型圆形接收阵变/多频高频地波雷达的接收天线阵与主机

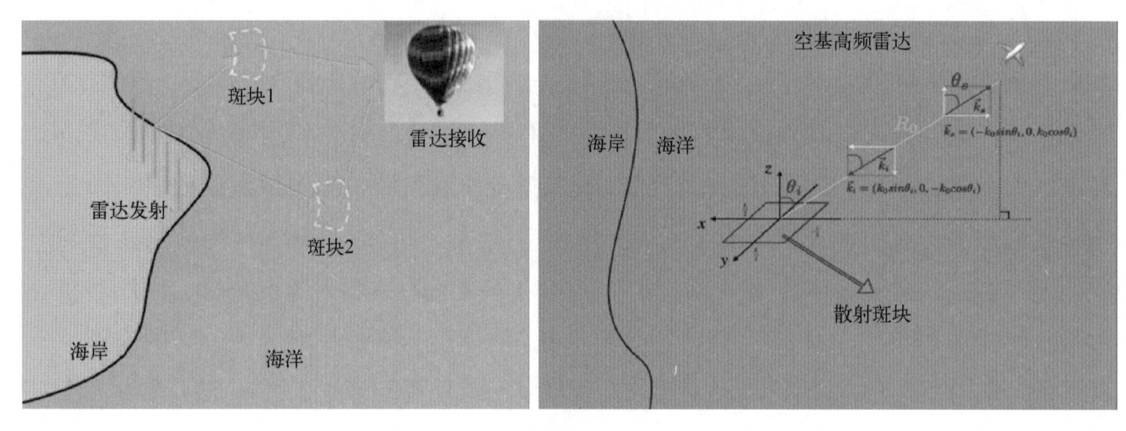

图 3.11　岸空双基地高频雷达和空基高频地波雷达模型

图 3.12　车载高频地波雷达

由于高频地波雷达的电磁波沿海洋表面双程传播衰减较大、探测距离受限等原因，国内外学者开始关注能够实现超远距离传播的分布式天地波雷达。武汉大学吴雄斌团队承担的“分布式高频地波雷达探测与组网技术研究”项目于 2017 年 8 月顺利通过国家科技部验收，项目期间实验数据得到的海洋表面流场与地波雷达探测结果吻合较好，为分布式天地波雷达海洋表面流反演工作提出了新思路和新算法。图 3. 13 展示了分布式高频天地波一体化雷达组网示意，在该探测模式下，可实现对我国更广阔海域的系统全面、经济有效的实时监测。

图 3. 13　分布式高频天地波一体化雷达组网

分布式天地波一体化雷达在结合天波雷达与地波雷达传播模式的同时，也继承了两者的优势，有望克服天波雷达和地波雷达存在的缺陷，实现优势互补，为海洋观测提供一种新的探测模式，提升海洋环境监测能力，未来具有很好的应用前景。

3. 2. 2. 3　X 波段和 S 波段等雷达

针对 X 波段测波雷达，近年继续开展了探测试验与数据获取能力评估。自然资源部第三海洋研究所殷曙光等科研人员对进口产品 WaMoS Ⅱ测波雷达系统有效波高反演的精确度检验和误差分析开展了研究，通过分析误差产生的原因，发现信号滤波器设定值过高可能导致雷达反演的信噪比 SNR 异常偏高，是造成 X 波段雷达测得的有效波高相比于浮标测值异常偏高的原因，据此提出建议，需要通过对雷达设置的调整，来进一步完善雷达系统。自然资源部东海局舟山海洋工作站李卫丁等对于国产 OS071X 测波雷达系统的探测精度进行了验证，与波浪浮标在同一海域内的波浪探测资料进行了对比，认为能够满足实时探测近岸海域波浪的需求。海军航空大学刘宁波等利用 X 波段雷达开展对海探测试验，获取不同海况等条件下目标和海杂波数据，开展了技术研究。南京信息工程大学马玉菲等针对 X 波段电磁波受降雨影响容易产生衰减的问题，提出以一种降低降雨影响的算法来反演海浪参数，并开展技术研究，证明了该方法的可行性。中国海洋大学和海南省海洋监测预报中心的工作人员，于2017年11月在三亚海棠湾进行了X波段测波雷达的比测试验，采用武汉浩谱海洋探测系统有限公司生产的Hope-CX型X波段测波雷达，临海岸布设在岸边，并采用荷兰Datawell公司生产的MKⅢ“波浪骑士”浮标进行观测验证，通过对雷达及浮标所获得的现场海浪观测数据进行分析，认为X波段雷达观测海浪波高能够有效地捕捉到海浪的变化过程。

据武汉浩谱海洋探测系统有限公司网站介绍，该公司生产的X波段测波雷达，在沿海海洋站点和观测平台新建或改造项目的应用中大多运行稳定，“雷达数据与浮标对比吻合度高达95%以上”。

针对现有X波段海浪反演算法中计算精度有限的问题，电子科技大学的宋萌瑞提出一种基于智能学习的X波段海浪信息参数反演算法，在海浪参数计算中使用神经网络相关算法，对有效波高反演理论进行了研究探讨。

X波段测波雷达技术作为近岸观测的一种手段，仍在继续研究探索。除了X波段雷达，国内还研制了其他测波雷达。武汉大学的陈泽宗团队研制的Morse型岸基S波段雷达系统，使用6个标准喇叭形天线发射和接收信号，分别获得每个天线径向速度的空时序列，结合复合表面散射理论及线性海浪理论，计算得到各个天线的径向波高谱，之后合成全向波高谱，最后通过谱矩法得到有效波高，系统实物如图3.14所示。S波段测波雷达能实时测量海洋表面波浪要素，无须校准，是一种性能优良的海浪参数观测设备。S波段由于波长较X波段更长，不容易受到雨滴和水雾的影响，同时还具有受外部环境干扰小、维护成本低等优点。这种S波段雷达成为测波雷达的一个重要技术方向，该团队还开展了船载S波段雷达系统的研制。

图3.14　岸基S波段测波雷达

国家海洋标准计量中心朱丽萍等，以“波浪骑士”浮标作为Morse-3型S波段测波雷达的比对仪器，在遮浪岛附近进行试验，对于Morse-3型S波段测波雷达试验数据的有效性和实际观测效果进行评价，认为“所有参数的测量结果均略高于比对仪器的测量结果，且两者的相关性较好，平均波高和对应波周期测量结果最好”。

2019年，中国航天科工集团第二研究院第23所基于毫米波技术研制的便携式测波雷达，作为海浪观测新技术，在《人民日报》(海外版)(2019年12月2日第9版)、国务院国有资产监督管理委员会新闻中心等媒体平台进行了介绍，报道指出该雷达可以不受天气影响，24小时实时测量提取海面波浪的浪高、海浪方向等数据，为海洋信息要素观测提供帮助。该雷达是国内目前尺寸最小的微波遥感测波装备，便于安装在岸边高处、船舶桅杆处，且系统拆装方便，支持电池工作；基于毫米波技术直接测量，测量精度高，数秒内就可实现海浪的波向、波高和周期数据更新，相比海浪观测站人工观测，数据更新率更高。2019年，这款便携式测波雷达在舟山群岛完成了近岸海洋观测实验。据报道，经与国际通用的“波浪骑士”海浪浮标对比测试，其精度超过传统遥测手段。图3.15为毫米波便携式测波雷达开展近岸海洋观测实验。

图3.15 毫米波便携式测波雷达开展近岸海洋观测实验

3.2.3 发展趋势与建议

从国内外的雷达系统与技术发展分析来看，岸基雷达观测站技术的网络化、规范化和实用化是未来发展的主要趋势。

3.2.3.1 海洋雷达观测网络化

从国内外的雷达系统发展趋势来看，当前许多沿海国家均在建设海洋雷达观测网，美国、欧洲、澳大利亚等国家和地区已经建立起了规模较大的高频地波雷达网络和海洋环境数据中心，全球高频地波雷达网业已获得了世界气象组织-国际海洋学委员会(WMO-ICO)海洋学和海洋气象学联合技术委员会(JCOMM)认定，成为全球海洋观测系统的组成部分。

我国海洋雷达观测网起步虽然较晚，但是目前已经具备了国产自主阵列式和便携式两类高频地波雷达的组网能力，局部海域相关组网工作已经起步。例如，2019年，海兰信公司与自然资源部南海局签署“南海区沿岸雷达综合观测网建设与应用”战略合作协议；2020年8月，海兰信公司与青岛海洋科学与技术国家实验室有限公司签署“黄渤海地波雷达观测网建设与应用战略合作协议”；2019—2020年度，广东省重点专项“基于地波雷达的海洋监测组网关键技术研发及应用示范”立项，拟构建广东沿海地波雷达观测监测网，实现对大湾区大范围、高质量、高分辨率海洋动力学环境参数的实时获取。

随着我国海洋经济的发展和海上活动的增多，尽快建成覆盖我国整个沿海地区的高频地波雷达观测网，对于提高海洋环境监测和业务预报水平都具有重要的意义。“十三五”期间，国家相关业务部门和沿海地区在《全国海洋观测网规划(2014—2020 年)》等指导下，已经建成许多雷达站，作为实施大面积、远程探测的手段，高频地波雷达网正好弥补我国岸基观测的不足。未来雷达观测网的建设和应用，建议进一步加强网络化的总体规划和顶层设计，包括观测布局、站点数量、雷达选型、频率使用、数据传输等，同时需要建立雷达数据信息共享机制，促进雷达组网建设与应用。

3.2.3.2 海洋雷达业务规范化

美国最早实现了高频地波雷达网络，形成了观测规划、选址、建站、设备准入、雷达选型、观测数据采集和观测资料格式及其质量控制等方面的经验，研究并制定了一系列标准、方法、措施和流程。欧洲、澳大利亚等借鉴美国的经验和技术，已经建立起了较全面的高频地波雷达网络建设和运行维护等规范，并且结合本地区实际不断修改完善。

我国在海洋雷达观测网建设过程中，通过研究、试验和探索，建立了一些有关雷达站建设、仪器设备配置、观测数据集成和业务化运行的技术规范，针对高频地波雷达电性能检验方法、高频地波雷达现场比测试验等发布了技术规范，还有岸基雷达观测、数据处理和质量控制等部分标准等待审批发布。与国外的先进国家相比，我们现有的技术规范尚不够全面和完善。

随着我国海洋雷达观测网建设的发展和运行，为了使海洋观测网中雷达站的建设和运行科学化、标准化、制度化，我国应尽快研究并制定一系列标准、方法、措施和流程，进一步加强雷达观测数据质量控制标准研究，完善雷达站业务化运行方面的规章制度建设，推进落实规范化工作，对于实现我国海洋雷达观测网的业务化具有重要的现实意义。

3.2.3.3 海洋雷达技术实用化

西方发达国家早在 20 世纪 70 年代就开始高频地波雷达技术的研究工作，并进行了大量、长期的比对试验，目前高频地波雷达技术已经进入实用阶段。美国 CODAR 公司是世界上高频地波雷达研究的技术引领者，该公司生产的 SeaSonde 系统是目前世界上使用最多的高频地波雷达系统，占据了 90%以上的市场份额。美国 CODAR 公司非常重视解决实际应用中发现的问题，注重与用户共同面向需求开展应用研究。针对无线电频率资源有限，大量建站面临频段带宽不足和雷达可能相互产生电磁干扰的问题，CODAR 公司研究了雷达同频观测技术，促进了美国高频地波雷达实现组网。针对雷达系统电子设备长时间漂移和易受电磁环境影响，从而导致测量精度降低和数据质量变差的问题，CODAR 公司研究了雷达天线方向图测试与校准技术，采用有效的校准技术，改进了测量精度和数据质量。CODAR 公司与美国 IOOS 共同总结了多年来 SeaSonde 系统的测量经验，形成了高频地波雷达观测表面海流数据的实时质量控制手册，确保高频地波雷达网所测数据的有效性和适用性。

欧洲、印度等高频地波雷达网为减少雷达设备本身带来的系统误差和电磁环境影响，所有在网 SeaSonde 雷达每年至少进行一次方向图测试及校准，并定期进行数据比测，保证观测数据的准确性和可靠性。借鉴美国质量控制方法，制定适用的数据质量控制要求，确保所测数据的有效性。

我国随着雷达站建设的不断增多，将逐步实现近海雷达站的组网观测。为保证雷达在投入使用前、使用后的准确性和可靠性，建议强化质量控制流程。一方面，进一步加强和完善海洋雷达数据反演与比对实验，特别是对于现场指标即真实环境下功能及性能指标的检验，不断提高雷达设备性能与探测精度，验证观测资料的准确性和稳定性；另一方面，从雷达初始获得观测数据就进行一系列的质量控制，目前国内尚无针对海洋雷达初始观测数据的质量控制方法及标准，可参考国外相关的标准进行学习，制定质量控制方法和标准。同时，应深入开展雷达数据应用研究，充分发挥雷达观测在海洋立体观测网中的作用，不断提高我国海洋防灾减灾和监测预报能力。

可以预见，随着我国岸基雷达观测站网络化、规范化和实用化的发展，海洋雷达以其功能多、性价比高、连续观测等优点，未来在海洋观测网中必将发挥越来越广泛的作用。

3.3 锚系浮标

海洋锚系浮标是实现海洋动力环境和海气界面气象参数长期连续观测的重要工具和手段，已成为海洋业务化观测必不可少的观测平台和离岸海洋观测的主要装备。随着海洋观测技术的进步以及人们对海洋环境感知的不断深化，海洋观测浮标正向高精度、多参数、多功能综合观测发展。

3.3.1 国外发展现状

浮标与系留技术最早出现于 20 世纪 50 年代，发展至今已经取得了大量优秀成果。美国、加拿大、挪威等传统海洋科技强国的锚系浮标技术已基本成熟，其浮标功能多、可靠性高、精度高、稳定性好，而且已经形成了功能全面的产品系列。美国作为海洋水文气象观测领域的引领者，锚系浮标的应用、覆盖范围最广，经过多年建设与投入，已经建立起覆盖全球的高效率浮标网络，由国家资料浮标中心(National Data Buoy Center，NDBC)负责管理。

近年来，随着海洋观测技术的不断发展，锚系浮标除了满足海洋表面水文气象观测的需要，还越来越多地被用于海底-水下-海表面的立体多平台综合观测，如伍兹霍尔海洋研究所研制的用于海洋观测计划(ocean observation initiative，OOI)沿海先锋阵列的浮标(见图 3.16)。该浮标配置了太阳能和风能两种发电装置，海面浮标体搭载的传感器用于收集气象资料，与锚泊系统相连的水下仪器测量海流、水温等参数，海底的多功能节点不止具备测量功能，还可为坐底仪器提供数据和电源端口，可供自治式水下潜器(AUV)使用。

国外锚系浮标技术发展的另一个重点方向为专用型浮标(见图 3.17)。专用型浮标是指专门针对某一种或某几种海洋环境参数进行观测的浮标，是浮标观测技术水平的良好体现，也是各国

图 3.16　OOI 沿海先锋阵列浮标

挪威海上风剖面测量浮标

法国光学浮标

美国海啸浮标

荷兰波浪浮标

美国酸化浮标

图 3.17　国外专用型浮标

在锚系浮标领域研究、制造、应用方面综合实力、技术水平和创新水平的标志之一。针对特定的应用需求，国外研制了多种专用浮标系统，代表成果有海洋剖面浮标、海上风剖面浮标、海啸浮标、波浪浮标、光学浮标、海冰浮标、海气通量观测浮标和海洋酸化观测浮标等，均取得了良好的应用效果。

2016年，美国伍兹霍尔海洋研究所的科学家在缅因州和纽约沿海布放了一种智能浮标，该浮标搭载了可近乎实时监听鲸类的设备，通过内部软件能够做到智能化识别不同种类的鲸。

3.3.2 国内发展现状

我国锚系浮标的研制工作起步于20世纪60年代，经过半个世纪的发展，已经基本掌握了浮标核心技术，取得了丰硕的成果。目前，我国已拥有10余种规格的系列浮标产品，并已业务运行200余套，覆盖我国各海域，在国内海洋环境监测和海洋科学研究中发挥了巨大作用。

2017年，国家海洋技术中心研制的新型分体组装式泡沫体浮标(图3.18)在广东省海域布放成功。该浮标创新性地采用了模块化设计，既解决了传统大中型浮标的陆上运输难题，又具有良好的稳定性和水动力性能，在台风登陆期间正常在位运行。

图3.18　国家海洋技术中心研制的分体组装式泡沫体浮标

在海洋技术从近浅海向深远海发展的大趋势下，我国也加快了深海锚系浮标研制的步伐。自然资源部第一海洋研究所研制的“白龙”浮标(见图3.19)是国内首套7 000米级深海气候观测系统，不仅可以观测海表气温、气压、风速风向、相对湿度、雨量、长波和短波辐射等大气要素，还可通过感应耦合传输技术实时采集海洋表层至深层的海水温度、盐度、海流、溶解氧等重要海洋参数，所采集的现场数据实时传送、处理和全球共享。该浮标是我国唯一进入全球海洋观测系统的浮标，提升了我国参与全球天气和气候尺度的预报、预测能力。

图 3.19 “白龙”浮标

2018 年，国家海洋技术中心在中国南海水深 3 800 m 海域布放了深海锚系浮标(图 3.20)，浮标运行期间经历超强台风“山竹”，经受住了狂风巨浪的考验，完整记录了台风经过的环境变化；2019 年元旦，国家海洋技术中心在南半球西风带海域布放了锚系浮标，已稳定运行 2 年以上，填补了我国在西风带海域长期在位运行浮标系统的空白，标志着我国在极端环境浮标技术方面已达到国际领先水平。

布放于南海的浮标

西风带环境观测浮标

图 3.20 国家海洋技术中心深海锚系浮标

在专用型浮标方面，我国研制了波浪传感器和波浪浮标，并且经过了较长时间的业务化运行，积累了大量的理论和实际经验，在标体设计、标体运动特性、波浪理论与信号提取方面具有良好的基础；研制了柱形海气通量浮标和圆盘形分层海气通量浮标，并进行了海洋观测实验；研制成功了基于马达驱动式、浮力控制式和波浪控制式的海水剖面观测系统，并进行了海洋观测实验；研制了柱形核辐射监测浮标用于海洋核辐射污染应急监测。此外，通过消化吸收国外先进技术及自主创新，我国还研制了海冰浮标、声学浮标、光学浮标等技术性较强的专用浮标，图 3.21 为我国研制的专用型浮标。

图 3.21　我国专用型浮标

3.3.3　差距分析

综上所述，我国在海洋锚系浮标观测技术方面虽然已经取得了丰硕的成果，通用型浮标观测技术总体达到了国际先进水平，能够满足沿海业务化运行需求，但与国外海洋技术强国还存在一定的差距，主要体现在：

(1)搭载的仪器设备原创性研究不足，国产化水平低，除了常规的气象传感器和部分水文传感器，大多数传感器尤其是高端传感器都依赖进口。

(2)专注于观测数据处理的技术力量比较分散，忽视观测数据的深加工。

(3)深远海浮标的长期可靠性还有待加强。

3.4　潜标

潜标(又称水下浮标)，具备长期、定点、连续、多层次、多参数同步监测海洋水下环境要素的能力。与水面浮标相比，潜标通常在海表面几十米以深的地方，不易受海面风浪的影响，不易受人为破坏，可在恶劣海况条件下实施测量；并可根据测量任务的不同，在系统上灵活地挂接不同仪器，获取不同参数资料，是海洋观测岸站、调查船和调查飞机在空间上和时间上的延伸扩展，具有其他方法不可替代的作用。在国防军事上，一些敏感海区不适合船只及水面浮标长期停留，而潜标隐藏性好不易被发现的特点正好适合执行这一调查任务。

3.4.1 国外发展现状

国外从事海洋监测潜标开发的机构很多，包括海洋开发公司和研究所，其中最具有代表性的研发机构是美国的伍兹霍尔海洋研究所。美国从 20 世纪 60 年代初开始在墨西哥湾、西北太平洋、日本附近的黑潮区和琉球群岛附近，以及中北大西洋海域的一些观测站布设潜标；后来又发展了军用潜标和多水听器的数字化声学潜标；近年来又开发了基于水下绞车的新型潜标并布放于极地用来监测冰下海水混合层。目前，美国潜标的应用范围已涵盖科学研究、海洋开发、国防军事等多个领域。

我们的近邻日本也是较早开展潜标研制工作的国家，日本设立的海洋科学技术中心是以水下工程技术和深潜技术为主的海洋高新技术研制开发机构，具有很强的研究实力和竞争力，他们研制的潜标在黑潮研究中得到了广泛的应用。

近年来在一些全球或区域的观测系统中，如世界大洋环流实验(WOCE)、全球海洋观测系统、加勒比海集成海岸观测系统、热带海洋全球大气(TOGA)计划以及极区观测计划等，海洋潜标都作为主要的观测设备使用。

目前，国外常规潜标技术发展已经非常成熟，应用十分广泛。潜标涉及的传感器技术、声学释放器技术、浮力材料技术均有多个型号的成熟产品。目前，潜标系统中较为常用的 ADCP 品牌包括 RDI、Linquest、SONTEK；较为常用的 CTD 品牌包括 Seabird、RBR、ALEC；较为常用的海流计有 ALEC 电磁式海流计、Aanderaa 海洋卫士声学海流计；较为常用的释放器包括美国 Benthos 释放器、美国 ORE 释放器、法国 OCEANO 释放器、英国 Sonardyne 释放器等；较为常用的深海玻璃浮球包括美国 Benthos 公司的 2040 系列玻璃球和德国的 VITROVEX 系列玻璃球。

国外在已有成熟技术的基础上发展了很多专用型潜标，或者说其相关技术在多种新的场景下得到了应用。下面对这些新的发展应用加以简单介绍。

1. 垂直测量平台

哥得兰海盆是波罗的海最大的海盆，其特点是在中部存在永久密度跃层将上、下层的海水隔开，密度跃层阻止了海水的垂直混合与氧气输送，底层含氧海水主要来自到达波罗的海中部的北海海水，这片区域水动力背景复杂且多变。为了调查此海域的动态过程，科学家们设计了一款垂直测量平台(Profiling instrumentation platform，PIP，见图 3.22 所示)，它由测量平台、水下绞车、声学换能器和配重线缆组成。

水下绞车来自 NiGK 公司，最大深度可达 300 m，配备 360 m 长、直径 2.7 mm 的凯夫拉缆绳，高 1.8 m，重量 190 kg，具有内置电池，水中浮力约 350 N。当达到科学家预设时间或间隔时，绞车开启凯夫拉绳阀门并释放凯夫拉绳使 PIP 上浮；当释放长度达到预设值时，绞车会收回线缆等待下一次工作。

图 3.22　垂直测量平台

2. 水下无人预置系统

美国于 2016 年发布了《2025 年自主水下潜器需求》，提出了海床战、反 AUV 战等新兴作战概念，拟构建新型水下无人作战体系、水下攻防系统及水下预置系统等装备。其中，水下预置系统作为一种新型的水下攻防武器装备，将无人机、导弹和鱼雷等作战装备预先放置于大陆架、岛链等敏感海域并进行长时间潜伏，通过远程手段激活后执行侦察、打击、航路封锁等任务。

浮沉载荷(upward falling payload，UFP)项目由美国国防高级研究计划局(DARPA) 于 2013 年发布，旨在研制一种可长期潜伏的分布式无人作战装备，用于在海洋环境中建立即时战术支援系统，对敌方目标进行突袭、侦察或干扰，为己方提供战术支援。UFP 通过飞机、舰艇等平台进行部署，可潜伏于深海数年之久，一旦需要，可通过远程激活链路实现唤醒，将内置载荷快速升至水面发射后，执行态势感知等任务。

3. 深海导航定位系统

2016 年 5 月，DARPA 向英国 BAE 系统公司提供了深海导航定位系统(positioning system for deep ocean navigation，POSYDON）项目第一阶段初始设计合同，进行样机系统开发和技术演示验证。POSYDON 是一种类似 GPS 星座的无源导航定位系统，由固定部署在海底的大量水声传感器组成。该系统可以使潜艇或水下潜器等作战平台摆脱对 GPS 导航系统的依赖，无须上浮即可具备高精度定位和导航能力，有望大幅提高水下平台的隐蔽作战能力。

3.4.2 国内发展现状

我国从“七五”期间开始千米测流潜标的研制工作，目前，潜标技术已进入了实际应用阶段，在潜标系统的设计、制造、布放回收等主要技术方面达到国际先进水平，具备了研制、生产覆盖我国领海和周边海域潜标的能力。国内多家涉海单位开展了潜标技术与应用研究，取得了以下研究成果。

1. 观测数据实时化

传统潜标数据在仪器内部自容存储，一般需要在潜标回收后读取数据，观测数据存在一定滞后且存在因潜标回收失败导致数据丢失的风险。国内多家单位开展了数据传输技术研究，形成了准实时或实时数据传输潜标产品。

中国船舶重工集团公司(以下简称中船重工集团)710 研究所和国家海洋技术中心在实时传输潜标研发领域起步较早，率先在“十一五”期间承担了国家 863 课题“实时传输潜标”的研发任务，成功研发了可以连续弹射海面通信浮标的潜标观测系统。

在海洋公益性行业专项的支持下，国家海洋技术中心分别完成了基于抛弃式通信浮标的定时数据传输潜标和基于水下绞车的隐蔽式数据传输潜标的研制工作。其中，定时数据传输潜标可实时水下4 000 m 以深观测数据的定时回收；隐蔽式数据传输潜标以水下绞车牵引水面卫星通信浮标，可实现通信浮标的上浮和下沉，在实现数据传输的同时保障了潜标的隐蔽性，适于应用在恶劣海况或敏感海区。

中国科学院海洋研究所在“热带西太平洋海洋系统物质能量交换及其影响先导专项”的资助下，于 2015 年将潜标技术与浮标技术相结合，研制了基于水面通信浮标的实时传输潜标观测系统，实现了深海数据的“现场直播”。

2. 核心装备国产化

由于历史原因，国内海洋观测装备研发起步晚于国际海洋强国。近年来，随着海洋强国战略的实施，国家对海洋观测装备研发的投入力度不断加大，国内海洋潜标及相关技术装备发展迅猛。最先实现赶超的是海洋潜标集成技术，进而是与潜标相关的系缆、浮材、连接件等产品，目前差距较大的主要是核心观测装备、声学释放器及深海浮球等产品。

为保障核心装备自主可控，国内多家单位在温度、盐度、深度和海流测量传感器、声学释放器、浮力材料等方面进行了技术攻关，形成了一批国产装备并在实际观测中应用，逐步实现国产装备替代进口装备，有望于未来 5~10 年实现大部分核心装备国产化。其中，温盐深传感器(CTD)研制生产单位包括国家海洋技术中心、青岛道万科技有限公司等；海流传感器研制生产单位包括中科院声学所、中船重工集团715研究所、锦州航星海洋仪器装备有限公司等；声学释放器研制生产单位包括中科院声学所东海站、国家海洋技术中心、哈尔滨工程大学、青岛泰戈菲斯海洋装备股份公司等；海洋固体浮力材料研制生产单位包括青岛海洋化工研究院、国家海洋技术中心、中船重工集团710研究所等；深海玻璃浮球研制生产单位主要有国家海洋技术中心等。

3. 观测应用网络化

以中国海洋大学和中国科学院海洋研究所为代表的科研机构先后在南海和西太平洋建立起大洋潜标观测网络，推动潜标观测应用从单一测点向多点网络协同观测转变。

1)南海观测网简介

南海是我国建设海洋强国的核心海区，开展海洋动力环境长期连续组网观测是认知南海的必由之路。中国海洋大学潜标团队深耕南海10余年，组织航次26次，总航时900余天，布放自主研发的各类潜标400余套次，100%的回收成功率领先国际，构建了国际上规模最大的区域海洋观测系统——南海潜标观测网，形成了南海海洋环境长期连续观测能力。

2)西太观测网简介

2014年，中国科学院海洋研究所首次在西太平洋一次性成功布放15座大洋潜标，并于2015年一次性成功回收，获得了热带西太平洋代表性海域连续一年内的温度、盐度和洋流等数据，这是世界上首次在这一地区获取高质量、高时空分辨率的连续观测数据，标志着我国已初步自主建立起热带西太平洋科学研究的观测网络，奠定了我国在全世界对该海域观测研究的核心地位，同时也填补了国际上对该海域中深层环流大规模同步观测的空白。此后，每年均组织西太平洋综合考察航次，建成了由约20套深海潜标组成的我国西太平洋科学观测网并实现稳定运行，获取西太平洋代表性海域连续的温度、盐度和洋流等数据。以此为标志，我国的大洋科学观测网建设实现了批量化、标准化和常态化。

3.4.3 发展趋势与建议

尽管我国海洋监测潜标技术取得了长足的进步，但与世界先进海洋国家相比，在测量传感器技术、新型潜标研发、布放海区的深度和数量以及管理等方面还存在一定的差距。具体反映在以下几个方面。

1. 测量传感器技术

潜标搭载的仪器国产化程度不高，大部分测量仪器依赖进口。其中，主要测量设备如海流剖面仪(ADCP)、海流计、温盐深传感器等均处于科研样机阶段，技术上不够成熟，可靠性和技术指标均低于国外同类产品，不能满足海洋测量长期可靠运行的要求。

2. 声学应答释放器技术

国外声学应答释放器技术已经比较成熟，定型产品的技术指标能够满足全球海洋调查的要求。我国自主研制的释放器使用深度、水下工作时间、应答释放作业距离等均低于国外产品，并且品种单一，同时由于国内工业基础水平、技术、制造工艺等方面的原因，在可靠性上与国外尚有差距。

3. 水下声通信技术

无论是潜标数据实时传输还是水下组网都需要进行数据通信，目前声信号是唯一可在水下进行远距离传输的通信方式，而我国在声通信技术方面还不具备生产成熟产品的能力，所需产品主要依赖进口。

4. 新型海洋潜标技术

目前，国内虽已针对剖面测量、易布放的新型海洋潜标系统开展了一些开发工作，但基本处于原理样机阶段，不能达到实际应用的要求，还需要在后续研究和技术成熟度方面加大投入。

5. 布放回收技术

潜标系统的安全布放回收技术是发展潜标系统的关键技术之一。该项技术包括性能优良的布放回收船和设备，合理的布放回收操作规程，以实现缩短作业时间、减轻作业人员劳动强度、保障布放回收中设备和人员的安全性和加大作业海况范围的目的，而国内目前尚无布放回收潜标系统的专用船只和设备，也缺乏经验丰富的专业队伍。

6. 管理方面

目前，在潜标系统的研制生产、使用上，各调查研究单位各自为政，缺乏规范化、标准化以及协调管理和数据共享机制。没有统一规划测量站位，造成资料收集不均、投入重复浪费等情况。

3.5 海床基观测

海床基观测系统(以下简称海床基系统)是以布放在海底的坐底式平台为依托，集成多种海洋环境监测设备或传感器，获取多类海洋环境要素的监测系统。它可对海洋环境进行定点、长期、连续、隐蔽的多要素监测，在海洋环境监测中广泛应用。尤其在对近底过程的原位观测中，海床基观测系统能够保持持续、稳定的观测位置，相对于其他类型的观测平台，具有较强的优势。

3.5.1 国外发展现状

作为海底观测平台的主要形式，海床基系统技术已受到各海洋国家的重视，经过几十年的发展，海床基系统技术已比较成熟并不断深化，国外的海洋仪器公司和科研机构推出了各具特色的海床基平台产品。一些小型化的海床基系统，其平台结构相对简单，尺寸、重量都较小，具有操作较为灵活、易于进行海上布放、回收作业的特点。例如，MIS 公司的 MTRBM 和 Oceanscience 公司的“海蜘蛛”海床基系统，可搭载少量仪器，重量仅为几十千克，海上作业较为便利(图 3.23)。“海蜘蛛”采用开放式框架结构，能够保障平台内外的水交换较为充分，对系统周围流场的影响较小，同时受到的海流推力也会较小。MTRBM 采用封闭的防拖网结构则有助于保障系统安全。

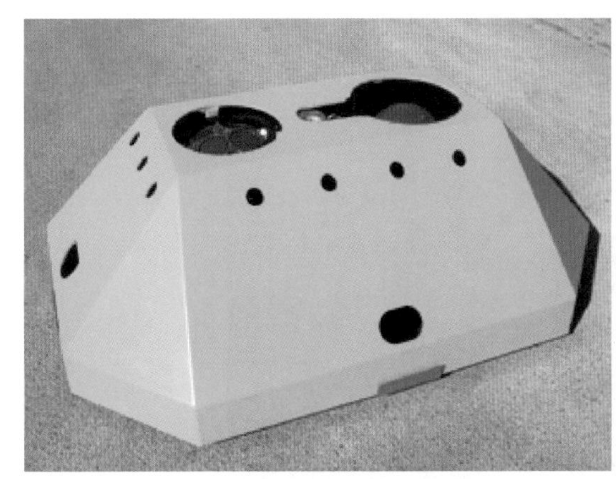

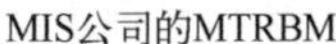

MIS公司的MTRBM

Oceanscience公司的“海蜘蛛”

图 3.23　小型化的海床基系统

为了提高在近岸、浅海的海底工作过程中仪器设备的安全性和观测数据的质量，许多海床基系统都采用了防拖网设计，防止浅海渔业拖网作业对海床基系统造成破坏(移位、倾翻甚至带出水面)。此类海床基平台多为棱台设计和曲面设计。基于棱台设计理念的防拖网罩便于加工生产，美国伍兹霍尔海洋研究所和美国国家海洋和大气管理局研制的防拖网海床基、Flotec 公司、MSI 公司以及 Approtekmooring 等公司生产的防拖网海床基底座以多边形结构为主。基于曲面设计理念的防拖网罩具有低轮廓、对局部流场影响小的特点，代表性海床基有意大利 ProtecoSub 生产的 Barny Sentinel、NAVOCEANO 生产的 LTRBM 和美国 Oceanscience 生产的 Barnacle 海床基(图 3.24)。有些防拖网海床基还进行了异型浮体的设计，可进一步增加海床基表面的流线性，加强防拖网能力，如美国 Flotec 公司设计的 AL200-RATRBM 海床基(图 3.25)。

图 3.24　美国 Oceanscience 生产的 Barnacle 海床基

图 3.25　美国 Flotec 公司设计的 AL200-RATRBM 海床基

深海型海床基搭载传感器较多，材料坚固、可抗高压。由于布放深度较大，通常不需要防拖网功能。如 INGV 设计的大型海床基系统 GEOSTAR（图 3.26）重量以吨计，能够搭载众多传感器，最大布放深度达 4 000 m，平台尺寸长 3.5 m、宽 3.5 m、高 3.3 m，空气中重 2.5 t、水中重 1.4 t。

图 3.26　大型海床基系统 GEOSTAR

在实际应用中，面向不同的观测需求，海床基系统的结构形式、传感器和系统设备的配置也是多种多样的。近年来，为了使海床基系统更好地适应强调观测数据时效性的应用场合，以及海底观测网络建设的需求，在很多研发工作中都增强了海床基系统数据传输能力的研究，借助光缆、电缆、水声通信等技术手段来实现海底观测数据的实时或准实时传输。如日本的 DONET 系统，通过海底光缆、电缆将多个海底观测设备连接起来并与岸站连接，就在一定区域内构建成海底观测网络；德国赫尔姆霍茨海洋研究中心研发的模块化多学科海底观测系统 Molab（图 3.27），其核心是集成在锚系设备上的通信模块，它与观测区域内的多个海床基系统通过水声通信设备进行沟通，以此实现对多个海底观测点的具有相关性的观测数据进行同步记录。

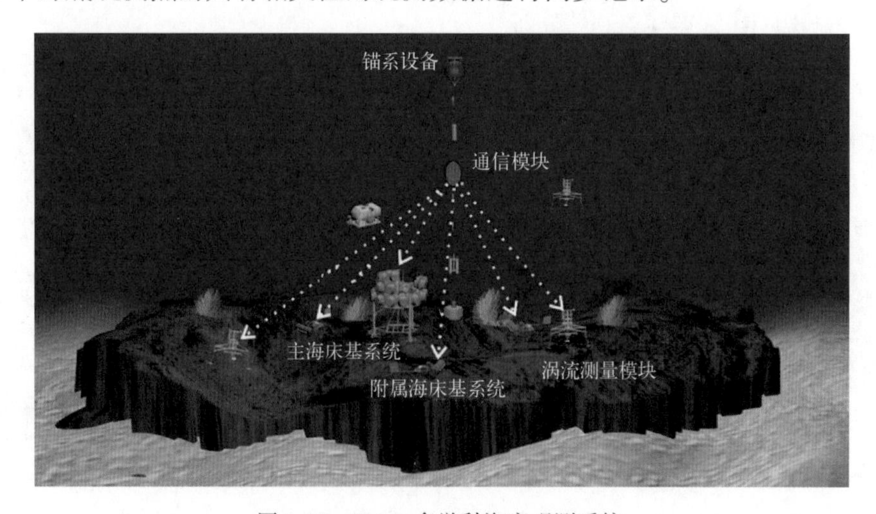

图 3.27　Molab 多学科海底观测系统

3.5.2 国内发展现状

随着我国在海洋资源开发、海洋防灾减灾、海洋科学研究等领域开展越来越多的工作，作为一种重要的海洋环境观测手段，海床基观测技术得到了越来越多的应用，其技术水平也在不断提高。从自容式海床基系统到具有数据实时传输功能的海床基多要素综合自动监测系统，在技术可靠性、水下长期工作能力、数据传输、系统布放回收等技术上取得了很大进展。但主要还是应用于近岸、浅海海域的观测工作，在深远海海底环境长期连续观测方面开展的工作还不够多。

国家海洋技术中心较早开展海床基监测系统(图 3. 28)的研制，自容式和采用水声通信将水下数据实时传输至水面浮标的实时传输式海床基系统技术较为成熟，近几年开发了适于视频等大数据量传输的有缆式实时传输海床基系统；在平台结构设计上针对防拖网、泥沙淤积、海水腐蚀、海生物附着等问题采取了有效措施；此外，开发了满足噪声、电磁监测要求的非金属海床基平台，已形成系列化产品。

图 3. 28　国家海洋技术中心研制的海床基监测系统

自然资源部第一海洋研究所、第二海洋研究所，中国科学院海洋研究所研制的自容式近海防拖网监测平台在海上多次试验和应用，获取了大量、长期和多点的同步水文观测资料，也证明能够有效减少渔网的破坏。国家海洋环境监测中心针对黏土、砂土、淤泥质等不同底质海域、泥沙淤积严重海域以及使用者不同的布放回收条件进行了海床基系列化研制并成功地进行了业务化应用。中国海洋大学研制了有缆传输式海洋生态监视监测海床基系统，并在南沙海域应用。图 3. 29 为国家海洋环境监测中心研制的海床基系统。

在深海海床基系统研发和应用方面，中国海洋大学研制了自容式深海海底边界层原位监测装置(见图 3. 30)，最大工作水深 4 000 m，可集成一系列原位环境监测传感器，包括监测甲烷、二氧化碳、溶解氧、pH 的化学传感器和监测温度、压力、浊度等的物理传感器，以及测量流速的 ADCP 和测量湍流的 ADV，具备对近海海底边界层多环境参数的原位、定点、连续和同步观测能力。中国科学院海洋研究所研制了大洋成矿环境原位监测装置(见图 3. 31)，针对由海底热液活动引起的喷口上方的热柱-热扩散流异常，研究在线式物理与化学传感器的集成技术，主要集成了pH、溶解氧、盐度、浊度等传感器；还研制了深海海底理化环境长期观测系统，融合二氧化碳传感器、甲烷传感器、温盐深剖面仪、溶解氧传感器、小阔龙声学多普勒流速仪、多光谱探测系统、深海激光诱导击穿光谱探测系统、声学多普勒海流剖面仪及水下高清摄像机多个传感器，获取了冷泉海底 373 天的近海底理化环境参数数据以及视频照片数据。

图 3. 29　国家海洋环境监测中心研制的海床基系统

图 3. 30　中国海洋大学研制的自容式深海海底边界层原位监测装置

图 3.31　中国科学院海洋研究所研制的大洋成矿环境原位监测装置

3.5.3 发展趋势与建议

近几年我国海床基系统技术发展较快，但与国际先进水平相比仍有差距。海床基平台的设计需考虑平台实现的功能、适用海域的环境特点、安全保障、布放回收、成本和安装等诸多方面。研究适应于不同海域环境和作业条件的海床基系统，加强平台供电和实时通信保障功能，拓展平台监测功能，提高平台应用的稳定性和可靠性，是我国海床基系统设计和应用的发展方向。

参考文献

蔡佳佳，曾玉明，周浩，等，2019. 基于人工神经网络的高频雷达风速反演．海洋学报，41(11)：150-155.

陈建冬，张达，王潇，等，2019. 海底观测网发展现状及趋势研究．海洋技术学报，38(6)：95-103.

国家海洋信息中心，2019-12-02. 我国研制便携式测波雷达成为海浪观测新帮手．http：//www.nmdis.org.cn/c/2019-12-02/69904.shtml.

黄奇华，吴雄斌，岳显昌，等，2019. 基于 BP 神经网络的高频地波雷达海流空间插值．海洋学报，41(5)：138-145.

李慧青，叶颖，李燕，等，2015. 国外业务化海洋观测与预报进展及对我国的启示．海洋开发与管理，32(2)：21-24.

李卫丁，姚建波，徐灵燕，2016. 基于 OS071X 测波雷达的波浪探测分析．海洋开发与管理，33(3)：69-71.

李程，李欢，王慧，等，2017. 1509 号台风灿鸿期间“朱家尖-嵊山”高频地波雷达数据分析．海洋学研究，(1)：41-46.

李苗，2019. 分布式高频天地波雷达海洋表面流反演算法研究．武汉：武汉大学．

刘宁波，董云龙，王国庆，等，2019. X 波段雷达对海探测试验与数据获取．雷达学报，(5)：656-667.

罗续业，2015. 海洋技术进展 2014. 北京：海洋出版社 .

马昕，陈周，王青颜，2018. 三亚海棠湾 X 波段雷达海浪比测试验研究 . 海洋预报，35(6)：34-39.

马玉菲，陈忠彪，张彪，等，2018. 降雨条件下的导航 X 波段雷达海浪参数反演算法研究 . 海洋科学，42(7)：10-17.

侍茂崇等，2008. 海洋调查方法导论 . 青岛：中国海洋大学出版社 .

宋萌瑞，2017. 基于智能学习的 X 波段海浪信息参数反演算法 . 成都：电子科技大学 .

魏国妹，商少平，贺志刚，等，2016. OSMAR-S100 便携式高频地波雷达海浪和海面风探测性能分析 . 海洋与湖沼，47(1)：52-60.

文必洋，李艳，侯义东，等，2017. 超高频雷达系统海面风向反演试验研究 . 华中科技大学学报(自然科学版)，(4)：102-106.

翁怡婵，石少华，程祥圣，等，2017. "灿鸿"台风期间高频地波雷达数据分析 . 海洋科学进展，(4)：495-502.

肖江洪，陈泽宗，赵晨，等，2017. 基于数据同化的高频地波雷达海流数据质量分析方法 . 武汉大学学报(理学版)，(3)：213-218.

徐全军，魏国妹，商少平，等，2016. 阵列式高频地波雷达矢量流长周期适用性比测试验数据分析 . 海洋技术，35(1)：23-29.

徐全军，吴雄斌，周恒，等，2017. OSMAR071G 地波雷达对"莫兰蒂"台风风眼的观测 . 海洋技术，36(5)：99-103.

殷曙光，2019. WaMoS Ⅱ 测波雷达系统有效波高反演的精确度检验和误差分析 . 厦门：自然资源部第三海洋研究所 .

殷曙光，吴维登，靖春生，2019. 船载 X 波段测波雷达有效波高的误差分析 . 应用海洋学学报，38(2)：182-190.

王波，李民，刘世萱，等，2014. 海洋资料浮标观测技术应用现状及发展趋势 . 仪器仪表学报，35(11)：2401-2414.

王祎，李彦，高艳波，2016. 我国业务化海洋观测仪器发展探讨——浅析中美海洋站仪器的差异、趋势及对策 . 海洋学研究，34(3)：69-75.

武汉大学无线电海洋遥感实验室，2018. "Remote Sensing" 刊登小型圆形阵变频高频地波雷达研究成果 . https：//new. qq. com/omn/20180207/20180207G0PFV1. html.

郑世浩，宁浩，梁广建，等，2019. OSMAR-S 型高频地波雷达在南海北部遥测海表面流的数据检验 . 海洋技术，38(3)：1-6.

中国 21 世纪议程管理中心，国家海洋技术中心，2010. 海洋高技术进展 2009. 北京：海洋出版社 .

朱光文，1997. 海洋监测技术的国内外现状及发展趋势 . 气象水文海洋仪器，2：1-14.

朱丽萍，张川，程绍华，2016. Morse-3 型 S 波段测波雷达比对试验结果分析 . 海洋技术学报，35(1)：30-35.

AL-ANI M，CHRISTMAS J，BELMONT M R，et al.，2019. Deterministic Sea Waves Prediction Using Mixed Space-Time Wave Radar Data. Journal of Atmospheric and Oceanic Technology，36：833-842.

AL-ANI M，BELMONT M R，CHRISTMAS J，2020. Sea trial on deterministic sea waves prediction using wave-profiling radar. Ocean Engineering，207，10. 1016/j. oceaneng. 2020. 107297.

ATKINSON J，ESTEVES L，WILLIAMS J，et al.，2018. The Application of X-Band Radar for Characterization of Nearshore Dynamics on a Mixed Sand and Gravel Beach. Journal of Coastal Research，85：281-285.

CHEN X W，HUANG W M，ZHAO C，2020. Rain Detection From X-Band Marine Radar Images：A Support Vector Machine-Based Approach. IEEE Transactions on Geoscience and Remote Sensing，58，10. 1109/TGRS. 2019. 2953143.

CHEN X W，HUANG W M，2020. Texture Features and Unsupervised Learning-Incorporated Rain-Contaminated Region Identification from X-Band Marine Radar Images. Marine Technology Society Journal, 54: 59-67.

CHEN X W, HUANG W M, 2020. Identification of Rain and Low-Backscatter Regions in X-Band Marine Radar Images: An Unsupervised Approach. IEEE Transactions on Geoscience and Remote Sensing, 10. 1109/TGRS. 2019. 2961807.

CHEN Z, CHEN Z Z, CHAO H, 2018. Validation of Sensing Ocean Surface Currents Using Multi-Frequency HF Radar Based on a Circular Receiving Array. Remote Sensing, 10(2): 184.

CHEN Z Z, WANG Z H, CHEN X, et al., 2017. S-Band Doppler Wave Radar System. Remote Sensing, 9(12): 1302.

CHEN Z Z, 2019. Observation and Intercomparison of Wave Motion and Wave Measurement Using Shore-Based Coherent Microwave Radar and HF Radar. IEEE Transactions on Geoscience and Remote Sensing, 57(99): 7594-7605.

CHENG H Y, CHIEN H, 2017. Implementation of S-band marine radar for surface wave measurement under precipitation. Remote Sensing of Environment, 188: 85-94.

COSOLI S, GRCIC B, DEVOS S, et al., 2018. Improving data quality for the Australian high frequency ocean radar network through real-time and delayed-mode quality-control procedures. Remote Sensing, 10: 1476.

COSOLI S, GRCIC B, 2019. Quality Control Procedures for IMOS Ocean Radar Manual Version 2. 1. Hobart, TAS: Integrated Marine Observing System.

HUANG W M, WU X B, BJöRN L, et al., 2017. Advances in Coastal HF and Microwave (S- or X-Band) Radars. International Journal of Antennas and Propagation. 1-2.

JENA B, ARUNRAJ K, SUSEENTHARAN V, et al., 2019. Indian coastal ocean radar network, Current Science, 116(3): 372-378.

LI M, WU X, ZHANG L, et al., 2017. A new algorithm for surface currents inversion with high-frequency over-the-horizon radar. IEEE Geoscience and Remote Sensing Letters, 14(8): 1303-1307.

LI M, ZHANG L, WU X, et al., 2018. Ocean surface current extraction scheme with high-frequency distributed hybrid sky-surface wave radar system. IEEE Transactions on Geoscience and Remote Sensing, 56(8): 4678-4690.

LUDENO, GIOVANNI & SERAFINO, FRANCESCO, 2019. Estimation of the Significant Wave Height from Marine Radar Images without External Reference. Journal of Marine Science and Engineering, 7: 432, 10. 3390/jmse7120432.

LUDENO, GIOVANNI & UTTIERI, MARCO, 2020. Editorial for Special Issue"Radar Technology for Coastal Areas and Open Sea Monitoring". Journal of Marine Science and Engineering, 8: 560, 10. 3390/jmse8080560.

NAVARRO W, 2019. A Shadowing Mitigation Approach for Sea State Parameters Estimation Using X-Band Remotely Sensing Radar Data in Coastal Areas. IEEE Transactions on Geoscience and Remote Sensing, 57(9): 6292-6310.

NOAA, 2010. A National Operational Wave Observation Plan, [2021-01-12]. http://ioos.gov/library/wave_plan_final_03122009.pdf.

PARK J, 2020. Estimation of Significant Wave Heights from X-Band Radar Using Artificial Neural Network. Journal of Korean Society of Coastal and Ocean Engineers, 32: 561-568.

ROARTY H, COOK T, HAZARD L, et al., 2019. The Global High Frequency Radar Network. Frontiers in Marine Science, 6, 10. 3389/fmars. 2019. 00164.

ROARTY H, 2019. Global High Frequency Radar Network. 10th Session JCOMM Observations Coordination Group (OCG) Apr 2019, Jakarta, Indonesia.

SIMONA S, ALKIVIADIS K, ENRICO Z, et al., 2019. A year-long assessment of wave measurements retrieved from an HF radar network in the Gulf of Naples (Tyrrhenian Sea, Western Mediterranean Sea). Journal of Operational Oceanography, 12 (1): 1-15.

U. S. Integrated Ocean Observing System [IOOS], 2015. A Plan to Meet the Nation's Needs for Surface Current Mapping.

U. S. Integrated Ocean Observing System [IOOS], 2016. Manual for Real-Time Quality Control of High Frequency Radar Surface Currents Data: A Guide to Quality Control and Quality Assurance of High Frequency Radar Surface Current Observations.

WANG M M, KEVIN B, RICHARD D, et al., 2018. Data Quality Control for HF Radar Systems along the West Coast of Canada. The 4th Ocean Radar Conference for Asia-Pacific, June 2-4, 2018, Okinawa, Japan.

Water Level and Wave Height Estimates at NOAA Tide Stations from Acousticand Microwave Sensors, 2014. NOAA Technical Report NOS CO-OPS 075. [2021- 01-12]. https://tidesandcurrents.noaa.gov/publications/NOAA_Tech_075_Microwave_Water_Level_2014_Final.pdf.

WYATT L R, 2018. Wave and tidal power measurement using HF radar. Marine Energy Journal, 1(2): 123-127.

WYATT L R, 2018. A comparison of scatter meter and HF radar wind direction measurements. Journal of Operational Oceanography, 11: 54-63.

第4章 海洋环境移动观测技术

海洋环境移动观测技术主要是指利用水面上或水下的移动观测平台，包括自治式水下潜器、无人遥控潜器、无人水面艇、剖面浮标和载人潜水器等，对海洋动力要素、声学要素、气象、地质、海洋生物等现场观测的技术。移动观测技术克服了定点观测技术只能在固定位置作业的缺陷，能够覆盖更大的区域，具有更高的灵活性，大大拓展了人类进行海洋观测的疆界，已经成为深远海区域开发过程中的核心技术。近些年来，随着海洋观测领域的不断发展，海洋环境移动观测技术在各海洋强国受到高度重视，发展迅猛。

4.1 自治式水下潜器

自治式水下潜器(Autonomous Underwater Vehicle，AUV)又称为无人无缆水下机器人，依靠自身携带能源和自治能力完成海洋观测和调查任务。AUV具有活动范围大、无脐带缆限制、无水面支持、系统灵活、占用甲板小、运行和维修方便等优点。由于其无可替代的作业优势，AUV的发展一直为世界各海洋强国所关注，并发展迅速。

AUV的研制始于20世纪50年代，在20世纪90年代末广泛运用于民用领域。1994年，美军首次发布了无人潜航器(Unmanned Underwater Vhicle，UUV)项目计划，系统阐述了军方需求，并在2000年及2004年，先后两次发布了UUV主计划。2007年，美军将海、陆、空多维空间的无人系统进行整合，发布了《无人系统发展路线图》，之后每两年进行一次更新。此外，对美军AUV发展影响较大的包括2011年《水下战纲要》、2016年《自主水下潜器需求》、2017年《下一代无人水下系统》等。这些文件不仅是AUV发展的“风向标”，同时也规定了AUV的相关定义、规范、军用标准等。美国海军根据作战使命和排水量将AUV分为便携式、轻型、中型和大型4个级别。在2016年，美军向国会提交的《2025年AUV需求报告》中，统一按AUV的直径进行划分。

4.1.1 国外发展现状

20世纪80年代末，随着人工智能技术、微电子技术、控制硬件和计算机技术等方面的进步，智能水下机器人技术得到了迅猛发展，美国、英国、日本、加拿大、俄罗斯等国家均致力于水下机器人技术和产品研发，并逐渐形成系列化 AUV 产品。

中大型 AUV 的典型型号有挪威的 Hugin 3000，英国的 Autosub 6000，以及美国的 Remus 6000 和 Bluefin-21（图 4.1），其性能参数见表 4.1。该类型 AUV 质量较大（一般为吨级），下潜深度大，布放及回收均需要专用设备及大型船舶支持。4 种典型 AUV 中，Hugin 3000 质量最大，达到 2.4 t，采用铝氧半燃料电池，装备有辅助惯导系统、避障声呐、高精度水声定位系统及侧扫声呐，可用于海底管线调查、环境监视及海洋渔业开发；Autosub 6000 最大下潜 6 000 m，最大航程 1 000 km，2008 年搭载测深仪完成了第一次科学任务的下潜。Remus 6000 和 Bluefin-21 两型 AUV 质量相对较小，为 700 千克级，Bluefin-21 已在美国海军进行列装。

Hugin 3000

Autosub 6000

Remus 6000

Bluefin-21

图 4.1　4 种典型的中大型 AUV

表 4.1　典型中大型 AUV 性能参数

名称	Hugin 3000	Autosub 6000	Remus 6000	Bluefin-21
机体质量	2 400 kg	1 500 kg	862 kg	750 kg
最大潜深	3 000 m	6 000 m	6 000 m	1 500 m

续表

名称	Hugin 3000	Autosub 6000	Remus 6000	Bluefin-21
最大航速	4 kn	3 kn	5 kn	4.5 kn
最大续航	350 km	1 000 km	22 h	25 h
所属国	挪威	英国	美国	美国

轻型 AUV 较为典型的代表有 Odyssey、Caribou、Remus 600 及 Bluefin-12D(图 4.2)，4 种轻型 AUV 的性能参数见表 4.2。Odyssey AUV 由美国海军研究实验室(United States Naval Research Laboratory，NRL)资助，由麻省理工学院(Massachusetts Institute of Technology，MIT)研制，于 1996 年完成下水试验，其外部线型壳体具有很高的水动力性能，航行效率较高，搭载海流剖面仪(Acoustic Doppler Current Profiler，ADCP)、温盐深传感器(CTD)及侧扫声呐等多种传感器，是 4 种轻型 AUV 中质量最小的，主要用于科学考察及工程试验。Caribou AUV 也是由 MIT 研发，美国金枪鱼机器人公司生产销售，具有较强的航向及深度保持能力，装备有侧扫声呐及浅层剖面仪等传感器，在声学测量领域有广泛的应用，是 Odyssey AUV 后续发展型号。Remus 600 AUV 的模块化设计可

Odyssey AUV

Caribou AUV

Remus 600 AUV

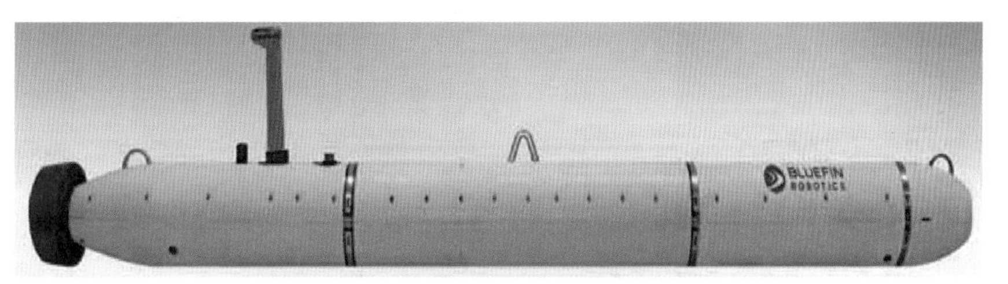

Bluefin-12D AUV

图 4.2　4 种典型的轻型 AUV

满足多种用户需求，其独有的低功耗设计可完成多任务的要求，搭载侧扫声呐、CTD、ADCP、定位及通信元件。Bluefin-12D AUV 又称战场准备自航行器，主要用于军事应用，装有多种传感器，包括惯导系统、侧扫声呐、合成孔径声呐和多波束测深仪，可进行水下定位导航、水中爆炸物探测、水雷探测及海底探察等，下潜深度大、航速高，同时其搭载能力及能量供给充足。

表 4.2　典型轻型 AUV 性能参数

名称	Odyssey	Caribou	Remus 600	Bluefin-12D
机体质量	115 kg	400 kg	240 kg	260 kg
最大潜深	6 000 m	4 500 m	600 m	1 500 m
最大航速	3 kn	4 kn	5 kn	5 kn
最大续航	24 h	20 h	70 h	30 h
研发国家	美国	美国	美国	美国

便携式 AUV 较为典型的代表有 Ecomapper AUV、Remus100 AUV、Gavia AUV 以及 Bluefin-9 AUV(图 4.3)等，4 种 AUV 的性能参数见表 4.3。Ecomapper AUV 是由 YSI 公司研制的，其体积小、质量轻、可单人布放及回收，搭载侧扫声呐、水质检测、高度计、电子罗盘、卫星定位及通信等设备，可实现水质检测、流速测量及海岸测绘等功能，最大续航 10 h，同时可实现 3 h 的快速充电，已在多个国家列装此种 AUV 产品。Remus100 AUV 是由美国伍兹霍尔海洋研究所(Woods Hole Oceanographic Institution，WHOI)设计用于浅海域的小型 AUV，最大潜深 100 m，空气中质量为 37 kg，同样适合于单人操作，搭载 ADCP、LBL、侧扫声呐、高度计、电子罗盘及 CTD 等传感器，可用于水质监测、鱼群追踪及科考使用，用户可根据自己需要添加合适的传感器，同时 Remus100 AUV 是唯一被美国海军舰艇部队选择作为反雷测量设备的便携性 AUV。Gavia AUV 原由冰岛 Hafmynd ehf 公司研发，现在隶属于美国 Teledyne 公司(Teledyne Technologies Incorporated)，主要包括由近岸检测、科学和防务三款基于基本型扩展而来的 AUV，由控制模块、推进模块、电源模块及头部组成。Gavia 最大的特点就是完全功能模块化的设计，用户可根据需要在基本型的基础

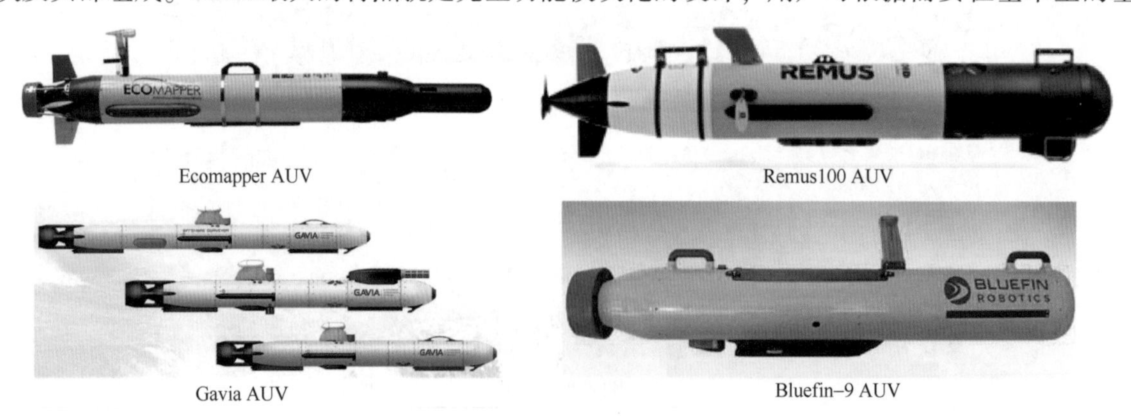

图 4.3　4 种典型的便携式 AUV

上任意组合各功能密封舱段。Gavia 系列 AUV 和 Remus 系列 AUV 作为小型 AUV 的典型代表均取得了较好的商业化运用。Bluefin-9 AUV 是美国金枪鱼机器人公司开发的一种典型的小型 AUV，但是体积和重量稍大，需要两个人布放，搭载了全球定位系统(GPS)、DVL、CT 及电子罗盘等设备，同时其搭载侧扫声呐和摄像头可实现地形测绘及图像传输，广泛用于海岸测绘及港口巡逻。

表 4.3　典型便携式 AUV 性能参数

名称	Ecomapper	Remus100	Gavia	Bluefin-9
机体质量	20.4 kg	37 kg	49 kg	60.5 kg
最大潜深	55 m	100 m	1 000 m	200 m
最大航速	4 kn	5 kn	5.5 kn	5 kn
最大续航	10 h	22 h	6 h	12 h
研发国家	美国	美国	冰岛	美国

除了上述典型 AUV 类型，还发展出了长航程 AUV(表 4.4)。比较具有代表性的有英国南安普顿海洋研究中心(National Oceanography Centre, Southampton, NOCS)于 1996 年研发的 Autosub LR、MontereyBay Aquarium Research Institute 开发的 Tethys AUV 及 NRL 研制的太阳能自主潜航器(SAUV)(见图 4.4)。Autosub LR 机体空气中质量 650 kg，最大潜深 6 000 m，搭载能力为 10 kg，负载能源 68 MJ，其独有低功耗设计，系统功耗仅为 0.6 W，在低速 0.2 m/s 的航速下最大续航 6 个月，航程可达 6 000 km。Tethys AUV 采用低速设计，低速时的高效航行是其高续航力的保证，航速介于 0.5~0.7 m/s 可达到最大航程。Tethys AUV 内设多种航行模式，可以按传统意义的 AUV 航行，也可像 Glider 一样低速航行，也可像浮标一样依靠浮力驱动，其空气中质量105 kg，最大续航时间为 1 个月，最远航行距离 3 000 km。SAUV 是一种利用太阳能进行能源供给、具有高续航力和观测能力的新型 AUV，其外形设计不同于传统结构的 AUV，SAUV 更像一艘水面无人船，可水面漂浮运动也可水下航行，下潜深度最大为 500 m，最大航速 3 kn，搭载水深、高度、速度、姿态以及各种动力参数传感器，现已发展到第二代型号。

表 4.4　典型长航程 AUV 性能参数

名称	Autosub LR	Tethys AUV	SAUV
排水量	650 kg	105 kg	—
最大潜深	6 000 m	100 m	500 m
最大航速	4 kn	5 kn	3 kn
最大续航	6 000 km(6 个月)	3 000 km(1 个月)	6 h
研发国家	英国	美国	冰岛

4.1.2　国内发展现状

20 世纪 70 年代末，我国开始进行水下机器人的相关研究工作。经过 40 余年的科研攻关，在

Autosub LR

Tethys AUV

SAUV

图 4.4 典型长航程 AUV

水下机器人各个领域均有所突破，多项技术达到国际先进水平。哈尔滨工程大学、天津大学、中国科学院沈阳自动化研究所、浙江大学、上海交通大学、中船重工集团下属研究所以及国家海洋技术中心等研究单位在 AUV 技术方面开展了大量研究。

4.1.2.1 深海 AUV 的国内进展

由于深海 AUV 在深水中作业需要承受高水压，且深海的水下地形、水文环境等非常复杂，许多关键技术需要突破，因此其成为该领域的发展热点。我国承担深海 AUV 研制工作的单位主要有中科院沈阳自动化研究所、哈尔滨工程大学、中船重工集团 710 研究所等。“潜龙二号”深海 AUV (见图 4.5)由沈阳自动化研究所研制，具有热液异常探测、微地形地貌测量和海底照相等功能，主要应用于多金属硫化物等深海矿产资源勘探作业。“海神 6000” AUV(见图 4.5)是中船重工集团 710 研究所研制的深远海搜救型 AUV，是首个用于深远海搜救的 AUV，主要参数有：最大工作深度6 000 m，直径 880 mm，长度 7.5 m，最大航速 5 kn，最大续航力 24 h，根据任务需要搭载了超短基线(USBL)、飞机黑匣子搜索声呐阵、深海测深侧扫声呐、水下相机、CTD、深海声通机、前视声呐等多个探测设备。

“潜龙二号”AUV

“海神6000”AUV

图 4.5　国产深海 AUV

4.1.2.2　长航程 AUV 的国内进展

近年来，我国也开始研制长航程 AUV，并在该方向取得一定进展。以中国科学院沈阳自动化研究所的“海鲸 2000”AUV(图 4.6)为例，“海鲸 2000” AUV 总重量不大于 300 kg，最大工作深度可达 2 000 m，航速约 4 kn，最大续航里程 2 000 km，可搭载温盐深仪、多普勒测速仪、侧扫声呐系统及其他海洋观(监)测传感器，集成 INS、GPS、DVL 等多种导航模块，具备卫星、UHF、WIFI 等多种通信模式，可实现主动碰撞避免。2019 年 9—10 月，“海鲸 2000”AUV 试验样机在南海海域开展海上试验，航行模式采用低功耗巡航观测模式，每 6~8 h 上浮水面，成功通过卫星与岸站进行定位、更新使命和回收数据。“海鲸 2000”AUV 连续航行 37 天，航程突破 2 000 km，最大工作深度达到 1 500 m，最大航行速度超过 1 m/s。“海鲸 2000”AUV 顺利完成了长续航力试验验证，创造了我国自主 AUV 产品连续航行的最高纪录。

图 4.6　“海鲸 2000”AUV

4.1.2.3　水下滑翔机的国内进展

水下滑翔机是一型特种的 AUV，其通过调整自身浮力提供驱动力，并依靠水平翼的升力将垂直运动转换为水平运动，同时通过内置姿态控制装置和航向控制装置控制其姿态角和航向角，实现连续可控的滑翔运动。中科院沈阳自动化研究所、天津大学、国家海洋技术中心、哈尔滨工程大学等国内科研院所开展了水下滑翔机的研制工作，其中中科院沈阳自动化研究所的“海翼”水下滑翔机和天津大学的“海燕”水下滑翔机(图 4.7)较为成熟。2014 年至今，“海翼”水下滑翔机的累计航程已超过 80 000 多海里。2017 年 3 月 6 日，“海翼”水下滑翔机在马里亚纳海沟挑战者深渊，完成大深度下潜观测任务并安全回收，最大下潜深度达到 6 329 m。2017 年 8 月 8 日，以天津大学研制的“海燕”水下滑翔机为代表的 30 多台套新型海洋设备，在距离海岸线 300 多千米的南海北部，开展了世界上持续时间最长、投放设备类型最多、覆盖海域最广的针对海洋“中尺度涡”的海洋立体综合观测网的构建任务。2020 年 7 月 17 日，“海燕-X”水下滑翔机最大下潜深度达 10 619 m。

“海翼”水下滑翔机

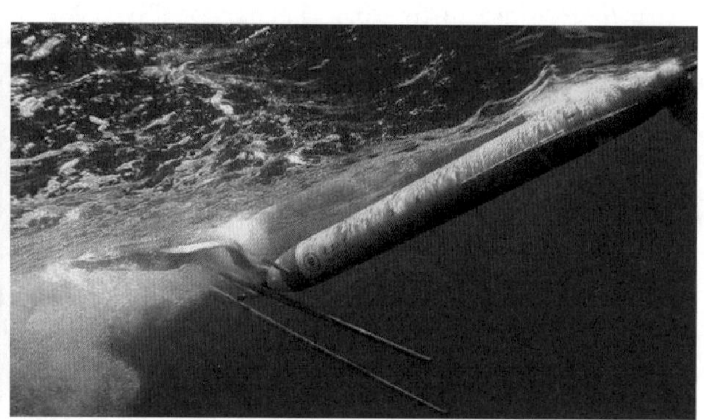
“海燕”水下滑翔机

图 4.7　国产水下滑翔机

4.1.2.4　ARV 的国内进展

自主遥控水下机器人(Autonomous Remotely Vehicle，ARV)是结合 AUV 和无人遥控潜水器的技术优点开发的一种新型自治式水下潜器，具有活动范围大、自主性强等特点。中科院沈阳自动化研究所研发的“海斗”ARV(见图 4.8)是国内最具代表性的 ARV 型号，“海斗”ARV 是我国首台下潜深度超过万米并进行科考应用的无人自主潜水器，创造了国内无人潜水器的最大下潜及作业深度纪录，使我国成为继日本、美国之后第三个拥有研制万米级无人潜水器能力的国家。“海斗”ARV 于 2016 年 6 月 22 日至 8 月 12 日参与“探索一号”船马里亚纳海沟科考航次，下潜深度突破万米并成功进行探测作业，获得了 2 条 9 千米级(9 827 m 和 9 740 m)和 2 条万米级(10 310 m 和 10 767 m)水柱的温盐深数据。

图 4.8 “海斗”ARV

4.1.3 发展趋势与建议

国外 AUV 技术在 20 世纪末就已经相当成熟，我国仅用国外一半的时间就追赶上当前国际先进水平，在水下机器人的诸多领域取得了瞩目的成果。但我国 AUV 的发展一直处于模仿阶段，在诸如极限深潜、探测装备等领域都存在较多的不足。要实现该领域的跨越式发展，必须在紧随国际技术发展的同时，着力提高在此领域的创新能力。针对当前我国 AUV 的发展趋势和发展现状，结合未来海洋科学研究、军事应用、海洋资源开发等方面的应用需求，AUV 必将在实用性、模块化、智能化以及经济性等方面加大研发力度，具体表现在以下方面。

(1)向全海深、长航程、长作业时间方向发展。伴随我国制造业和材料技术的不断突破，在耐压壳体制造和高效电池技术等技术发展带动下，AUV 将具备更大的作业潜深、更长的作业时间和更远的续航里程。

(2)模块化方向发展。AUV 研制是为了更好地为实际应用需求服务，在应用日趋多样化的今天，发展模块化的 AUV，通过快速更换功能模块可使其应用于不同的海洋环境。

(3)智能化发展。随着计算机技术、导航定位技术、通信技术等方面的快速发展，AUV 将具备更快的处理速度、更高效的控制方法、更稳定的环境适应性和更复杂的作业能力。因此，AUV 的智能化必将成为未来的发展趋势。

(4)经济性方向发展。为了满足不同领域的需求，AUV 的广泛应用必然需要考虑经济因素，同时伴随技术的日趋完善也为降低开发成本和制造成本提供条件。

(5)新概念 AUV。新技术和新原理不断发展，新技术必将在 AUV 的发展中有所体现，为拓展 AUV 的工作性能和应用前景提供新的方向。

4.2 无人遥控潜水器

无人遥控潜水器(Remotely Operated Vehicle，ROV)，又称缆控水下机器人、水下遥控机器人等，是一种通过脐带缆将 ROV 本体与控制终端进行有线连接的水下作业和观测设备。经过半个多世纪的发展，无人遥控潜水器已经成为人类进入、探测和开发海洋不可或缺的重要工具，广泛应用于海洋油气开发、水下检测维修、水下施工、水下救援、水下科考、海水养殖等不同的领域。无人遥控潜水器种类较多，体积和重量各不相同，分类方法也相对较多，例如按体积和重量可分为小型、中型、大型；按功能可分为观察型和作业型；按作业深度又可分为浅海型和深海型。

4.2.1 国外发展现状

目前，在无人遥控潜水器的研究和生产方面，西方发达国家仍然处于较为领先的地位，诸如美国、日本、英国、澳大利亚、法国、德国、瑞典等国家均具有很丰富的研究经验，研制的样机和产品较多。

4.2.1.1 美国

美国在无人遥控潜水器的技术研究和应用方面具有绝对的优势，已经开发出来多种型号的无人遥控潜水器系统，工作能力涵盖不同的作业深度，可进行全海深作业。美国典型的无人遥控潜水器包括 OCEANEERING 公司的 Spectrum，潜深 3 000 m；伍兹霍尔海洋研究所的 Jason 和 NEREUS(图 4.9)，前者作业潜深6 500 m，可用于极地海冰调查，后者潜深 11 000 m，可遥控操作，也可自主航行；美国夏威夷大学的 Lu'ukai，潜深6 000 m；蒙特利湾水族馆研究所的 Tiburon，潜深 4 000 m 等。

图 4.9　Jason 和 NEREUS 无人遥控潜水器

4.2.1.2 日本

日本海洋科技中心(JAMSTEC)是日本无人遥控潜水器研发和应用的主要机构。代表性的无人遥控潜水器是Kaiko(图4.10)。第一代Kaiko潜深11 000 m，重量达10.6 t，进行了250多次潜水，收集了350种生物物种，并在印度洋发现了热液喷口和群落，但在2003年一次台风中失踪。后来日本又研制了Kaiko7000，最大潜深7 000 m，以及最大潜深4 200 m的ARV MR-X1。近年来，日本加大了ROV的技术研究，主要集中在遥控作业、声学影响、推进技术、水下定位及新型材质等方面。

图4.10 无人遥控潜水器Kaiko

4.2.1.3 英国

英国国家海洋中心拥有多台无人遥控潜水器，SMD公司在海底施工作业机器人领域处于全球领先地位，典型的无人遥控潜水器为UT1 TRENCHER和QTrencher(见图4.11)。UT1是世界上功能最强大的喷射式ROV，潜深1 500 m，总功率为2.1 MW，配备了先进的驱动电机，可以精确控制压力和流量，可适应不同的海况条件，能够在海底开挖管道、铺设电缆。QTrencher有作业深1 400 m和2 800 m两种型号，最大作业功率达2 MW，基于两种高强度钢制底盘设计，可进行大功率的海底挖沟，并进行海底3 m深度的电缆铺设作业。

4.2.1.4 澳大利亚

澳大利亚在无人遥控潜水器的研究方面成果也较为突出，研制的产品型号较多，覆盖范围广。典型的有AUS-ROV公司研制的LBV、V8S、SEABOTIX VLBC、DEEP OCEAN ENGINEERING M5和AC-ROV等。其中，AC-ROV(见图4.12)是世界上最便携的小型无人遥控潜水器，可对小至

图 4.11　UT1 TRENCHER 和 QTrencher 无人遥控潜水器

图 4.12　最便携的 AC-ROV

190 mm 的密闭空间进行检查。此外，澳大利亚海洋学家利用 SuBastian 发现了 30 种海洋新物种，还包括可能是有记录以来最长的动物。目前，澳大利亚在无人遥控潜水器的研究方面主要集中在增强水下遥控的应用，利用无人遥控潜水器连接或使用一系列传感器、采样器和成像设备，以从海洋环境中收集更可靠、定量的科学数据。增强无人遥控潜水器准确测量尺寸的能力对于评估生物量、生物的生命史及其在研究生物个体是否发生变化方面极其重要。

4.2.1.5　欧洲

法国海洋研究院拥有 VICTOR 和 Ariane 两型无人遥控潜水器(见图 4.13)，潜深分别为 6 000 m 和 2 000 m，主要用于海洋科学研究；法国海军拥有 H2000，潜深 2 000 m，用于沉船和失事飞机的搜寻和打捞。

德国亥姆霍兹基尔海洋科学研究中心拥有 Kiel 和 Phoca 无人遥控潜水器(见图 4.14)，潜深分别为 6 000 m 和 3 000 m。2020 年 7 月，德国科学家 Senckenberg Society 利用 Kiel 首次在冰岛西南部观察到海底的热液冷泉的存在。Phoca 相较于 Kiel 体积较小，潜深为 3 000 m，Phoca 开发的主要目的是用于深海操作站 MoLab 的安装和维护以及相关的科学研究。

瑞典萨博集团旗下 SEAEYE 公司开发了多种型号的无人遥控潜水器，如 FALCON、MOHAWK、MOJAVE、PANTHER-XT、SEAOWL MKIV 和 SURVEYOR PLUS。

图 4.13　VICTOR 和 Ariane 无人遥控潜水器

图 4.14　Kiel 和 Phoca 无人遥控潜水器

4.2.2　国内发展现状

中国科学院沈阳自动化研究所、上海交通大学等单位在 20 世纪 70 年代末率先开启无人遥控潜水器的研究，先后研制了“海人一号”“海蟹号”等无人遥控潜水器样机。近年来，我国相关无人遥控潜水器研发力量逐步壮大，主要科研机构包括中国科学院沈阳自动化研究所、上海交通大学、中国船舶科学研究中心、哈尔滨工程大学、上海海事大学、西北工业大学、上海海洋大学、浙江大学等；一批企业也加入无人遥控潜水器的研制队伍，如天津深之蓝海洋设备科技有限公司、博雅工道(北京)机器人科技有限公司、上海彩虹鱼海洋科技股份有限公司、北京臻迪科技股份有限公司等。我国无人遥控潜水器发展呈百花齐放状态，种类多，数量大，适应不同的作业深度和不同的作业需求。

深海大型无人遥控潜水器中比较具有代表性的产品如“海龙”号、“海马”号、“海象”号、“海星6000”“海龙11000”等，以及“北极”“海龙Ⅲ”“海斗”号(最大下潜10 888 m)、“海斗一号”(最大下潜10 907 m)、“海筝Ⅱ”型等(图4.15)，装备重量从几十千克到数千千克、工作深度覆盖全海深，部分无人遥控潜水器性能达到世界先进水平。

“海马”号

“海斗一号”

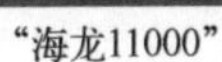
“海龙11000”

“海龙Ⅲ”

图4.15 国内相关无人遥控潜水器

相对于深海大型无人遥控潜水器，体积更小的中小型无人遥控潜水器适用于更浅海域，比较具有代表性的如天津深之蓝海洋设备科技有限公司研制的“豚”系列，包括“河豚”“江豚”及“海豚”等无人遥控潜水器产品。“豚”系列无人遥控潜水器是我国民营企业自主研发，用于河道、海洋等观测、救助、打捞的小型无人遥控潜水器产品，重量自几十千克至几百千克；博雅工道(北京)机器人科技有限公司研制的 ROBO-ROV 包括诸多细分型号，重量自几十千克至几百千克，最大作业深度可达上千米，能在较复杂海况下稳定工作，装备高精度导航避障系统和矢量推进系统，能够搭载机械臂、清洁刷等多种作业工具完成水下作业任务，如图 4.16 所示。

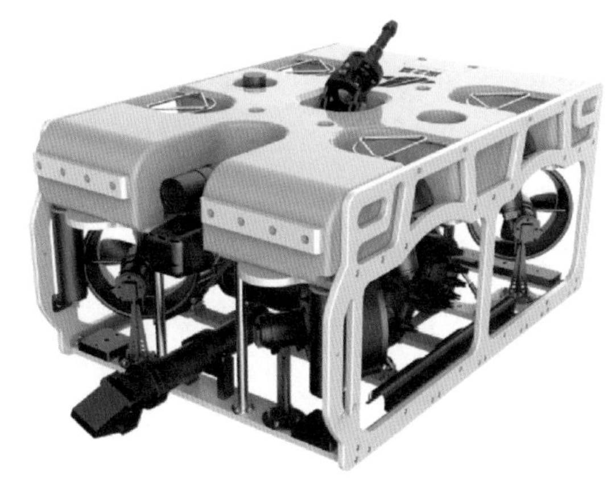
无人遥控潜水器“海豚”

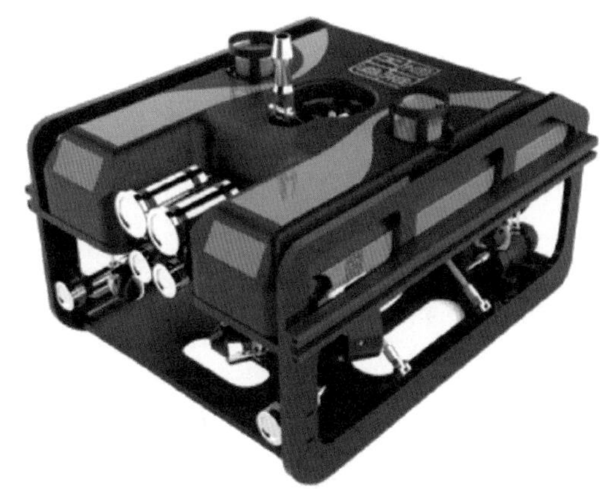
无人遥控潜水器“ROBO-ROV”

图 4.16　国内中小型无人遥控潜水器

发展至今，我国已掌握了小型、中型、大型，轻量级、作业级及工业级等不同体积、不同作业深度的 ROV 整机设计、研制及制造等关键技术，并且建立了无人遥控潜水器的运营机构，包括国家深海基地管理中心、中国科学院深海科学与工程研究所和中国地质调查局广州海洋地质调查局等单位。但是，目前我国 ROV 的发展仍存在诸多问题：

(1)缺乏 ROV 装备与技术系统性规划发展研究，对 ROV 创新发展的引领不够；

(2)ROV 关键专用设备的发展滞后于总体集成技术的发展，液压型机械手、传感器等关键设备/零部件依赖进口；

(3)产业化进程缓慢，国内相关用户多是购买或租借国外 ROV 产品。

4.2.3　发展趋势

在海洋开发需求牵引和相关技术发展驱动下，无人遥控潜水器呈现如下发展趋势：

(1)大深度化。随着深海资源开发和深渊科考需求逐步旺盛，无人遥控潜水器将实现谱系化发展，具备大深度下潜能力的无人遥控潜水器不断涌现。

(2)高性能化。未来，无人遥控潜水器作业能力将持续增强，具备高功率、高可靠性、高导航定位与控制精度等特点。

(3)专业化。根据日益出现的各种特殊任务需求，无人遥控潜水器将研发配备相应的新型专用设备，专业化及专用程度更高。

(4)协同化。随着各类无人遥控潜水器应用的不断增多，需要与其他类型水下装备协同作业，共同完成更加复杂的任务，提高作业效率。

4.3 无人水面艇

无人水面艇(USV)的雏形最早诞生于第二次世界大战期间，主要作为欺骗性目标和靶艇。自20世纪90年代开始，随着战争模式逐渐转向信息化作战，世界发达国家开始普遍关注海上无人水面艇，世界各大海洋强国都将无人水面艇作为首要的研究方向，其中美国和以色列在这一领域处于领先地位。进入21世纪，随着通信、人工智能等技术的发展，制约无人水面艇发展的诸多技术瓶颈得以解决，各国加大了无人水面艇的研发力度，无人水面艇迎来了一段高速发展期。无人水面艇作为新兴的智能自主机器人装备，显现出一系列传统的海上侦察防卫手段所不具备的独特优势。

国外有很多研究机构和公司进行了船舶无人化研究，海洋无人水面艇是研究中的热点，其在军事和民用领域都有广阔的应用前景。在军事方面，出于保护人身安全的目的，在执行扫雷、侦察等危险系数高的任务时，无人水面艇具有很大的优势；在民用方面，无人水面艇能有效减少人员费用的支出、改善工作环境以及提高船舶航行的安全性。

从无人水面艇的发展历程来看，其最初是作为一种信息化的海上作战装备被国外海军逐步发展壮大的。2000年以来，随着无人水面艇的功能越来越完善，其应用范围也越来越广泛。无人水面艇可自主规划、自主航行、自主完成环境感知、目标探测等任务，可以搭载不同任务载荷，执行任务也呈现多样性。目前，无人水面艇在海洋环境观测、生态保护、海岸线巡视、防灾减灾等海洋研究领域逐步凸显出传统监测手段所不具备的优势。

4.3.1 国外发展现状

作为一种水面自主平台，搭载相应任务载荷的无人水面艇相对于传统载人船舶而言，其优势在于灵活机动、安全、隐蔽性强、运维费用低廉，越来越多的国家意识到无人水面艇的重要性。目前，无人水面艇发展的典型代表有美国的Autocat和Spartan无人水面艇、以色列的Protector和StingRay无人水面艇、英国的Springer无人水面艇、西班牙的Delfim无人水面艇、意大利的Charlie无人水面艇等。

1. 美国

在海洋无人水面艇发展领域，美国一直处于领先地位。美国从20世纪90年代开始研究海洋无人水面艇，并界定了无人水面艇的一系列标准，目前已研发成熟或已应用服役的无人水面艇多达20余型，研究体制完备，发展目标和路线明确，研发产品逐步系列化。美国的无人水面艇主要以军事应用为主，近几年才逐渐向海洋研究方向延伸。

1)军事应用

“海上猫头鹰”(图4.17)是美国海军开发海洋无人水面艇的首次尝试。该艇长3 m，最大航速45 kn(83 km/h)，续航时间为10 h(航速22 km/h)或24 h(航速9 km/h)，吃水仅18 cm，可在近岸非常浅的水域活动。其承担的主要任务是雷区侦察、浅海监视、海上拦截和保护港口码头周边的安全等，如利用前扫或侧扫声呐，搜索水雷、蛙人、潜水器等目标。它能够将探测到的信息通过无线电设备实时传回至10海里范围以内的控制站。

图4.17 “海上猫头鹰”无人水面艇

“斯巴达侦察兵”是美国近年来研制的海洋无人水面艇的典型代表。主要用于保护主力部队免受不对称威胁的攻击，应对非对称的作战环境，在网络中心环境中提升传感器覆盖范围，建立海上战场优势。该海洋无人水面艇可以装备“海尔法”或“标枪”导弹，执行对舰攻击或对岸火力支援等任务。它是一艘M形滑行艇，全长11 m，最大载重达到2.3 t，设计最大航速为35节，可持续航行一昼夜。

另外，还有美国海军新型三体无人水面艇“X-2”号、“幽灵卫士”“海狐”“海猎人”“蓝色骑士”等，这些型号的无人水面艇大都用于军事用途，例如海上警戒防护、搜集情报、侦察监视等。

2)海洋研究

在海洋研究方面，最早可追溯到1993年，麻省理工学院让名为“ARTEMIS”的无人水面艇首次进入水文观测领域，并先后在查尔斯河和波士顿港进行了实验。

最近，美国Saildrone公司设计和制造了称为“风帆”的风能和太阳能自动水面航行器(见图4.18)，这使大规模的低成本海洋数据收集成为可能。“风帆”结合了风力驱动技术和太阳能气象和海洋传感器，可以在恶劣的海洋环境中执行自主的远程数据收集任务。近几年，在“风帆”的研究基础上，Saildrone公司又推出专门用于海底地形测量的无人水面艇Surveyor(见图4.18)。Surveyor长约22m，依靠风能和太阳能动力，可在海上连续工作12个月，配备多波束测深系统，最大测量水深7 000 m。此无人水面艇计划配备新设备后，增加自动采集生物样本的功能。2005

年，美国南佛罗里达大学的 STEIMLE 和 HALL 开发了一款双体船作为海洋环境监测设备。

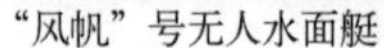
“风帆”号无人水面艇

Surveyor无人水面艇

图 4.18　Saildrone 公司的无人水面艇

美国无人水面艇的发展思路和顶层规划十分明确和清晰。21 世纪初，美国海军提出，在 2015 年前将新型无人平台引入未来网络化作战体系中。2007 年 7 月，美国海军发布《海军无人水面艇主规划》后，美国军方开始统筹各军种无人系统发展，并统一发布无人系统综合路线图，对无人水面艇的作战需求、关键技术领域及与其他无人系统之间的互联互通性进行了总体规划。2016 年，美国国防预算要求法案决定投入 714 亿美元集中开发无人水面艇。2018 年 1 月，在进行两年广泛海试后，美国国防高级研究计划局已经完成世界上最大的无人驾驶军舰“海上猎手”无人水面艇项目。2018 年，美军方发布了最新的《无人系统综合路线图》，对各军种无人系统的作战需求、关键技术和无人系统之间的互联互通性进行了总体规划。海军研究署计划进一步开展海试，开发自动化有效载荷和传感器进行数据处理，快速开发针对新的特定任务的自主能力，并探索多艘无人水面艇的协同能力。如果获得成功，中等排水量无人水面艇将交付美国海军。图 4.19 为美国海军空海系统概念图。

图 4.19　美国海军空海系统概念图

2. 以色列

以色列拥有丰富的无人机研制经验，在海洋无人水面艇研制领域独具优势，通过对先进的无人机技术进行转化，其研发的海洋无人水面艇一直处于世界先进行列，产品早已得到实际应用并已出口海外。

1）军事应用

以色列已开发多种型号的海洋无人水面艇，其中比较著名的是“保护者”（图 4. 20），其特点是充分借鉴无人机技术，采用模块化设计。“保护者”项目开展最早，发展最为成熟，首批 12 艘于 2006 年服役以色列海军。后来，“保护者”升级为“海上骑士”，其继承了“保护者”的基本装备和高速航行的优点，但体型更大更长，具有更大的油箱和更大范围的通信功能，在偏远地区也能灵活操作，而且具备了一个突出功能——发射导弹。

图 4. 20　Protector“保护者”无人水面艇

2005 年，以色列 ELBIT 公司研制的“STINGARY”号无人水面艇，具有隐蔽性好、船型小巧等特点，可应用于海岸物标识别、电子战争、智能巡逻等任务中。2008 年，以色列海军将埃尔比特公司研发的“银枪鱼”无人水面艇引入其作战系统。“银枪鱼”的引入，加上之前已经非常成熟的“保护者”系列无人水面艇，使以色列的水上无人侦察体系初步成型。

2）海洋研究

在海洋研究方面，以色列推出了“黄貂鱼”高速船（见图 4. 21），装备有微小型便携式地面控制台（GCS），操作员可用它监视和操作任务载荷，执行计划任务，既可通过遥控操作，也可自动完成任务。“黄貂鱼”适用于进行港口和海上设施的安全防护、现场管理和损伤评估。

3. 英国

英国无人水面艇的发展起步也较早，但据目前的文献可查，其无人水面艇的应用领域以海洋研究为主，军事应用资料比较少。

图 4.21 “黄貂鱼”高速船

1）军事应用

英国自主水面艇公司研制了系列化快速无人靶船，包括 3500 型、5000 型和 6000 型，其中 6000 型海洋无人水面艇长 6.5 m，宽 2.2 m，航速超过 35 节，专门用作近海训练的靶标，可直接作为被攻击的目标，或者作为充气艇的拖曳目标。

2）海洋研究

在海洋研究应用领域，英国的大学、公司较早研制出了系列无人水面艇，且大多为定制化，长度一般为 3.5~8 m，波浪推进最大航速为 3 节，利用太阳能供电，可在海上执行长期任务；外力推进最大航速可达 12 节，最大工作续航 20 天。

2004 年，英国普利茅斯大学 MIDAS 科研小组研发了“SPRINGER”号无人水面艇，可被用于内河、水库和沿海等浅水水域的污染物追踪、环境和航道信息测量等。其被设计成一款长 4 m、宽 2.3 m 及排水量 0.6 t 的中等水线面双体船，其装载的 YSI 环境监测设备可以对温度、电导率、溶解氧、pH、氯化物、水深、浊度、叶绿素 a 等因子进行监测分析。

英国推出了 AutoNaut 系列无人水面艇，最新研发的一款无人水面艇可用于河流、湖泊、近岸海洋水体监测。无人水面艇配备自主研发的控制系统，可实现自主巡航、半自动航行和手动遥控操纵，使用该公司开发的商用成品组件，品质可靠，维护成本低。可替换的充电电池极大地增强其续航能力，满足长时间监测需求。拥有多种便携性设计，可由单人进行配置，完成监测。图 4.22 为 AutoNaut 系列浅水无人水面艇。

AutoNaut 系列波浪动力无人水面艇（见图 4.23）由英国 Harwell 欧洲航天局企业孵化中心开发。该项目经过了两年开发周期，并在 2018 年 3 月初正式亮相。这款无人水面艇可以通过波箔技术向前移动，龙骨安装的铰接和弹簧薄膜，前后都能收集波浪起伏的能量，将其直接转换为推进推力，并保持 5 节的速度进行前进。这款 AutoNaut 无人水面艇的船体上方还部署了小型天线杆气象

图 4.22　AutoNaut 系列浅水无人水面艇

站、多普勒电流分析仪、多波束回声探测器和声呐及海洋酸化传感器，可以实时接收测量数据并通过卫星将所有信息上传至本地。这款无人水面艇有 AutoNaut3.5 和 AutoNaut5.0 两个型号。AutoNaut3.5 采用单独起吊点设计，以便于发射、部署和回收。AutoNaut5.0 采用模块化设计，船体可分解成两半，对传感器、电池和太阳能电池板有更大的承载能力。AutoNaut 系列无人水面艇在装载不同的传感器和模块后，可在海洋环境噪声测量、海洋生物监控检测、海洋环境观测和通信中继等不同场景中应用，典型应用示例有英国石油公司用其测量深水钻井平台附近的噪声数据，英国国家海洋中心用其追踪鱼类、监测海豚和海鸟、收集大西洋风暴数据，英国气象局和普利茅斯海洋实验室用其观测气象要素等。

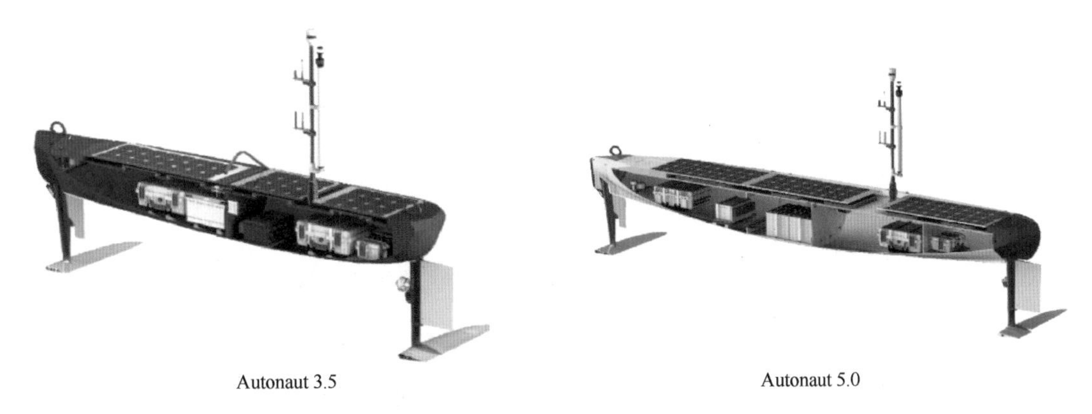

图 4.23　AutoNaut 系列波浪动力无人水面艇

4. 其他国家

日本发展的无人水面艇主要有高速型 UMV-H、海洋型 UMV-O 和 OT-91 型。其中，OT-91 型为最新研制型号，采用喷水推进，最高航速 40 kn，主要用于海上情报侦察和反水雷等。日本航运业正大力研发无人驾驶船，计划在 2025 年打造出大型无人驾驶船队。

2009 年，法国开展“旗鱼”无人水面艇研制项目，“旗鱼”无人水面艇的演示艇于 2011 年下水，该艇长 17 m，排水量 25 t。该项目是法国海军未来反水雷项目计划的一部分，旨在利用机器人技术提升反水雷作战能力。

2010 年，新加坡航展推出的“VENUS”号无人水面艇可搭载水雷及电子战模块，并能进行海上监视任务。

在无人科考船方面，2003 年，雅马哈公司研制的“KAN-CHAN”号无人水面艇可用于监控海洋和大气的化学和物理参数，具有很强的续航能力。2005 年，意大利研发的“CHARLIE”号双体无人水面艇可对南极洲海洋表层进行取样，收集大气海洋界面数据。2013 年，挪威卑尔根大学与美国华盛顿大学联合研制了风能无人水面艇，对墨西哥湾北部区域进行了长达两个月的观测，实现了海洋表层温度、电导率和可溶性有机物的测量。意大利热那亚 CNR-ISSIA 研究机构研发的“Charlie”号 USV 是一艘双体船，主要作用是在南极洲对海洋微表层进行取样和收集大气海洋界面的数据以及在浅水区域探测鱼雷。

世界上最大的太阳能船“Planet Solar”号(图 4.24)，船长 31 m、宽 15 m、高 7.5 m，重 95 t，配备了 536.65 m^2 光伏太阳能电池板，由德国北部基尔的 KnierimYachtbau 公司以 14 个月时间制造。该船利用太阳能发电，能以 25 km/h 的速度前行。“Planet Solar”号的电板框架是由 38 000 枚太阳能电池交错排列而成，另有 72 枚锂离子电池储存吸收到的阳光。在新西兰设计、德国制造的“Planet Solar”号，由瑞士探险家及船长 Raphael Domjan 构思并落实推行。“Planet Solar”号完全由太阳能供电，环绕地球而不使用传统的燃料，操作宁静且无污染。“Planet Solar”号从摩纳哥起航，沿赤道航道航行跨越印度洋及红海，途经美国、澳大利亚、墨西哥、新加坡等国家，并以苏伊士运河作为终点站，最后返回地中海。

图 4.24 “Planet Solar”号太阳能船

国外海洋无人水面艇研制、生产走过了20余年的历程，随着无人化、智能化技术的不断进步，海洋无人水面艇任务领域将不断拓展，型号更趋成熟。

4.3.2 国内发展现状

21世纪以来，海洋无人水面艇开始受到国内重视，各研究机构纷纷投入力量开展研发工作，已研制出具有一定自主导航控制能力的海洋无人水面艇或样艇。目前，我国从事海洋无人水面艇相关研究的机构主要有中船重工集团、中科院沈阳自动化研究所、哈尔滨工程大学、上海大学、珠海云洲智能科技有限公司等。

2016年4月，中船重工集团701研究所研发出具有完全自主知识产权的“海翼1号”海洋无人水面艇。该艇长约6.8 m，宽2.4 m，排水量约2.8 t，最高航速超过35 kn，配备有“北斗”、惯导、导航雷达、一体化广电系统及超短波无线通信设备。它具有自主控制、岸基远程遥控和人工驾驶三种控制模式，具备复杂海情下的自主巡逻、搜索取证功能，主要用于完成海警执法和警戒巡逻等任务。

2019年8月，由中船重工集团716研究所、720研究所联合建造的JARI-USV多用途无人艇顺利下水。JARI-USV多用途无人艇的整体设计非常简练，艇首有30 mm自动火炮；其后是两组四联装垂直发射单元；再后面是舰桥，舰桥上有观察用的光电设备和简易天线；艇尾有大型的卫星通信天线(图4.25)。该艇搭载了防空、对海、反潜等任务载荷，支持自主、半自主和遥控方式，具有“智能化、高精度、火力配系多样化、重量轻”等特点。

图4.25　JARI-USV多用途无人艇

中船重工集团707研究所研制了多种型号的海上无人水面艇，其中小型的U160/U240/U380水质监测无人水面艇，长度分别是1.6 m/2.4 m/3.8 m。中型的有7 m和7.5 m长的海洋环境观测无人水面艇。在2017年12月的上海国际海事展上，中船重工集团707研究所展示了新型智能海洋无人水面艇。该艇配备了先进的导航雷达、全球定位系统、红外传感器、摄像头等，能够实时获取周围的海上目标图像，搜集情报，进行实时监视，主要用于警用执法、海洋资源调查等任务领域。

中科院沈阳自动化研究所研制了BQ-01、GZ-01、“先驱”号、“勇士”号海洋无人水面艇，其中 BQ-01 半潜式海洋无人水面艇(图 4.26)采用柴油机动力、半潜式航行，仅通气管露出水面，耐波性好，具备拖曳拖体航行能力，具备手动遥控、自主航行两种航行模式；主尺度 6.1 m×2.0 m×1.5 m(不含桅杆)，桅杆高度 5.0 m，航行器重量≤4 500 kg，遥控距离 10 km；航速15 kn 时续航时间为 24 h，航速 10 kn 时拖曳力为 10 000 N，最大航速 15 kn，巡航速度 10 kn，可独立使用执行水面情报、监视与侦察(ISR)等任务，也可拖曳拖体开展探雷作业，主要用于海洋石油海管探测等。GZ-01 无人艇具备自主、遥控、人工驾驶 3 种功能，搭载了多种探测载荷，主要包括导航雷达、激光雷达、夜视仪、超短基线、水下摄像机、水下照相机等。艇长 6.6 m，艇宽 2.5 m，排水量 3 t，最大航速 25 kn，航速 15 kn 时续航力为 40 h，航速 10 kn 时为 100 h，工作海况 4 级，生存海况 6 级，采用模块化设计，可加装大气/海洋环境探测等其他任务模块。

图 4.26　BQ-01 半潜式海洋无人水面艇

2016 年 5 月，中国科学院大气物理研究所无人水面艇研发团队成功研制了一款基于自控驾驶的半潜式海洋气象观测专用无人水面艇。该艇是一种自动驾驶的水面机器人，是世界上首艘可以发射探空火箭的无人水面艇(见图 4.27)。基于卫星定位导航和艇载姿态传感器等的信息，该艇可以实现自动部署、自动观测、自动发射探空火箭和自动传输观测数据等功能。该无人水面艇为半潜式结构，艇身大部分处于水线之下，只有设备舱位于水面以上，大大降低了海浪对艇体的影响，使无人水面艇航行非常稳定；同时无人水面艇的重心远远低于其浮心，使无人水面艇具备自扶正功能，大大提高了在恶劣海况下的生存能力。无人艇发射探空火箭的优势，在于其具备很强的机动性，能够对偏远海域、关键海域，或中尺度强对流系统、台风系统进行实时的三维立体机动观测，及时为相关业务和科研部门提供中尺度强对流系统或台风系统内部较准确的海面大气热力和动力参数资料。

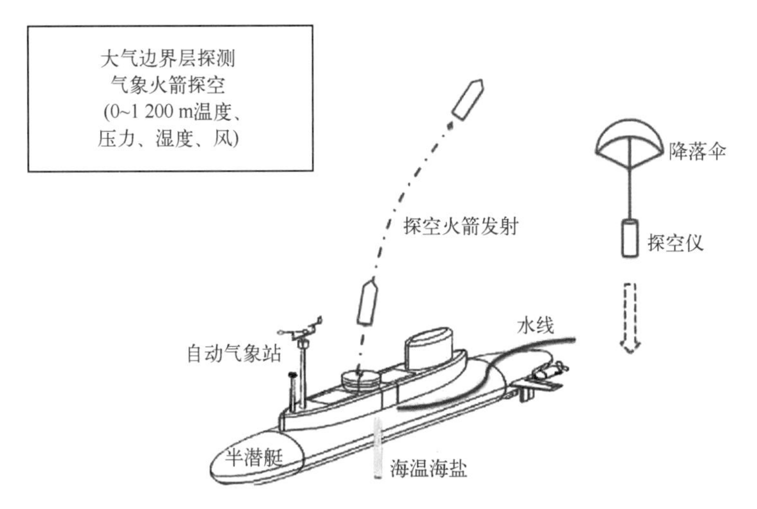

图 4.27　半潜式无人水面艇发射探空火箭

2018 年 10 月，第十三届中国大连国际海事展览会在大连举办，中科院沈阳自动化研究所海洋信息技术装备中心开发的“先驱”号海洋无人水面艇、“勇士”号海洋无人水面艇、半潜式无人水面艇等在海洋智能装备领域的最新科研成果参加展出。“先驱”号海洋无人水面艇可搭载水下摄像机、搜索与导航雷达、激光雷达、红外热像仪等有效载荷。“勇士”号海洋无人水面艇具备人工驾驶、遥控和自主控制三种工作方式，且可相互灵活切换，搭载光电、雷达等传感器，可对视距内水面目标实施自主搜索、识别和决策，对特定目标进行跟踪取证，并具备符合海事规则的自主避碰能力。

哈尔滨工程大学主要研发两型海洋无人水面艇——6 米级和 12 米级。2009 年研制的海洋无人水面艇原理样机(图 4.28)具备手操、遥控、半自主和全自主四种工作模式，总长 6.5 m，最大航程 250 km，能在二级海况下稳性航行，具有自扶正功能，可在复杂多障碍物环境下自主避障航行，主要用于海上战区环境侦察、巡逻警戒和抵近侦察。

图 4.28　哈尔滨工程大学海洋无人水面艇原理样机

2017 年年底，哈尔滨工程大学和深圳海斯比船艇公司联合研制的“天行一号”新型无人水面艇亮相广东湛江中国海洋经济博览会。该艇使用油电混合动力，全长 12.2 m，满载排水量 7.5 t，最高航速超过 50 kn，最大航程 1 000 km。可自主航行，多障碍物、动态目标环境下自主避障航行，主要用于海洋水文气象信息采集、海底地形地貌扫描测绘等。

哈尔滨工程大学研制的上述海洋无人水面艇，其最大航速均超过 30 kn，采用玻璃钢全封闭结构，柴油机加喷水推进方式，海洋无人水面艇上安装了可见光及红外光电系统、导航雷达，可见光/红外组合光电系统进行近距离障碍物探测，雷达进行远距离探测，上述探测信息用于海洋无人水面艇避碰，其自主导航控制系统可在宽阔低海况海域对静止或低速单一目标进行自主避碰，在给定的电子海图配合下可自主规划从起点到目标点间的路径。

上海大学针对海洋岛礁、海岸线浅水域海底地形地貌的海图测绘和海洋资源调查等应用，自主研制了“精海”号系列海洋无人水面艇(图 4.29)，采用开放式平台系统架构，可方便地加载各

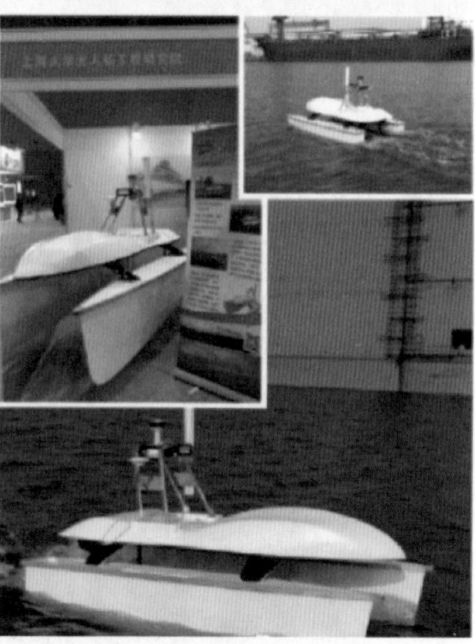

图 4.29 “精海”号系列海洋无人水面艇

种传感、侦察、测量等任务载荷。“精海 1 号”总长 6.28 m，满载吃水深度 0.43 m，续航力 120 n mile，最大航速 18 kn，采用玻璃钢全封闭结构，柴油机加喷水推进方式，具有良好的机动性和抗风浪能力。“精海 2 号”总长 8.5 m，满载重量 4 t，续航力 200 n mile，相对于“精海 1 号”，该艇主要优化了导航和避障算法，提高了航行精度和设计，增加了低温保护设计，使得海洋无人水面艇满足极端环境下的工作要求，并采用模块化设计，提升安全性、航行精度和升级改装能力，具备人工/遥控/自主控制三种模式的控制功能。“精海 3 号”按照批量产品进行设计，定位为用于专业海洋测绘工作，采用高集成模块化设计方式，具备即插即用能力，配置先进的“精海智能避障导航系统”，主要搭载在海洋调查船上，用于岛礁和近海浅水域等进行水下地形、地貌探测，可对测量船不能到达的水域进行数据测量、采集等工作，也可以作为一个搭载平台，搭载其他设备，完成其他使命。“精海 4 号”主要用于内河航道、湖泊、大型水库的水文信息采集和水底地形地貌勘测，具有自主航行和遥控操作两种运动方式，搭载高清摄像头、激光雷达等环境感知工具。

珠海云洲智能科技有限公司开发了电子对抗海洋无人水面艇(图 4.30)。该艇以舰载 7.5 m 玻璃钢艇为基础，对其进行无人化改造，改造后的海洋无人水面艇可以在有人和无人两种状态下切换，拥有伴航、随航、变航等多种自主航行模式，确保了任务载荷的有效工作。由于任务载荷的需求，需要对船体的稳性重新进行设计、计算、仿真。根据总体以及纵摇、横摇等稳性方面的要求，对各种设备进行了重新布局，加装了相应的配重，并且保证不对任务载荷造成影响。艇体改造确保了航行的安全，保证了试验的顺利进行。该海洋无人水面艇所有自主控制软件、硬件设备和与之配套的智能遥控器、控制基站均为该公司完全自主研发。

图 4.30　电子对抗海洋无人水面艇

国家海洋技术中心在前期无人水面艇和水下运动观测平台研究成果的基础上，开展了复合能源无人水面艇的前瞻性技术研究，突破了复合动力无人水面艇总体技术、无人水面艇平台和载体结构设计技术、风能太阳能和化石能源复合能源技术、高速低速复合运动控制技术和海上目标快速巡视和取证技术，并研制无人水面艇原理样艇(图 4.31)一艘，完成了海上试验验证。

图 4.31　复合能源无人水面艇原理样艇

另外，还有天津海之星水下机器人有限公司推出的 Ostar 系列无人水面艇(图 4.32)，江苏中海达海洋信息技术有限公司推出的 iBoat BS2 系列无人测试船(图 4.32)。

Ostar系列无人水面艇

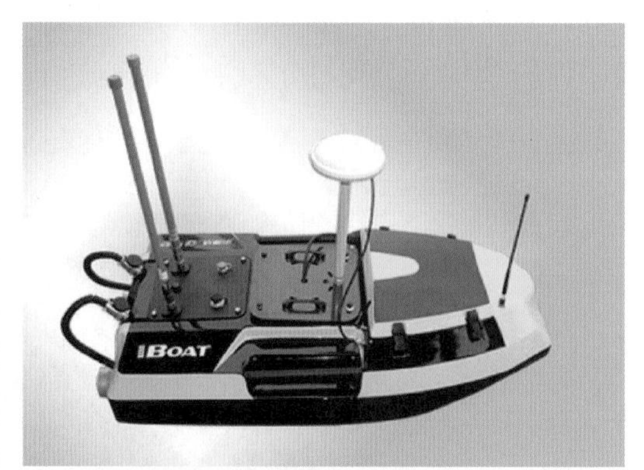

iBoat BS2系列无人测试船

图 4.32　复合能源无人水面艇

4.3.3　发展趋势与建议

综合国内海洋无人水面艇发展情况可知，虽然无人水面艇研发取得了一定成果，但尚处于起步阶段，工作成果包括部分高校和研究所开展的海洋无人水面艇技术基础研究和功能单一的海洋无人水面艇实艇设计研制。不过，我国的无人水面艇发展正呈现万箭齐发、百花争春之势。我国首艘 500 t 无人水面艇已于 2018 年年底下水，将率先在全球范围内实现商业运营，为国内企业开启全球无人航运之门。

从整体来看，国内海洋无人水面艇发展的首要问题是缺乏长期规划，难以推动国内无人水面艇技术的整体发展。从局部看，由于无人水面艇的研发涉及自主导航、目标监测和识别、自动驾驶与避障、推进动力控制、传感集成和数据处理等多个领域，而目前的科研院所和生产企业在人才的学科交叉性上有所欠缺，这是造成目前国内研发迟缓的重要原因。

相对于国外海洋无人水面艇系列化、模块化、多任务化等特点，我国无人水面艇类型及型号单一，任务功能简单，特别是在海洋无人水面艇的自主化、高速长航时等方面还有很多核心技术需要突破。综合分析我国海洋无人水面艇发展的现状，目前存在的问题主要表现在以下几点。

(1)无人水面艇平台偏小，大部分在10 m以内，且几乎不带自主减摇功能，航行载荷能力较差，大部分只限于执行良好海况条件下近海、近岸、浅水区域低端的水文测绘、环境监测等任务，具备高海况适航能力的无人水面艇尚属空白，具备搭载拖曳阵等大型设备能力的无人水面艇也几乎空白。

(2)无人水面艇的设计沿袭有人小艇设计，船型、结构设计未能突破有人船艇的设计理念，无法与无须人员保障、极限恶劣环境工作、极限航速航程要求、极限隐蔽性要求、灵活投放回收方式等相结合，海洋无人水面艇总体设计新概念亟须挖掘。

(3)自主航行能力弱。自主障碍物检测识别和规避是无人水面艇可靠工作、智能化应对作业环境的基础，是无人水面艇技术发展的瓶颈。目前，国内无人水面艇在自主障碍物检测识别方面普遍效果不好，对小型、低矮、近距离障碍物的检测识别能力不足，对高海况波浪环境和岸线等干扰反应过大，亟须从单一传感器检测性能挖掘和雷达、光电、激光、超声等多传感器融合两个方面探索提高性能的途径，并在目前基于经验和统计方法的基础上，引入基于数据和机器学习的算法，三管齐下，让海洋无人水面艇真正实现自主化。

(4)感知数据融合技术弱。目前，国外先进技术可以将自动雷达标绘仪(ARPA)雷达信息、惯导系统、光电设备、GPS定位和电子海图等多种感知数据进行融合，得到最终所需的数据形式。而国内在数据融合方面还处于研究阶段，离工程应用还有距离。

(5)目前，国内无人水面艇基本根据具体任务进行设计，未能实现开放架构和模块化设计，未能实现平台、基础载荷、任务载荷的模块化分离和设计。同时，满足无人要求的小型化、高性能任务模块(如小型多功能雷达、小型拖曳阵声呐、小型多功能声呐等)缺乏且相互间不兼容，总体集成效率低下。

(6)无人水面艇湖上及海上试验验证环境场地匮乏，无人水面艇平台功能性能试验验证标准尚未建立，船总体积任务载荷系统设计标准空白。

海洋无人水面艇作为新技术装备，具备机动性强、活动区域广等优点，可大幅提高海上巡航、风暴潮和台风等海洋灾害预警及跟踪、海洋水文气象和化学要素观测、海洋生物跟踪监控、海洋地理信息测绘等工作效率，降低海洋作业风险，但目前无人水面艇在海洋观测网中的应用水平不高，尚未形成业务化观测能力。为此，围绕智慧海洋发展目标，建议加大无人水面艇在海洋防灾减灾、海洋生态保护与修复等业务化工作中的应用力度，具体如下。

（1）加强海洋无人水面艇标准化研制与测试评估。我国海洋无人水面艇的研究工作起步较晚，技术水平较国外尚有一定差距，尚未建立统一的技术标准和测试方法，难以确定海洋无人水面艇是否可靠、智能、稳定。建议完善相关标准规范，建议选取具有代表性的海洋无人水面艇进行测试评估和试运行，为后续利用相关海洋专项开展无人水面艇能力建设提供选型参考。

（2）开展海洋无人水面艇业务化应用示范。围绕海洋观测、监测、调查等业务需求，跟踪梳理海洋无人水面艇应用需求清单，建议优先开展海洋灾害登陆前漂流观测设备无人水面艇自动布放、离岸浮标无人水面艇巡视监控、无人水面艇生态在线监测、无人水面艇海洋监管等业务化应用示范，并开展无人水面艇组网应用研究，为无人水面艇应用指出业务方向。

（3）从管理制度和使用标准上建立完善的无人水面艇管理体系。建立海洋无人水面艇运行管理机制，完善无人水面艇及船载调查设备使用、维护、校准等技术保障流程和体系，加大无人水面艇研发和应用人员队伍培养力度，为无人水面艇业务化应用提供综合保障。

（4）增强环境适应性和续航能力，向大型化发展。目前，国内外的无人水面艇大都为 10 m 长左右的小型无人水面艇，海况适应性和续航能力都比较差，不能在恶劣的海况下工作，也不能远离港口或母船。增强环境适应性和续航能力，向大型化发展，是未来无人水面艇的发展方向。

（5）增强网络协同能力，建立集群协同模式。目前的无人水面艇大多采取单艘执行任务的形式，完成任务的效率低，资源共享程度低，系统可靠性也较差。借鉴无人机集群协同的技术，无人水面艇也可以进行协同作业，提高无人水面艇之间以及与其他有人/无人平台之间的信息搜集、传输、处理和综合应用能力，实现环境态势的迅速感知、资源共享以及各种平台之间的协同工作。

（6）增强环境感知与认知能力，增强智能性。通过在无人水面艇上增加多种类传感器和通信设施等，提高无人水面艇对环境感知的速度、距离和准确度。同时通过加强人工智能技术、大数据技术、信息融合技术等的应用，提高无人水面艇的智能化水平，使其能够针对环境和任务的变化自动调整控制。

无人水面艇在发展过程中确实面临着诸多挑战，包括相关法律法规的制定和完善，初始和日常运营方面的较高费用支出，来自动力、驾控、特殊功能和岸基中心等方面关键技术的应用挑战，整个业态的重构或者流程再造的挑战，以及网络安全方面的威胁等，这些都将是无人水面艇在发展过程中必须要面对的拦路虎。挑战足够多，但市场前景同样广阔，各国对无人水面艇领域研发的重视，使得无人水面艇时代正在加速到来。

可以想象，随着科技的快速发展，相关研究的推进，未来，在浩瀚无垠的海面上，无人水面艇将成为常态，它们将在岸上指挥者的操纵下，顺利地驶向彼岸。在你追我赶的态势中，这样的无人水面艇时代正劈波斩浪，加快到来。

4.4 剖面浮标

自持式剖面探测漂流浮标(简称剖面浮标)是一种在海洋中自由漂流，能够从海面下潜到水下预定深度、中性漂移，再上浮至海面，在升沉运动过程中获取海洋垂直剖面数据并通过卫星实现数据传输的海洋观测仪器。以剖面浮标构建的全球 Argo(Array for Real-time Geostrophic Oceanographic)观测网已运行十几年，每年海上活跃的剖面浮标达 3 000 个以上。

4.4.1 国外发展现状

剖面浮标始于美国斯克里普斯(Scripps)海洋研究所研制的 Sounding Oceanographic Lagrangian Observer，简称为 SOLO 浮标，随后法国、日本、加拿大等国研制了同类浮标。剖面浮标技术随着国际 Argo 计划的实施而快速发展，加入各国 Argo 计划的剖面浮标被称为 Argo 浮标。多年来，国外研究机构开发出了多个 Argo 浮标型号，并不断进行技术迭代和浮标性能优化。目前，国外主要 Argo 浮标型号有 ARVOR 型、APEX 型、SOLO-Ⅱ型、S2A 型和 NAVIS 型(图 4.33)。ARVOR 型浮标由法国 NKE Instrumentation 公司与法国海洋开发研究所(IFREMER)合作开发，是早期IFREMER 与加拿大 MetOcean 公司合作开发的 PROVOR 型浮标的迭代型号。APEX 型浮

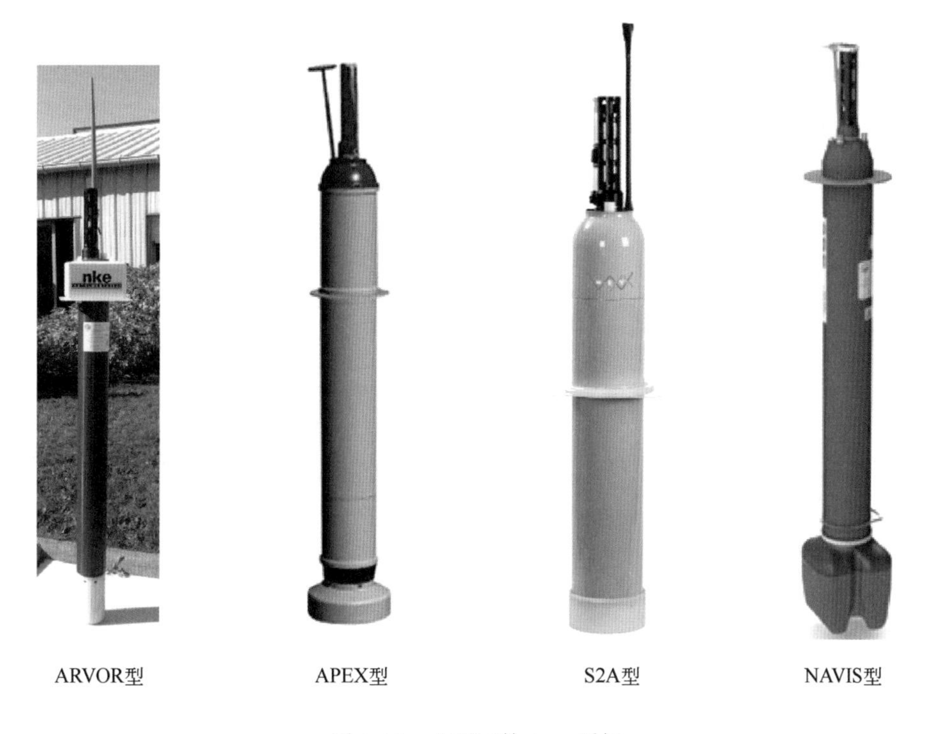

图 4.33　几型国外 Argo 浮标

标由美国 Teledyne Webb Research 公司生产，是目前国际 Argo 计划中应用数量最多的浮标型号。SOLO－Ⅱ型浮标(图 4.34)由美国 Scripps 海洋研究所设计研发，是 SOLO－Ⅰ型浮标的改进型。S2A 型是美国 MRV Systems 公司购买 Scripps 海洋研究所的 SOLO－Ⅱ型浮标技术后推出的商业版。NAVIS 型浮标是由美国海鸟公司开发的剖面浮标。

随着国际 Argo 计划的不断拓展，各国剖面浮标技术也在不断地提升。工作水深 0~2 000 m，以温度、电导率(盐度)和压力三个物理海洋环境要素为观测要素的剖面浮标，在小型化、长寿命方面取得进步。如图 4.34 的 SOLO－Ⅱ型剖面浮标，比上一代 SOLO－Ⅰ型浮标更小、更轻、更高效(表 4.5)。该型浮标采用连续采样方式观测，2 000~20 m 采样间隔为 2 m，而 20~1 m 间隔为 1 m。在该循环采样方式下耗费的电池能量仅为 10.3 kJ。由于浮标降低了耗能，且配置了以色列生产的 Tradiran 锂电池，具有完成 300 个剖面观测的能力。

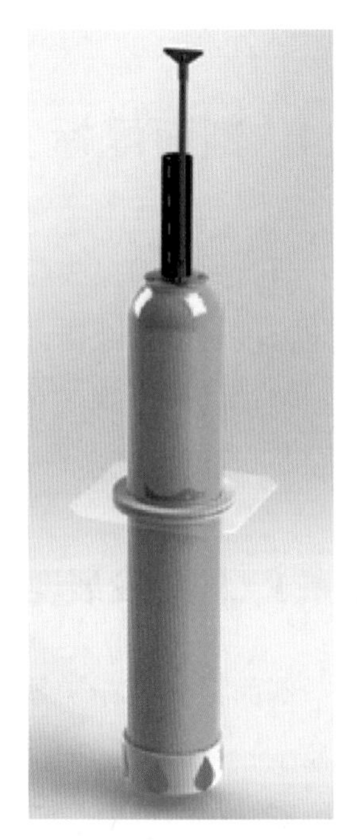

图 4.34 SOLO－Ⅱ型剖面浮标

表 4.5 SOLO－Ⅰ型与 SOLO－Ⅱ型剖面浮标性能比较

名称	SOLO－Ⅰ	SOLO－Ⅱ
最大下潜周期数量(次)	180	300
能量(kJ)/下潜 W/SBE－41CP	22.5	10.3
最大深度(m)	2 300	2 300
通信	Argos	Iridium、Argos－3
CTD	SBE－41	SBE－41CP
海面停留时间(h)	12	0.25
质量(kg)	30.4	18.6
主体长度(m)	1.04	0.66
寻找能力	双向	双向

此外，剖面浮标向 4 000 m、6 000 m 深水观测发展，观测要素也向生物地球化学领域拓展，形成了深海剖面浮标(Deep－Argo 浮标)和生物地球化学剖面浮标(Biogeochemical－Argo 浮标，简称 BGC－Argo 浮标)，应用数量也逐年增多。图 4.35 为当前深海 Argo 观测网的 4 种代表性剖面浮标。

近些年海洋科学家通过深海海水增暖、淡化、海平面上升等一系列观测比较结果，指出了监测深海海洋的重要性和迫切性。美国、法国、日本研发的深海剖面浮标经过海上试验验证后已商业化生产和应用，但部分厂家的浮标可靠性还需进一步提升。图 4.35 是当前构建深海 Argo 观测网的 4 种代表性深海剖面浮标，从左至右分别为美国 Scripps 海洋研究所研发的 SOLO 型、美国 Teledyne Webb Research 公司研发的 APEX 型、法国 NKE Instrumentation 公司生产的 ARVOR 型和日本 JAMSTEC(Japan Marine Science and Technology Center)研发的 NINJA 型。

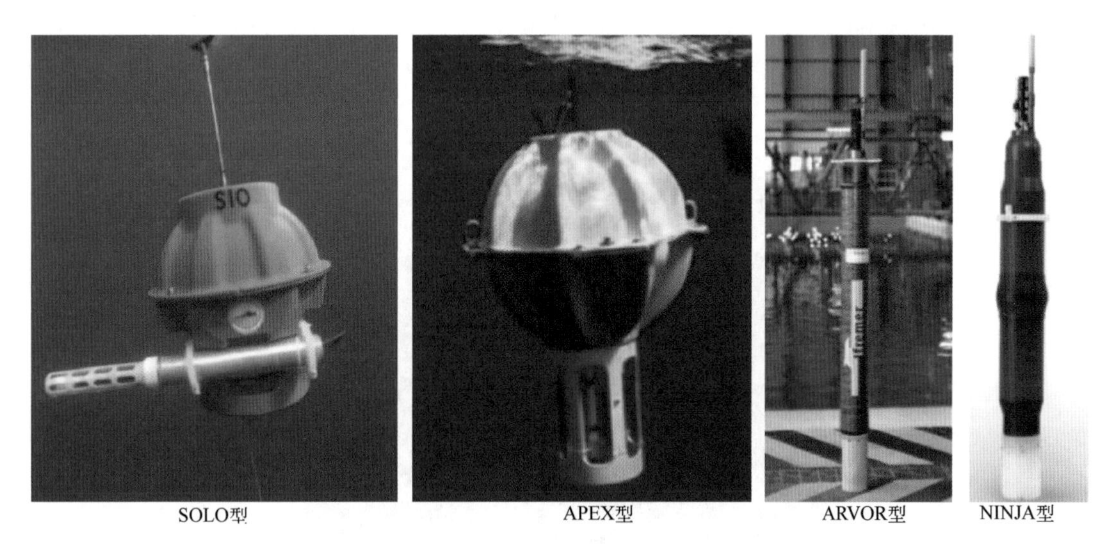

图 4.35 当前深海 Argo 观测网的 4 种代表性剖面浮标

2011—2015 年，美国 Argo 计划进行深海剖面浮标的开发和测试。Scripps 海洋研究所研制的 SOLO 型深海剖面浮标采用玻璃球作为仪器舱，可观测到 6 000 m，最新的混合锂电池可以维持浮标 200 次以上的循环观测，浮标具备一定的回收能力。2016 年起，美国陆续在西南太平洋海域、南澳大利亚海域、澳大利亚南极海域和北大西洋西部海域投放深海型剖面浮标。2019—2020 年期间，在巴西海盆投放了深海型剖面浮标。美国的 APEX 型深海剖面浮标也是采用玻璃球作为仪器舱，在近几年的海上试验中分别出现了漏油、测量误差大、浮力系统故障等问题，生产商均表示拟在浮力控制系统和皮囊质量两个方面进行改进和提升，有望解决这些方面的问题。

2012 年 8 月，法国 NKE Instrumentation 公司研制出了第一个 ARVOR 型深海剖面浮标，最大工作深度 4 000 m。2018—2019 年，投放在北大西洋副极地海域的一批 ARVOR 型深海浮标均配备有避冰算法和触底探测功能，且垂向分辨率设置较高(深度 0~400 m 为 1 dbar，400~1 400 m 为 5 dbar，1 400~4 000 m 为 7 dbar)，但仅有 2 个浮标达到 140 个循环剖面观测，且浮标存活率较低。

日本 JAMSTEC 研制了 NINJA 型深海剖面浮标。该类型浮标装载 SBE41CP 型 CTD，观测 0~4 000 m 海水物理要素，可以完成 50~70 个全深度剖面，具备避冰和触底探测功能。该型浮标在南极投放应用，在冰下工作比较稳定。

全球海洋生物地球化学观测用于研究海洋酸化、缺氧、生物泵和生物地球化学循环等科学问题。近几年来，包括美国 APEX 浮标、加拿大 PROVOR 浮标、法国 ARVOR 浮标和日本 NINJA 浮标生产商在内的多个剖面浮标开发机构都开展了生物地球化学剖面浮标(BGC-Argo 浮标)的测试和投放。目前，大部分 BGC-Argo 浮标观测深度为 0~2 000 m，除了 CTD，还携带有溶解氧、硝酸盐、pH、叶绿素荧光和颗粒后向散射等传感器。图 4.36 为法国 NKE Instrumentation 公司生产的 BGC-Argo 浮标。美国在位于南大洋由 SOCCOM 项目(The Southern Ocean Carbon and Climate Observations and Modeling project）运行的生物地球化学剖面浮标观测网目前有 100 多个浮标在运行，正朝着运行 200 个 BGC-Argo 浮标的目标迈进。由国际 BGC-Argo 计划实施的全球海洋生物地球化学 Argo 观测网，是国际 Argo 计划的重要组成部分，2020 年 9 月，海上共有 380 个 BGC-Argo 浮标在位工作。

图 4.36　法国 NKE Instrumentation 公司生产的 BGC-Argo 浮标

4.4.2　国内发展现状

我国剖面浮标技术研究已有 20 年的积累，目前国家海洋技术中心研发的 COPEX 型剖面浮标和中船重工集团 710 研究所研发的 HM2000 型剖面浮标（见图 4.37）比较成熟，也应用较多。这两款剖面浮标工作水深 0~2 000 m，标准配置 CTD 传感器。考虑到“北斗”卫星覆盖范围的局限性，近几年这两款浮标的研制、生产单位均开发了使用铱卫星通信的剖面浮标，而且在浮标寿命方面也有所提升，由原来的完成 70 个循环剖面观测提升到 120 个循环剖面以上。国家海洋技术中心开发了 COPEX-Ⅱ型剖面浮标，主要针对浮标油囊和气囊的结构形式做出改进，简化了制造工艺，提高成品率和可靠性。

图 4.37　国产 COPEX 浮标、COPEX-Ⅱ浮标和 HM2000 浮标

在青岛海洋科学与技术试点国家实验室的资助下，国内有 3 家单位(即青岛海山海洋装备有限公司、天津大学和中国海洋大学)正在研制深海型剖面浮标。2019 年，3 家单位在西北太平洋共布放了 10 个深海型剖面浮标的海试样机。这些浮标的最大观测深度均设定为 4 000 m，循环周期为 1 天。中国海洋大学和青岛海山海洋装备有限公司研制的浮标均完成了 100 个观测剖面，其工作寿命约为 6 个月。自然资源部第二海洋研究所对所有观测数据进行了分析，并向青岛海洋科学与技术试点国家实验室提供了一份技术报告，建议浮标研制单位选用 SBE61 型和 RBR Argo 型 CTD 传感器替代目前的 SBE37 型 CTD 传感器，因为后者是海鸟公司专门为锚泊系统设计的，CTD 传感器的缓慢响应时间会导致剖面浮标在上浮观测过程中，特别是在水体剧烈变化的水层(如跃层)中，其观测的温度、盐度剖面资料中出现许多小的“毛刺”，从而影响剖面浮标观测资料的质量。未来 5~10 年，中国致力于打造“透明海洋”(智慧海洋)系统，同时开展 0~6 000 m 深海浮标的研发，并联合中国 Argo 实时资料中心对深海剖面浮标观测数据进行质量控制。

在生物地球化学剖面浮标方面，国家海洋技术中心和中船重工集团 710 研究所都开展了研发工作。2016 年，国家海洋技术中心完成第一台该类别浮标的研制，集成了 SBE63 溶解氧传感器。2018 年，国家海洋技术中心向用户交付了 5 台 COPX-DO 浮标，搭载了 RBR 公司的溶解氧传感器。2019 年，青岛海山海洋装备有限公司生产出首个 HM2000-DO 型浮标，它由中船重工集团 710 研究所研制，在其顶端安装了一个 Aanderaa 4330 型溶解氧传感器，并能在空气和水体中进行测量，有利于溶解氧剖面资料的质量控制。该试验型浮标于 2020 年 2 月布放在印度洋海域，但未收到该浮标的任何信息。

2019年3月24日与29日，卫星海洋环境动力学国家重点实验室(SOED)搭载厦门大学“嘉庚”号科考船在西北太平洋成功布放两个BGC-Argo浮标，顺利传回观测数据，并通过中国Argo实时资料中心与全球Argo资料中心实现同步、实时共享。此次投放的两个浮标为法国NKE Instrumentation公司生产，是我国首次投放的“全配置”(即同时携带了温度、电导率和压力，以及溶解氧、硝酸盐、pH、叶绿素a、颗粒物后向散射系数和下行辐照度等传感器)BGC-Argo浮标，而且在国际上也是第一次布放。在国家重点研发计划“中国近海与太平洋高分辨率生态环境数值预报系统(2016YFC1401601)”和国家自然科学基金重点项目“北太平洋铁的来源与传输及其对上层海洋生态系统的影响(41730536)”两个在研项目的科学引导下，自2018年5月起，SOED在西北太平洋海域已经布放了近20个BGC-Argo浮标，拟建成国际上首个西北太平洋生物Argo观测网，重点服务于海洋生态数值模拟的参数优化、西北太平洋碳循环过程，以及大气沉降、台风、中尺度涡对海洋生态系统的影响等科学研究。

4.4.3 发展趋势与建议

随着全球气候问题和海洋生态问题研究的不断深入，对海洋环境要素进行多维度精细化观测的需求日益旺盛。国际Argo计划正从原先的“核心Argo”向“全球Argo”迈进，并派生出了“BGC Argo”和“Deep Argo”两个子计划。拟在2025年之前建成一个由4 700个自动剖面浮标组成的全球(包含有冰覆盖的南北极海域和重要边缘海区域)、全海深(0~6 000 m)、多学科(包括物理海洋和生物地球化学等10多个海洋环境要素)的实时海洋观测网。2021年3月，英国国家海洋中心(National Oceanography Center)宣布未来三年内将在大西洋地区部署30个BGC-Argo浮标。美国国家科学基金会(US National Science Foundation)资助了一个名为“全球海洋生物地球化学阵列”(The Global Ocean Biogeochemistry Array，GO-BGC)的项目。该项目计划投资5 300万美元，在全球海洋中部署500个BGC Argo浮标。这些浮标获取的数据将为科学家研究海洋生态系统的基本问题、海洋环境健康和生产力状况、海洋中碳、氮、氧等元素的循环问题提供支撑。

需求驱动发展，剖面浮标技术是海洋科学研究的重要数据获取方式，未来将以观测需求为导向，向多要素、全域化、系列化方向发展。多要素是指浮标将集成更多的物理海洋和生物地球化学要素观测功能，以获得浮标运动路径上更加全面的环境数据。全域化是指将剖面浮标的应用范围扩展到南北极冰盖下和重要边缘海区域，以及深至6 000 m的区域。系列化是指形成可以满足不同应用需求的一系列浮标型号。

4.5 表层漂流浮标

表层漂流浮标是应海洋调查、环境监测、气象预报和科学实验的需求而逐步发展起来的小型海洋资料浮标。布放后，它在水中(或水面)呈中性状态，随海流漂移，故称为漂流浮标。不同用途的表层漂流浮标在结构组成和技术特点上各不相同，水文气象方面的漂流浮标主要可分为三类，即拉格朗日漂流浮标、波浪漂流浮标和水文气象监测漂流浮标。其中，拉格朗日漂流浮标可算作经典代表，主要用于大洋环流研究和海洋水文调查；波浪漂流浮标和水文气象监测漂流浮标则是衍生类型，应用于海洋水文气象综合观测。漂流浮标体具有体积小、重量轻、便于投放、不易遭破坏、不受人为限制等特点。另外，相较其他海洋观测设备，漂流浮标的设备成本和使用成本都较为低廉，可在海洋中连续工作几个月到两年，适用于大面积海域调查、海气相互作用研究、自然灾害和突发性环境污染调查等诸多方面，因而是目前海洋上应用数量最多的观测设备。

4.5.1 国外发展现状

4.5.1.1 拉格朗日漂流浮标

拉格朗日漂流浮标是应用较早且应用数量较多的一类漂流浮标。较早的设计是以跟踪海流为主要目的，基于拉格朗日法测流，同时测量海表面海水的温度，如美国的SVP浮标和我国的FZS3-1浮标。其结构组成包括水面浮球、水帆及连接缆绳三部分，如图4.38所示。水面浮球安装有通信设备、天线、传感器、控制单元和电池。水帆是一个软布型流向标，在水中受流的作用漂移，从而带动漂体整体随流漂移。

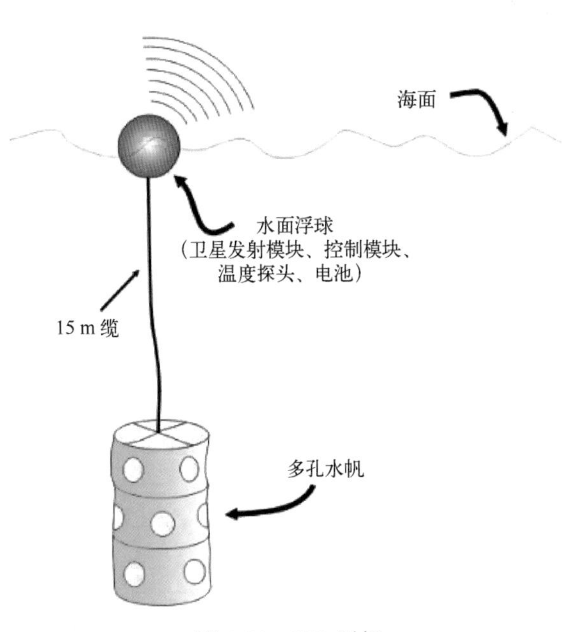

图4.38 SVP浮标

20世纪80年代，SVP浮标在世界大洋环流试验(WOCE)中成功应用，试验表明：使用SVP浮标测得的海流数值及其变化量分布，在大洋环流研究中可以起到重要作用。此后，为了满足海洋气象学研究的需求，对SVP浮标进行了改进，包括增加气压计端口设计和配置气压传感器，即形成了 SVP-B 浮标。该浮标可以收集实时观测资料，服务天气预报，直接或间接地为许多用于气候评估的再分析产品提供帮助，如图 4.39 所示。其气压端口的尺寸和外形设计都经过优化，尽可能地不影响浮标跟踪测量特定深度水域海流的性能。

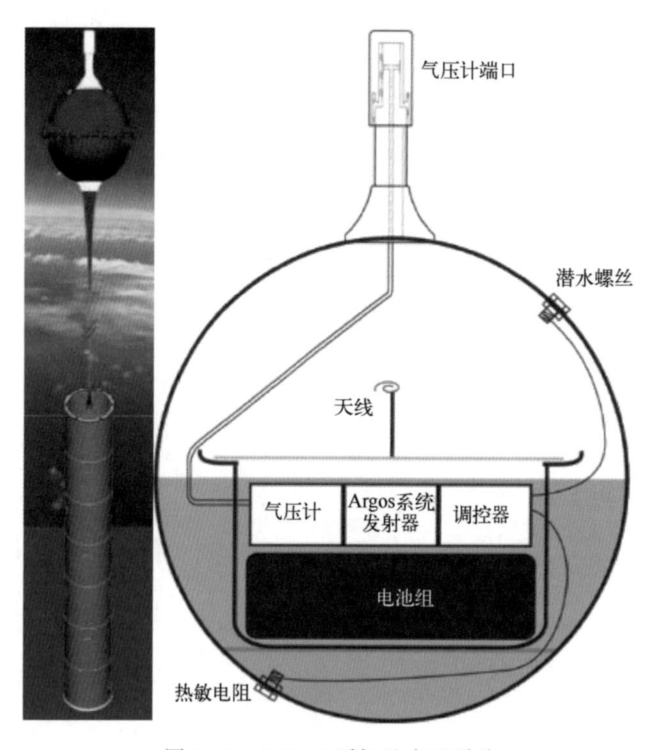

图 4.39　SVP-B 浮标及水面浮球

基于 SVP 设计的拉格朗日漂流浮标可以配置多种气象和海洋传感器，包括风速计、测量盐度(SSS)的电导率传感器、辐射计、水听器、声学流速剖面仪、水下温度和电导率传感器等。SVP 系列漂流浮标的主要测量要素见表 4.6。

表 4.6　SVP 系列漂流浮标的主要测量要素

类型	海表温度	海平面气压	海表盐度	风	15 m 深海流
SVP	√				√
SVP-B	√	√			√
SVP-S	√	√	√		√
表面浮标	√	√		√	
Minimet	√	√		√	√
ADOS	√	√		√	

近年来，为了支持两个“上层海洋区域研究中的盐度过程”(SPURS-1 和 SPURS-2)项目，大量盐度漂流浮标被布放，可以提供 1 年的 SSS 观测数据，精度约为 0.01 psu 。SVP 浮标和 SVP-B 浮标适合在离岸较远的海域和大洋中使用，浮标所带的水帆通常位于水下 15~20 m 处，也可以根

据需求调节深度。此两型表层漂流浮标是国际全球浮标计划(Global Drifting Program，GDP)的主要观测手段。

20世纪90年代，卫星全球定位系统建成，可供沿海使用的拉格朗日漂流浮标随之研制成功。浮标外形更加小巧，可以用小船或是直升机投放。浮标利用GPS卫星定位，测量参数包括表层海水温度和表层海水盐度，通过卫星或当地的移动通信网络系统将数据传输到地面接收站。由于浮标可以回收，可以选用可重复充电的电源。适用于沿海的表层漂流浮标主要有两种结构形式，一种是球状的水面标配置一个多角形反射体状水帆，如图4.40所示；另一种是圆柱状的水面标配置十字交叉形水帆，如图4.41所示。通常这两种设计的水帆都是位于水下1 m左右。

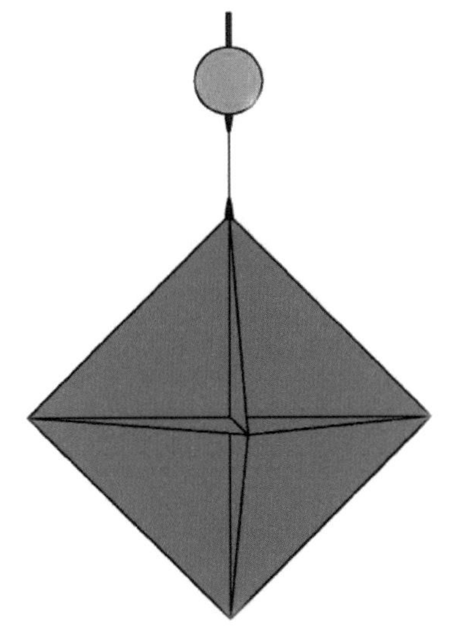

图4.40　多角形反射体状水帆

图4.41　十字交叉形水帆

远海型和近岸型拉格朗日漂流浮标的特性对比见表4.7。

表4.7　远海型和近岸型拉格朗日漂流浮标的主要特性

类型	观测要素	定位	数据通信	电池寿命	水帆	可充电	可回收
远海型	海流 海水温度 盐度(可选) 气压(可选)	Argos “北斗”(可选) “铱星”(可选)	Argos “北斗”(可选) “铱星”(可选)	1~24个月，取决于通信系统、采样频率、传感器数量	有	否	否
近岸型	海流 海水温度 盐度(可选) 气压(可选)	GPS Argos(可选) “北斗”(可选) “铱星”(可选)	GSM或CDMA Argos(可选) “北斗”(可选) “铱星”(可选)	1~3个月，取决于通信系统、采样频率、传感器数量	有	可选	是

另外，还有很多国外学者对漂流浮标的工程应用价值进行了阐述。Davis通过近岸海洋动态实

验(Coastal Ocean Dynamics Experiment, CODE)，开发了一种低廉的表面漂流浮标用于帮助描述海洋近表面速度场；Srinivasan联合国立海洋技术研究所(National Institute of Ocean Technology, NIOT)开发了一组基于通用分组无线服务技术(General Packet Radio Service, GPRS)的浮标，通过浮标在海面上的漂流运动来模拟水团运动，由此监测海洋中表层洋流的速度及方向；Skey和Miles则对海洋数据的监测问题进行了汇总，认为准确测量风、海浪、水流和水质参数等是海洋工程中必不可少的内容，在相关的工程设计中需加强对海上数据获取手段的重视；Centurioni和Lumpkin通过介绍在美国国家海洋和大气管理局(NOAA)资助下的全球浮标计划所取得的成就，论证了浮标监测数据对于遥感海温的校准和验证以及数值天气预报的重要性；Shih和Sprenke为解决在港口、海湾和河口等典型区域的海流信息测量困难问题，研发了一种高精度GPS浮标用于提供精确的表面潮流测量；Archetti在利用浮标进行海岸带溢油试验的基础上，提出了一套海岸带溢油试验方案，并从形状、尺寸、压舱、设备和材料等方面入手，设计了一种有较好性能的溢油浮标(Oil Spill Drifter, OSD)。这些研究工作均介绍了海上的气象参数及波浪参数等数据在海洋科学研究进程中的重要性，同时也说明了漂流浮标在进行海上数据监测时的不可替代的地位。最近，Novelli和Guigand介绍了从1970年至今，浮标在溢油研究中的应用进展，以及可降解浮体的设计，改进数值传输模型可以研究污染物在时间尺度和空间尺度上的扩散和累积过程，同时研究了浮标对环境的影响。浮标观测所得数据，对于模型和遥感产品的验证至关重要，而这些模型和产品在指导响应和决策方面正变得越来越重要。

拉格朗日漂流浮标最为重要的技术特性是随流性，即浮标的位置变化与海流的一致性。为此，该类浮标都配置有水帆，使浮标可以准确地跟踪水帆所在水层的海流。因此，它的基本用途是观测海流，根据需求还可以获取表层水温、盐度、海面气压，以及水下几十米的温度剖面数据。

4.5.1.2 波浪漂流浮标

全球海域面积广阔，因此需要大量低成本、高精度、安全可靠、观测性价比高的波浪测量设备。波浪浮标是目前使用最广泛的波浪测量设备。随着全球海洋技术的发展，投弃式波浪浮标也得到了越来越广泛的应用。

目前，国外已经有多家科研单位开展了投弃式波浪浮标的研究工作，并且取得了很大的进步。特别是荷兰“波浪骑士”浮标的生产商DataWell海洋仪器公司，经过10余年的研究已经开发出了投弃式波浪浮标产品，并开始批量生产。图4.42为DataWell海洋仪器公司生产的0.4 m无缆投弃式波浪浮标。

基于太阳能、传感器和数据技术的最新进展，南非的Enviromap公司和荷兰的H-Max公司合作开发了WaveDroid型投弃式波浪浮标，因其轻便坚固、灵活可靠受到用户广泛认可。如图4.43所示，它将运动传感器和电子罗盘相结合，实现一维能量—密度谱和有效波高、周期、波向等波浪参数的高精度测量。

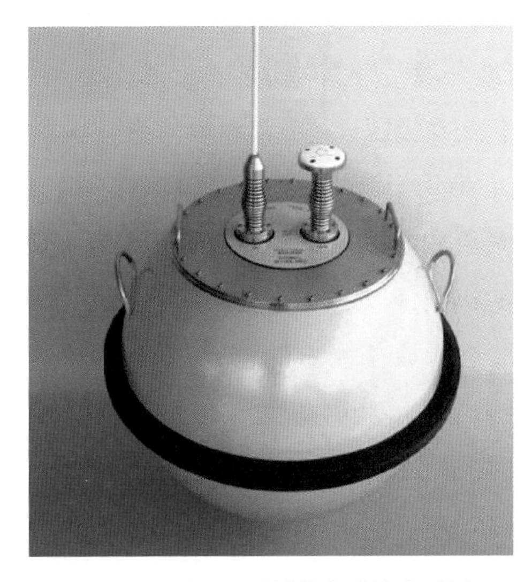

图 4.42　0.4 m 无缆投弃式波浪浮标

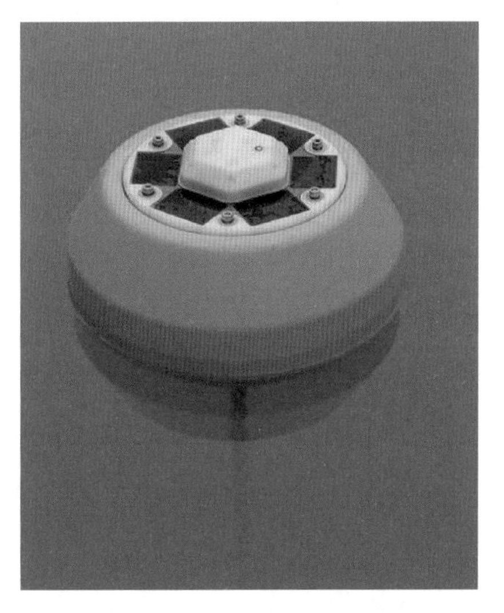

图 4.43　WaveDroid 型投弃式波浪浮标

美国的 QinetiQ 公司也研发出了 MAXWB+C 型柱形投弃式波浪浮标，并得到了应用。如图 4.44 所示，它能够测量波浪的波高、周期和波向等波浪参数。

最近的技术发展表明，以足够高的频率(通常为 2~5 Hz)采样的 GPS 引擎可以相当准确地描述方向波谱。表面流速仪(Surface velocity profice，SVP)波浪浮标是由斯克里普斯海洋研究所(SIO)开发的一种基于 GPS 技术的“波浪骑士”浮标，它可以通过“铱星”网络接收指令，每小时计算一次方向波谱参数，并实时反馈海表面重力波的方向波谱和海表温度(SST)。这种浮标生产成本低，测量精度高，目前已在开阔海域布放应用，图 4.45 为 SVP 浮标海试照片。

图 4.44　MAXWB+C 型柱形投弃式波浪浮标

图 4.45　SVP 浮标海试

近些年来，随着气候和海冰范围的变化、人类经济活动的增加，极地地区巨大的研究价值日益突出。海冰是极地环境的主要特征，海冰中的波浪参与开阔海域和冰层覆盖区域之间的耦合，这其中的相互作用过程涉及许多复杂的现象。更好地理解和模拟海冰中的波浪传播可以改进海洋模型，以便用于气候、天气和海况预测、冰层厚度估计和极地环境污染扩散分析，保障人类在极地地区的安全活动。而由于偏远和恶劣的环境条件，原位测量仍是在极区进行波浪测量的关键方法。

David Meldrum 等根据所研究的极区“煎饼冰”的特点，专门设计了一种新型波浪浮标用于南极研究，浮标配有用于原位波谱分析的垂直加速计，以及气象和海温传感器，旨在测量年轻冰群的变形及其对风力和波浪作用的响应，从而洞察海冰生长的机制，以及可能对区域热通量和质量通量的影响；Jean Rabault 团队设计开发了对海冰中的波浪进行原位测量的仪器(Free Open Source Software and Hardware，FOSSH)，它在极地环境下性能可靠，能够获取高质量的海冰漂移和波浪传播数据，与商用浮标观测结果的对比充分验证了 FOSSH 仪器波浪测量和现场数据处理的正确性，为极地地区的波浪测量开辟了新的可能；美国海军边缘冰区(MIZ)研究办公室倡议在北极开展综合观测和模拟项目，该项目包括布放 25 套波浪浮标，其中夏季 20 套，冬季 5 套，用于量化外海和海冰中的波浪特征和演变过程，其上搭载法国 SBG Systems 公司研制的 IG-500A 惯性传感器，其优越性能支持浮标在严酷的极地环境中提供可靠的波高、波向等数据。

此外，基于微机电系统(MEMS)的惯性运动单元可作为一种低成本的海表面波浪测量装置。Yury Yu. Yurovsky 和 Vladimir A. Dulov 基于电容式硅基加速计-陀螺仪-磁强计传感器开发了一种浮标，其结构彻底简化，外壳尺寸显著减小至 14 cm 直径，适用于短期的人工波浪测量。经测试，该种浮标在 1~15 m/s 风速下能较好地再现有效波高、波周期、波向、谱宽等波浪参数。

美国国防部先进研究项目局(DARPA)在 2017 年 12 月 19 日启动了海洋物联网小浮子(微型浮标)的研发计划，计划在 100 万 km^2 的海域布设 15 000 个移动观测小浮标，主要寻求建立一个由小型化、低成本传感器组成的“海上物联网”，利用大量的小型漂流观测浮标进行持久、广域的海洋环境监测，提升海上的态势感知能力，最终使美国军方能够在公海上有效地运作，提升美军全球作战能力。

波浪漂流浮标的测量精度对于准确预测海上科学工程应用所需的海洋和近岸波浪条件具有重要意义。Luca Centurioni 等开发了一种基于 GPS 的新型方向波谱浮标(the Directional Wave Spectra Drifter)，现场试验结果表明它与声学流速剖面仪(Acoustic Doppler Current Profiler)获得的方向波浪特征具有很好的一致性；海洋测绘发展跨学科中心(The Interdisciplinary Center for the Development of Ocean Mapping)的 HydroBall GNSS 浮标经过特别调整和多种 GNSS 处理策略的测试，用以评估其在厘米精度水平测量波浪的潜力，波高时间序列的正弦回归比可确定波周期和振幅。

4.5.1.3 水文气象漂流浮标

气压和风是揭示天气变化的主要动力参数，海面风场是海洋上层运动的主要动力来源，是海洋和气象中的重要物理参数。气温和海温是揭示大气、海洋内部和海气之间热量传递的主要参数，气温的分布和变化还与大气稳定度及云、雾、降水等天气现象密切相关。以往这些海洋气象要素的综合观测通常是利用锚泊资料浮标来完成的，但是锚泊资料浮标造价高，特别是在深远海海域布放和维护困难，需要专门的调查船只和有经验的技术人员。

随着一些小型、高集成度的气象要素传感器研发成功，专用的气象监测漂流浮标得以出现。例如美国国家资料浮标中心（NDBC）设计的风速风向漂流浮标——WSD浮标和VE WSD浮标，都能测量风速、风向、气温、气压和表层水温等多项气象参数。VE WSD浮标还能测量自身的加速度，从而可提供更准确的运动订正，进一步校正测量数据。

如图4.46所示为WSD风速风向漂流浮标的外形和结构。该浮标能很好地适应公海的严苛环境条件。在特定的应用中，这种浮标在耐久性、单位观测值的获取费用、数据准确度和数据量等方面均表现出色，不失为廉价而有效的海洋气象数据收集工具。

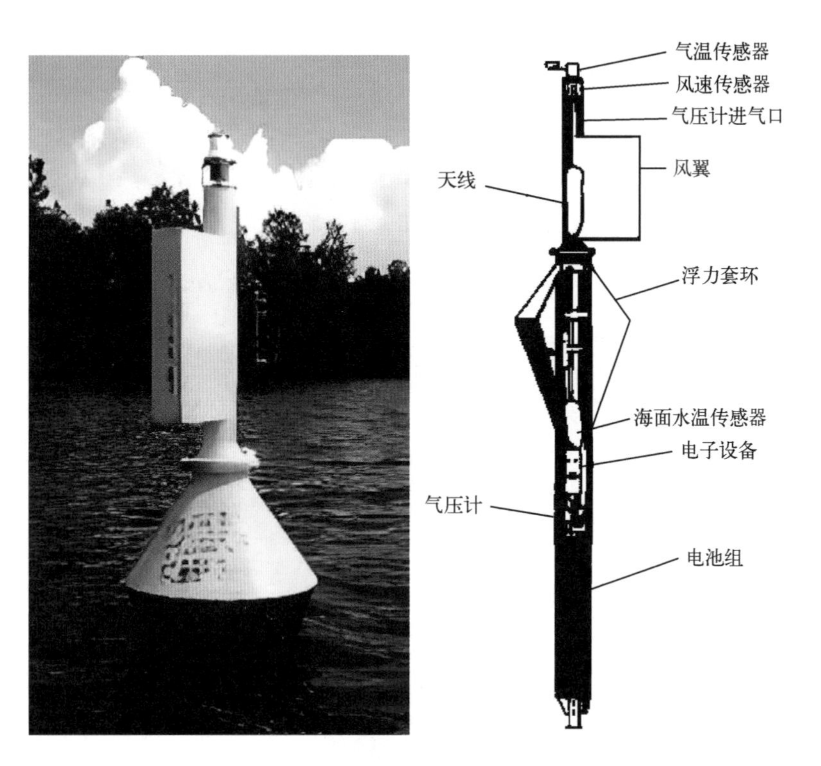

图4.46　WSD风速风向漂流浮标

VE WSD风速风向漂流浮标是在价值工程原理的指导下，对WSD漂流浮标进行改进的产物。最为重要的改进是加装了全球定位系统模块，使漂流浮标的位置数据得以与气象数据一起被传输。先前WSD漂流浮标的位置是利用多普勒定位系统计算的，定位误差较大。而GPS模块定位性能优良，大大提高了气象数据的有效性。第二项改进是采用新型双轴式声学测风仪，既可计算风速，又能测算风向，从而可以取消天线桅杆上的测风尾翼，大幅减少浮标在恶劣天气条件下的运动，改善风速和风向的数据质量。第三项改进是换用廉价的Solartron7885型气压计，其长期稳定性和重复使用性与之前使用的Paroscientific气压计一样令人满意。第四项改进是加装了一个加速度计，可以测量的加速度达2 g（20 m/s^2），可用于测量数据的运动补偿订正。经过这些改进，在没有增加任何经费投入的情况下，数据质量得到显著改善。

欧洲国家开发的小型低成本气象浮标，已经成功测量了气温、气压、海水温度、水下压力等参数，并且能够部署成传感器阵列开展协同监测。其研制的小型浮标易于组装、维修和拆除，易于部署，在水面或水下易于根据需求添加新的传感器。浮标由一个 PVC 材质的浮球提供浮力，仪器水上与水下的连接结构为不锈钢杆。水上部分由用于射频传输的天线、一个太阳能供电系统以及一个或多个用来监测气象数据的传感器组成；水下部分为配重平衡装置，并可放置多个传感器，组成传感器链。

美国海军支持开发的小型波浪跟踪浮标(Surface Wave Instrument Float with Tracking，SWIFT)，最初是为了测量海气通量而设计的。2009 年开始海上试验，经过不断改进，目前已经发展到第三代浮标，已经成功测量了表面海浪、风速、风向、气温、气压、海水温度、盐度和水下海流等参数。小型浮标高 2.15 m(水上 0.9 m，水下 1.25 m)，直径为 0.3 m，重量仅为 30 kg，易于部署。第一代 SWIFT 浮标采用三杯式测量仪加手持气象仪组合测量，2012 年之后进行了进一步的改进，最新版本的小型波浪跟踪浮标更新换代使用 Airmar PB200 气象传感器，使其更加紧凑集成(图 4.47)。

图 4.47 升级版 SWIFT 浮标

总之，国外海洋资料浮标经过 60 多年的技术进步与应用，技术已经相当成熟，其功能在商业化应用中不断完善；浮标种类齐全，浮标的测量项目多，海上生存能力强，并随着海洋监测的需要研制许多专用化、小型化浮标。表 4.8 为国际上常见的几种气象浮标的基本情况。

表 4.8 国外气象浮标的基本情况

浮标类型	研制单位	国 家	测量参数
漂流浮标	MetOcean	加拿大	气温、水文、相对湿度、气压
	Pacific Gyre	美 国	海表水温、气压、风速、风向、盐度
投弃式浮标	卡塔赫纳技术大学	西班牙	风速、气温、湿度、气压、海表温度等
	华盛顿大学	美 国	风速、气温、气压、相对湿度

4.5.2 国内发展现状

4.5.2.1 拉格朗日漂流浮标

我国于 20 世纪 90 年代开始研制表层漂流浮标，2000 年投入使用。2001—2014 年期间，如图 4.48 所示的 300 余台 FZS3-1 浮标在海洋调查项目中投入使用，布放在西北太平洋副热带海域、南海东北部海域、台湾海峡北部海域、台湾以东、黄海、印度洋等海域。自2010年开始，中国科学院海洋研究所在多次海洋调查中布放了大量基于拉格朗日法测流的海洋表层漂流浮标，涉及海域包括中国近海(渤海、黄海、东海和南海)、西北太平洋海域(包括印度尼西亚海域)和印度洋，总投放量已达400多套，配合岸基数据服务器和数据库的建立，初步建立起一个长时间、大范围的表层海流观测系统。所布放浮标的工作寿命可达2年以上，每小时传送一次数据，定位精度10 m以内。经过5年的数据积累，已初步取得表层海流的时空场数据。拉格朗日法测流，其基本出发点是让浮标自由漂流和随被测海流同步漂移，设计时要使被测流层的推动力起主要作用，其他因素的影响越小越好，从此目的出发，浮标系统选用圆柱形标体与定深系缆连接水帆组成。

图4.48　FZS3-1浮标

1997年，余立中和山广林提出了漂流浮标对缺乏数据海域的气象水文分析和预测非常重要的观点，将所采集的数据绘制成流迹曲线，认为浮标漂移路径与其所经过海域的流系基本一致，不仅对大尺度的环流响应灵敏，而且对中小尺度的海流响应也比较灵敏。

由于浮标在海上工作时直接承受着风、浪、流的耦合影响，浮标的工作稳定性能直接关乎其寿命长短，因此浮标的应用发展逐渐表现为以提高其工作稳定性能为目标。随着计算技术的飞速发展，被用于浮体水动力特性研究的数值仿真方法已日趋成熟，多数情况下可用数值模拟结果来近似代替现场观测结果。

2015年，张继明等建立了频域内海洋资料浮标的运动微分方程，采用三维势流理论方法进行浮标模型的运动仿真，并将所得数值试验结果与模型水池试验结果进行比较，认为势流理论方法由于不考虑水的黏滞性，造成构成浮体横摇阻尼之一的黏性阻尼被忽略而令整个模型的横摇固有周期变小，其后修正了仿真模型的阻尼矩阵并再次进行比较(图 4.49)，结果精度有所提高。

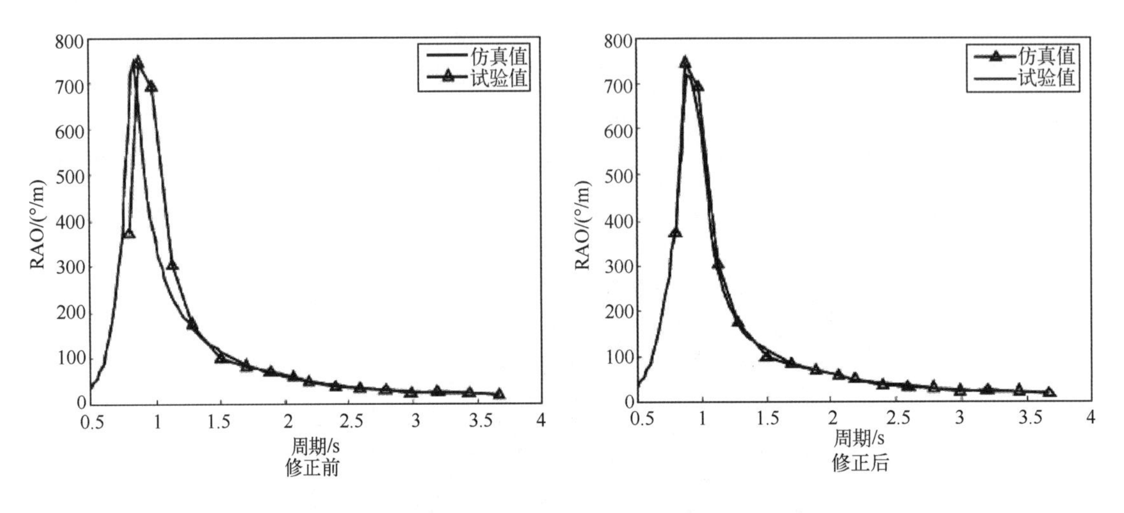

图 4.49　修正前后 RAO 值对比

2018 年，陈小邹和万宇祥基于势流理论，结合时域分析和频域分析方法，计算了浮标在规则波与不规则波条件下的时域和频域响应，给出了波高测试补偿系数和波浪周期测试的补偿系数，并对浮标的随浪特性进行分析(图 4.50)，认为提高浮标的随浪性重点在于使浮标快速响应波浪的运动。

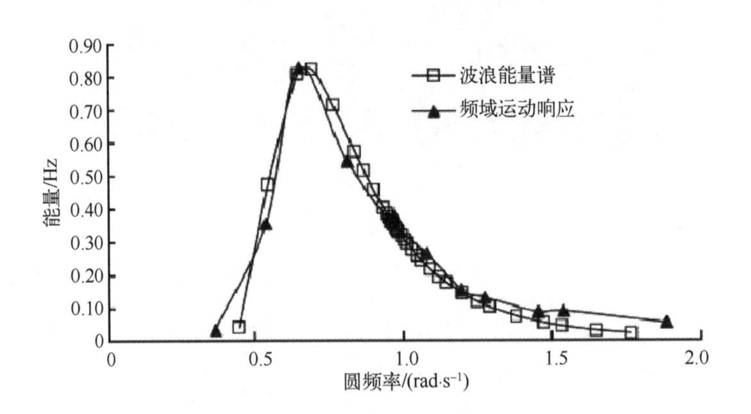

图 4.50　运动频域响应和波浪谱对比

此外，尹则高等基于 RANS 和 VOF 模型，建立了圆柱形垂荡浮子的三维水动力数学模型，对比了随机波理论频谱和随机波作用下垂荡浮子的实验室试验数据(见图 4.51)，研究了不同波况以及不同浮子高度对浮子垂荡响应的影响。

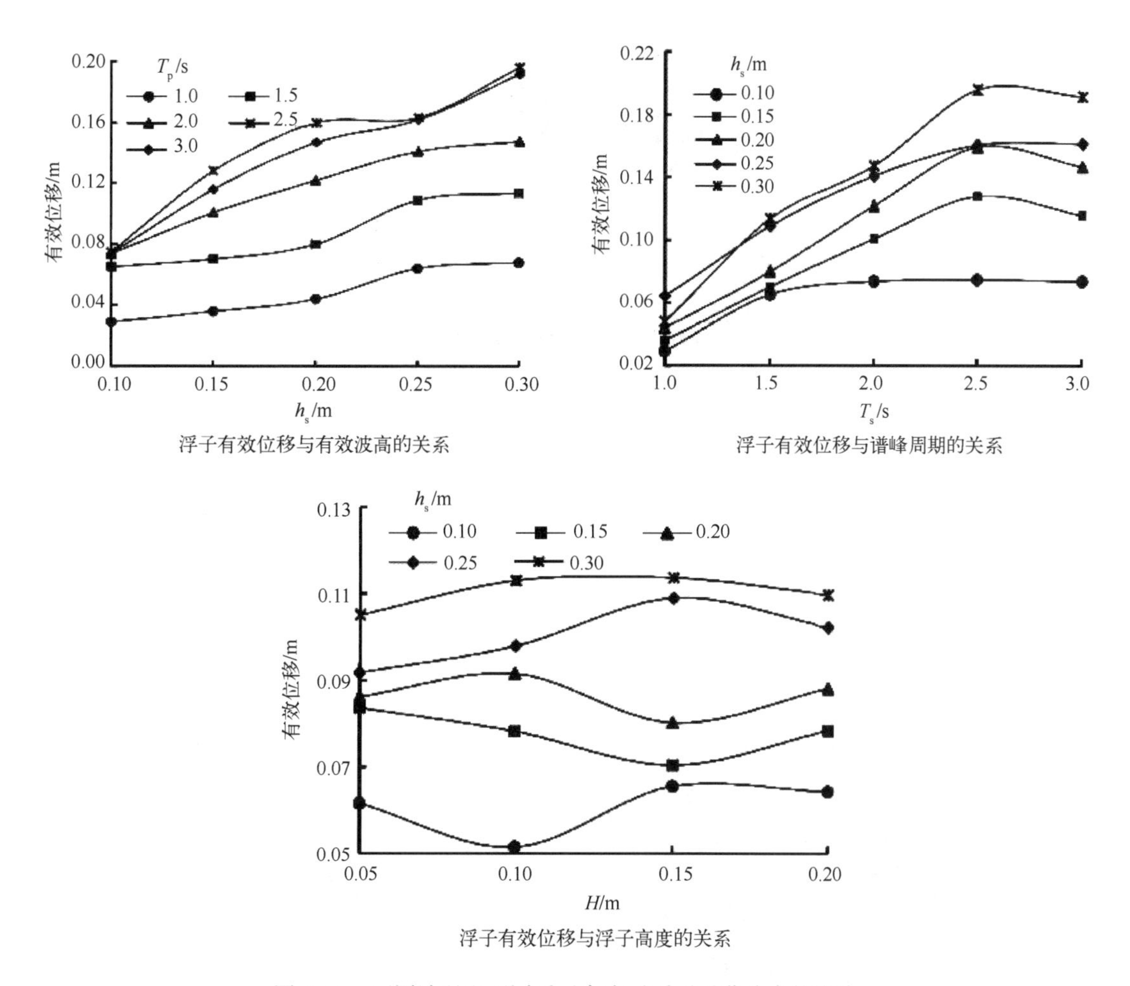

浮子有效位移与有效波高的关系

浮子有效位移与谱峰周期的关系

浮子有效位移与浮子高度的关系

图 4.51　不同波况和不同浮子高度对浮子垂荡响应的影响

4.5.2.2　波浪漂流浮标

国内主要有两家研究机构进行了波浪漂流浮标的研究及应用，也取得了很大的研究进展。

国家海洋技术中心的波浪测量技术研发团队，在海洋能专项、国家海洋局业务项目、国家自然科学基金、国家海洋局青年海洋科学基金及天津市自然科学基金等项目资金的支持下，研制成功了投弃式 GPS 波浪浮标(见图 4.52)。投弃式 GPS 波浪浮标的各项关键技术已经成熟，并在南海、西太平洋、印度洋、南极等深远海恶劣海况海域进行了多次、共计 10 余套的布放应用。浮标经历了多次台风大浪过程，最大波高 10 余米，浮标工作稳定可靠，再次验证了投弃式 GPS 波浪浮标的各项关键技术的可靠性。

中国海洋大学的技术研发团队也成功研发出了漂流式波浪浮标(见图 4.53)，它采用高精度九轴加速度传感器，同时高频获取三轴加速度、角速度、欧拉角数据，通过反演获取波浪的各要素，数据通过“铱星”/“北斗”/4G 等方式实时回传。其主要特点在于质量轻、体积小、测量精度高，适合大面积、多方式投放进行波浪的现场观测。

图 4.52　国家海洋技术中心的投弃式 GPS 波浪浮标

近年来，该浮标被国家卫星海洋应用中心、青岛海洋科学与技术试点国家实验室、华东师范大学、汕尾中心站、宁德中心站、珠海中心站、北海中心站和三亚机场等单位使用，成功在我国近海、南海和西北太平洋开展了 20 余套的海上布放应用。

图 4.53　中国海洋大学研发的漂流式波浪浮标

4.5.2.3　水文气象多参数漂流浮标

水文气象多参数漂流浮标主要由国家海洋技术中心研制，相关单位尚未开展产品级的应用。

国家海洋技术中心根据海气相互作用和气候变化研究的需求，研发了一种低成本、小型化和综合性的水文气象漂流浮标——漂流式海气界面浮标(见图 4.54)。该浮标主要采集海表面 3 m 高度的真风速、真风向、气温、气压、相对湿度、海表面温度与波浪参数，组网观测实现全球海域大范围、网格化、高时空分辨率的海气界面关键气象(3 m 高度)和水文参数的高频次采集，观测数据在线校准和质控并通过卫星实时传输，极地版本可工作 8 个月以上，太阳能版本可实现跨年

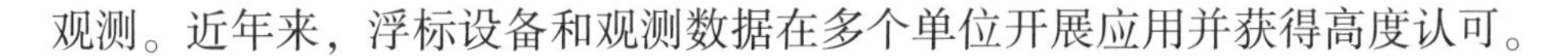
观测。近年来，浮标设备和观测数据在多个单位开展应用并获得高度认可。

图 4.54　国家海洋技术中心研发的漂流式海气界面浮标

截至目前，漂流式海气界面浮标在南海、赤道太平洋、黑潮延伸体和南极西风带等深海大洋区域累计布放 40 套，先后开展了与国际标准锚系浮标的现场比测、国际首次中尺度涡组网、超级台风环境应用、南极西风带断面组网和南极高纬度海域应用，获取了相关海域大面积的海气界面综合观测数据，观测数据准确可靠、仪器装备运行稳定，基本具备了全球海域业务化观测能力。国家海洋技术中心联合国内外优势单位在 2019 年世界观测大会发表观测白皮书(Centurioni et al., 2019)，该设备作为一种新型海气界面观测手段，引领海气界面观测计划，为海洋分析预报、海洋环境现场保障、海气相互作用及气候变化提供了一种高效费比的新型低成本观测手段。

国家海洋技术中心设计的一种漂流式气象浮标(见图 4.55)，其相应特性见表 4.9。浮标最上端安装了小型气象站，距离海面 1 m 以上。小型气象站集成了气温、气压、湿度、超声风和三轴倾角传感器。浮标利用 GPS 定位，通过“北斗”或“铱星”系统进行数据传输，电池可供浮标连续工作 6 个月以上。

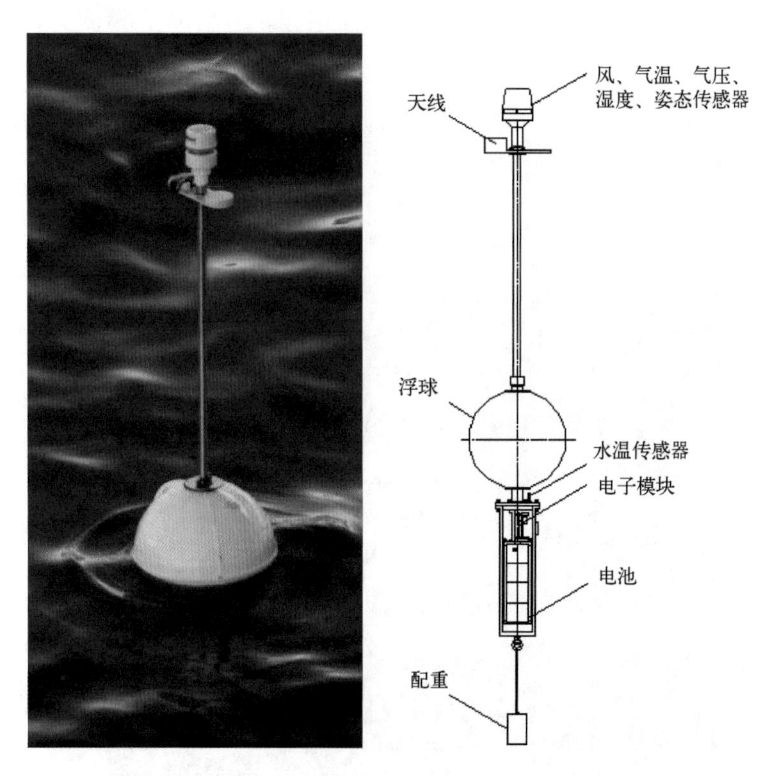

图 4.55　国内设计的气象监测漂流浮标

表 4.9　气象监测漂流浮标的主要特性

类型	观测要素	定位	数据通信	工作环境条件	生存环境条件
WSD/VE WSD 浮标	气温、气压、水温、风速、风向、加速度	ARGOS/GPS	ARGOS	最大波高 10 m、风速 40 m/s 和气温 -20~+40℃	最大波高 20 m(6 h 之内)、风速 60 m/s 和气温-55~+50℃
漂流式海气界面浮标	气温、气压、风速、风向、水温、电导率(可选)、波高、波向、波周期	GPS "北斗"(可选) "铱星"(可选)	"北斗" "铱星"(可选)	最大波高 10 m、风速 60 m/s 和气温 -40~+50℃	最大波高 15 m(8 h 之内)、风速 60 m/s 和气温-60~+60℃
气象漂流浮标	气温、气压、水温、风速、风向、倾角	GPS "北斗"(可选) "铱星"(可选)	"北斗" "铱星"(可选)	最大波高 6 m、风速 40 m/s 和气温 -20~+50℃	最大波高 10 m、风速 60 m/s 和气温-30~+50℃

4.5.3 发展趋势

构建多平台的全球海气界面观测系统是未来海气界面观测的发展趋势。当前，国际上已经提出了一系列基于新型移动观测平台实现大范围海气界面要素观测的新计划。美国国防高级研究计划局已于2017年发布海洋物联网计划，计划在100万 km^2 的海域布设15 000个移动观测浮标，用以实时感知海洋和大气基本参数。欧美国家已开发完成部分新型水面观测平台，包括小型漂流浮标、波浪能滑翔器、无人船等开展协同组网观测，并已将其纳入未来全球海气界面观测系统构建的重要节点(Cronin et al.，2019)。因此，小型移动式海面观测平台将成为今后全球范围高时空分辨率海气界面要素获取的"主战型武器"。

未来海气界面观测的发展趋势亟须创新的观测技术和应用方法来实现全球范围内高时空分辨率海气界面要素的获取，而低成本、小型化、灵活度高的漂流式平台将成为未来实现海气界面大范围、高分辨率观测的重要发展方向。

高时空分辨率的海气界面观测是理解多尺度海气相互作用的关键。开展海洋大气研究主要利用的是观测和模式数据。无论是狭窄的西边界流还是海洋中尺度涡都需要高分辨率观测和模式数据才能准确识别，然而近年来的观测和模式的发展并不足以分辨中小尺度海气相互作用过程，因此中纬度海气相互作用的观测一直是气候变化研究的难点。

长期以来，海气界面要素的观测主要依靠传统的大型锚系浮标。国际上自20世纪80年代已经发起了以大型锚系浮标为核心的热带太平洋、热带印度洋和热带大西洋观测计划(TAO/TRITON、RAMA、PIRATA浮标阵列)(McPhaden，1995；Bourlès et al.，2008；McPhaden et al.，2009)。上述观测计划的实施为热带海气相互作用的研究及其理论体系的完善奠定了基础。然而，目前几乎所有大型浮标观测都集中在热带海区，全球中高纬度海域特别是海气相互作用最为丰富的西边界流海区仍然是海气界面观测的"荒漠区"(Cronin et al.，2008；Yu，2019)，观测的缺乏导致目前海气耦合模式对全球中高纬度的模拟仍存在显著的偏差(Wang et al.，2014)。

因此，海气界面关键要素的大范围、长时间、高时空分辨率观测对深入理解海气交换的物理过程、完善海气界面交换参数化方案、提升下一代海洋大气耦合模式的模拟预报水平具有重要科学意义和应用价值。

4.6 载人潜水器

载人潜水器(MUV)作为一种深海运载工具，可将科学研究人员、工程技术人员和各种机械电子装置快速、精确地运载到目标海底环境，是深海进入、探测、开发和保护的重要技术手段和装备，代表着潜水器技术的前沿。载人潜水器与搭载人员配合，可以有效地收集信息、详细地描述周围环境以及快速地在现场做出正确的反应。

海洋技术协会载人潜水器委员会(MTS MUV)由85家国际会员公司组成，包括50家载人潜水器制造商(其中商业公司38家，国家机构12家)。MTS MUV根据行业将MUV划分为4类，分别为：科研、旅游、政府/军事、商业/个人。2018年，MTS MUV对320艘载人潜水器的研究数据显示，共计160艘MUV活跃在世界各地，提供1 624个载人座位。其中，38艘应用于援潜救生，122艘应用于科学研究、商业作业、观光旅游、私人探险和高端休闲。

4.6.1 国外发展现状

不同类型的MUV采用的技术都类似，根据下潜深度可以将其分成三类：第一类下潜深度超过1 000 m；第二类下潜深度在300~1 000 m；第三类下潜深度小于300 m。

4.6.1.1 第一类 超深渊MUV(>1 000 m)

除了中国研发的“蛟龙”号和“深海勇士”号MUV，法国、日本和美国等国都在维持现有的超深渊MUV(表4.10)。美国2011年加入了Nadir号载人潜水器，2018年加入了Triton 36000/2全海深载人潜水器。俄罗斯运营4艘6 000米级的深海载人潜水器。韩国船舶与海洋工程研究所(KRISO)与印度国家海洋技术研究所，都正在致力于6 000米级MUV的开发。

表4.10 2018年第一类“超深渊深度”潜器

名称	运营方	下潜深度(m)	载人数量	制造年份
Deepsea Challenger	美国伍兹霍尔海洋研究所	11 000	1	2009
Shinkai 6500	日本海洋研究开发机构	6 500	3	1989
Mir1	俄罗斯科学院	6 000	3	1987
Mir2	俄罗斯科学院	6 000	3	1987
Rus	俄罗斯海军	6 000	3	2001
Consul	俄罗斯海军	6 000	3	2011
Nautile	法国海洋开发研究院	6 000	3	1985
New Alvin	WHOI	4 500	3	2013
PISCES V	美国夏威夷水下研究实验室	2 000	3	1973
PISCES IV	美国夏威夷水下研究实验室	2 000	3	1971
TRITON 3000/3-1	美国阿卢西亚号科考船	1 000	3	2011
Deep Rover	加拿大潜水公司	1 000	1	1984
Deep Rover DR2	美国阿卢西亚号科考船	1 000	2	1994
LULA 1000	雷比科夫黑格尔基金会	1 000	3	2011

注：此表数据不包括中国“蛟龙”号和“深海勇士”号。

4.6.1.2 第二类　海洋探测 MUV(300~1 000 m)

MTS MUV 2018 年的研究数据显示：2017 年，全球共有 102 艘属于第二类 MUV 的深海潜器。这类潜器一般是在诸如电影拍摄、慈善打捞与私人休闲活动等私营和商业运营模式的影响下制造的。图 4.56 给出了此类别中不同深度潜器的数量分布情况，平均下潜深度可达到 660 m。

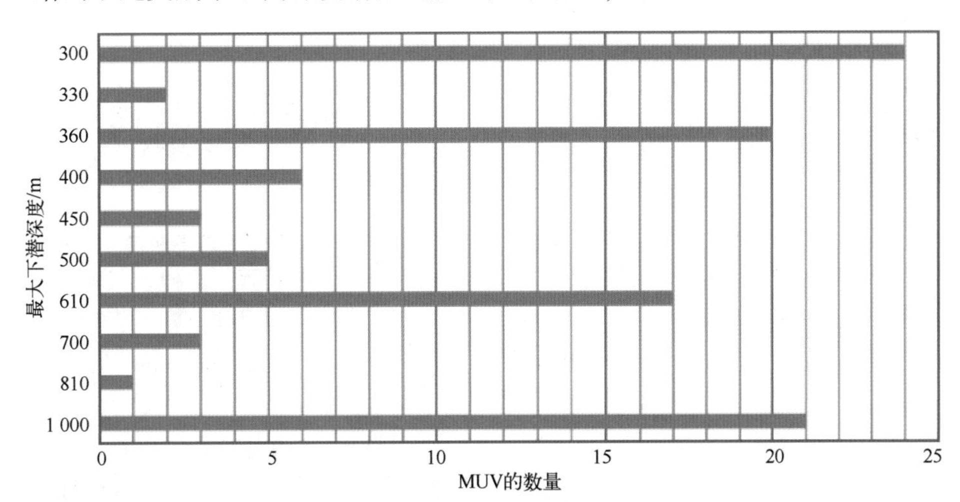

图 4.56　2018 年第二类深潜器的下潜深度和数量

4.6.1.3 第三类　近海 MUV(<300 m)

MTS MUV 2018 年的研究数据显示：全球有 49 艘此类 MUV 服役于 300 m 以内的沿海海域。其中包括很多大型观光潜器，它们一般在 30~40 m 深水域活动；还包括小型的用于休闲、商务活动的私人潜艇以及一些研究用的潜器。观光潜艇非常活跃，这 49 艘潜器中，有 22 艘是由加拿大的亚特兰蒂斯公司和芬兰的莫比玛公司制造的，每艘可搭载 40 多位旅客。这些潜器载着数以百万游客，游遍了地中海到大西洋、加勒比海到夏威夷以及亚太地区的海洋。

一些带有潜水员锁定功能的潜器也属于这一类别。最初，这类潜器主要是海军用来输送潜水人员，美国海军将一些新型潜器作为潜水员输送载具。其设计结合了商用型和海军舰艇标准，以降低生产成本。

4.6.2 国内发展现状

自 2000 年以来，我国载人潜水器领域发展迅速。2012 年，研制 7 000 米级作业型载人潜水器“蛟龙”号(见图 4.57)，在马里亚纳海沟最大下潜深度达 7 062 m，截至 2018 年 11 月，“蛟龙”号已成功下潜 158 次。2015 年，研制 500 米级作业型、仿人形的单人常压潜水器装具(ADS)；研制 2 台“寰岛蛟龙”型全通透载客潜水器(见图 4.57)，工作深度为 40 m，载员 12 人，商用载客运行获得国家批准试点。2016 年，启动研制全海深(11 000 m)载人潜水器，2020 年 6 月 19 日，正式命名为“奋斗者”号(见图 4.57)，2020 年 10 月 27 日，“奋斗者”号在马里亚纳海沟成功下潜突破 1 万 m 达到 10 058 m。2020 年 11 月 10 日，在马里亚纳海沟成功坐底，坐底深度 10 909 m，刷新中国载

“蛟龙”号

“寰岛蛟龙”

“奋斗者”号

“深海勇士”号

图 4.57　我国载人潜水器

人深潜的新纪录。2017 年，研制 4 500 米级作业型载人潜水器“深海勇士”号(见图 4.57)。2018 年 5 月 21 日，“深海勇士”号载人深潜器在水深 1 386 m 的海马冷泉附近深海海域，成功获取一只深海水虱样品。2019 年 3 月 10 日，“深海勇士”号载人深潜器随“探索一号”科考船进行西南印度洋热液科学考察(TS10 航次)，经过 121 天完成预定任务，顺利返航海南三亚。2018 年，世界首台大坝深水检测载人潜水器通过中期检查，工作深度为 300 m，随后开始总装联调及示范性应用。此外，研制了多型移动型救生钟和机动型救生钟，为援潜救生提供了国产化装备。

4.6.3　发展趋势与建议

载人潜水器装备的主要发展方向是全海深载人潜水器和专用载人潜水器，并且随着智能技术、通信技术、视频技术、新材料以及控制技术的发展，载人潜水器的发展也呈现了一些新特点。

(1)新材料的广泛应用。钛合金材料质量相对较轻，且强度高，但缺点是价格昂贵。碳纤维复合材料、强化玻璃材料已开展相关研究。这两种材料是未来载人球壳的理想材料。以陶瓷球为核心的浮力材料也获得了广泛研究，并取得了一定进展。

(2)全透明材料应用于大视野观察窗的设计、建造技术。观光型载人潜水器已将全透明材料大量应用于大视野观察窗的设计与建造，美国 SEAmagine 公司 AURORA 系列的工作深度达到

1 000 m。

(3)新型高密度耐压蓄电池组技术。西班牙和美国合作，开发能在全海深运行的电池模块，免维护、循环周期达4 000次、即插即用。

(4)多人多舱技术。日本提出的全海深载人潜水器研究计划，将为6名船员提供舒适的乘坐体验和长达48 h的任务时间，设置有休息和盥洗空间。

(5)全海深、全海域谱系化发展。我国“十三五”国家重点研发计划“深海技术与装备专项”已同步开展11 000米级全海深载人潜水器及其相关关键技术的研究工作，全面开展了技术攻关研究，2020年前载人潜水器研制完成。日本将新一代深海载人潜水器定位为优先发展的国家关键技术，开展“深海12000”载人潜水器的研制，预计2023年前后投入使用。

参考文献

卞子玮，2017. 可翻转式带缆水下机器人(ROV)的总体设计和水动力学性能研究. 镇江：江苏科技大学.

曹俊，胡震，刘涛，等，2020. 深海潜水器装备体系现状及发展分析. 中国造船，61(1)：204-218.

陈小邹，万宇祥，2018. 便携式波浪测量浮标总体设计及随浪特性分析. 舰船科学技术，40(23)：68-71.

陈质二，俞建成，张艾群，2016. 面向海洋观测的长续航力移动自主观测平台发展现状与展望. 海洋技术学报，35(1)：122-130.

崔维成，2015. 我国载人深渊器的发展策略及当前进展. 江苏科技大学学报(自然科学版)，29(1)：1-9.

丁汉卿，2017. 基于变量伺服原理的ROV推进系统辨识方法研究. 上海：上海交通大学.

董慧颖，徐鹏，2016. 水面无人船运动目标检测技术研究. 沈阳理工大学学报，35(5)：33-38.

董晓明，2020. 海上无人装备体系概览. 哈尔滨：哈尔滨工程大学出版社：127-161.

范聪慧，于非，南峰，等，2016. 基于无人船的大洋中尺度涡观测系统展望. 海洋科学集刊，51(3)：49-56.

郭宏，屈衍，李博，等，2012. 国内外脐带缆技术研究现状及在我国的应用展望. 中国海上油气，24(1)：74-78.

黄玉龙，张勇刚，赵玉新，2019. 自主水下航行器导航方法综述. 水下无人系统学报，27(3)：232-253.

江华，中船重工第710所构建国内“最深最远最快最全”UUV产业基地.(2016-07-26)[2020-03-10]. http://www.hbgb.gov.cn/xwdt/qydt/11402.htm，2016.07.26.

金久才，张杰，马毅，等，2013. 一种无人船水深测量系统及试验. 海洋测绘，33(2)：53-56.

金久才，张杰，邵峰，等，2015. 一种海洋环境监测无人船系统及其海洋应用. 海岸工程，34(3)：87-91.

李海森，周天，徐超，2013. 多波束测深声呐技术研究新进展. 声学技术，32(2)：73-80.

刘保华，丁忠军，史先鹏，等，2015. 载人潜水器在深海科学考察中的应用研究进展. 海洋学报，37(10)：1-10.

刘晨晨，2006. 高分辨率成像声呐图像识别技术研究. 哈尔滨：哈尔滨工程大学.

刘峰，2016. 深海载人潜水器的现状与展望. 工程研究，8(2)：172-178.

刘涛，王璇，王帅，等，2012. 深海载人潜水器发展现状及技术进展. 中国造船，53(3)：233-243.

刘维，中国“潜龙一号”无人潜器试验创5 080米深海作业纪录.(2013-10-10)[2020-03-10]. http://military.china.com/news/568/20131010/18082424.html.

刘艳，刘文智，马春霞，2017. 深水固体浮力材料的制备及性能研究．舰船科学技术，(3)：87-90.

彭未风，朱宝琳，突破国外技术封锁天大“海燕”将与鲸共舞．(2014-05-23)[2020-03-10]. http：//news. enorth. com. cn/system/2014/05/23/011902769. shtml.

蒲华燕，丁峰，李小毛，2017. 基于椭圆碰撞锥的无人船动态避障方法．仪器仪表学报，1(7)：1756-1762.

乔岳坤，朱迎谷，严允，等，2018. 工作级遥控潜水器的位姿跟踪 S-MFAC 控制．控制与信息技术，(6)：44-49.

任玉刚，刘保华，丁忠军，等，2018. 载人潜水器发展现状及趋势．海洋技术学报，37(2)：114-122.

宋辉，2008. ROV 的结构设计及关键技术研究．哈尔滨：哈尔滨工程大学．

孙东波，张锁平，齐占辉，2014. 投弃式波流测量传感器浮标体结构分析及伪刚体建模研究．海洋技术学报，33(1)：24-28.

万接喜，2014. 外军无人水面艇发展现状与趋势．国防科技，35(5)：91-96.

王博，苏玉民，万磊，2016. 基于梯度显著性的水面无人船的海天线检测方法．光学学报，1(5)：58-67.

王峰，2009. 基于海水压力的水下液压系统关键技术研究．杭州：浙江大学．

王鹏，胡筱敏，熊学军，2017. 新型表层漂流浮标体设计分析．海洋工程，35(6)：125-133.

韦荣伟，2018. 水下机器人发展趋势及前景．现代制造技术与装备，(2)：175-176.

武建国，石凯，刘健，2014. 6 000 m AUV“潜龙一号”浮力调节系统开发及试验研究．海洋技术，33(5)：1-7.

徐伟哲，张庆勇，2016. 全海深潜水器的技术现状和发展综述．中国造船，57(2)：206-221.

许竞克，王佑君，侯宝科，等，2011. ROV 的研发现状及发展趋势．四川兵工学报，32(4)：71-74.

杨海全，哈尔滨工程大学攻克 AUV 水下搭载对接技术．(2015-10-29)[2020-03-10]. http：//hlj. people. com. cn/n/2015/1029/c220024-26963502. html.

杨玉春，2014. 测深侧扫声呐关键技术研究．杭州：杭州应用声学所．

轶嵘，2014. 云洲智能：“万能”无人船. 创业邦，2(8)：40-41.

尹则高，杨博，高成岩，等，2019. 随机波作用下圆柱形垂荡浮子水动力行为的数值研究．太阳能学报，40(5)：1207-1211.

余立中，山广林，1997. 表层漂流浮标及其跟踪技术．海洋技术，(2)：3-13.

张继明，范秀涛，赵强，等，2015. 频域内海洋资料浮标水动力特性的仿真研究．山东科学，28(4)：8-13.

张卫东，刘笑成，韩鹏，2020. 水上无人系统研究进展及其面临的挑战．自动化学报，46(5)：847-857.

张云飞，2015. 让无人船在水面飞．百科探秘(海底世界)，3(6)：29-30.

周锋，2015. 深海 ROV 液压推进系统的稳定性和控制方法研究．杭州：浙江大学．

庄佳园，徐玉如，万磊，2012. 基于雷达图像的水面无人船目标检测技术．哈尔滨工程大学学报，33(2)：129-135.

ARCHETTI R, 2009. Design of surface drifter for the oil spill monitoring. Revue Paralia. Coastal and Maritime Mediterranean Conference. Hammamet, Tunisie, 1: 231-234.

BELLINGHAM J G, ZHANG Y, KERWIN J E, et al., 2010. Efficient propulsion for the Tethys long-range autonomous underwater vehicle. Autonomous Underwater Vehicles (AUV), 2010 IEEE/OES. IEEE: 1-7.

BENOIT C G, CHOUAER M A, SANTERRE R, et al., 2019. Wave measurements with a modified HydroBall buoy using different GNSS processing strategies. Geomatica.

BOURLES B, COAUTHORS, 2008. The PIRATA program: History, accomplishments, and future directions. Bull. Amer. Meteor. Soc., 89, 1111-1126, doi: 10.1175/2008bams2462.1.

BOVCON B, MANDELJC R, PERS J, et al., 2018. Stereo obstacle detection for unmanned surface vehicles by IMU-assisted semantic segmentation. Proceedings of the OCEANS, 2.

BROWN H, JENKINS L, MEADOWS G, et al., 2010. BathyBoat: An autonomous surface vessel for stand-alone survey and underwater vehicle network surpervision. Marine Technology Society Journal, 44(4): 20-29.

CENTURIONI L R, LUMPKIN R, 2017. The global drifter program: evolution, current status, impacts, and future directions. Scripps Institution of Oceanography University of California San Diego. La Jolla, California.

CENTURIONI L R, TURTON J, LUMPKIN R, et al., 2019. Global in situ Observations of Essential Climate and Ocean Variables at the Air-Sea Interface. Frontiers in Marine Science, 6.

CENTURIONI L R, TURTON J, LUMPKIN R, et al., 2019. Global in situ observations of essential climate and ocean variables at the air-sea interface. Frontiers in Marine Science, 6: 419.

CENTURIONI L, BRAASCH L, LAURO E D, et al., 2017. A New Strategic Wave Measurement Station off Naples Port Main Breakwater. Conference: 35th Conference on Coastal Engineering.

CHRISTENSEN K, BROSTROM G, 2008. Waves in sea ice. Norway, Norwegian Meteorological Institute.

COLEY K, 2015. Unmanned Surface Vehicles: The Future of Data-Collection. Ocean Chall., 21: 14-15.

CRIMMINS D M, PATTY C T, BELIARD M A, et al., 2006. Long-endurance test results of the solar-powered AUV system. OCEANS 2006. IEEE: 1-5.

CRONIN M, COAUTHORS, 2019. Air-sea fluxes with a focus on heat and momentum. OceanObs'19, Front. Mar. Sci., submitted.

CRONIN M, MEINIG C, SABINE C, et al., 2008. Surface Mooring Network in the Kuroshio Extension. IEEE Syst. J., 2, 424-430, doi: 10.1109/jsyst.2008.925982.

DANIEL T, MANLEY J, TRENAMAN N, 2011. The wave glider: enabling a new approach to persistent ocean observation and research. Ocean Dynamics, 61(10): 1509-1520.

DAVIS R E, 1982. An inexpensive drifter for surface currents. IEEE Second Working Conference on Current Measurement. IEEE, 89-93.

ELLISON R, SLOCUM D, 2008. High spatial resolution mapping of water quality and bathymetry with a person-deployable, low cost autonomous underwater vehicle. OCEANS 2008. IEEE: 1-7.

EWART T, 1976. Observations fromstraightline isobaric runs of SPURV. Proc IAPSO/IAMAP PSII, 1-18.

FAHAD M, GUO Y, BINGHAM B, et al., 2017. Evaluation of ocean plume characteristics using unmanned surface vessels. Proceedings of the OCEANS, 2(8): 1-7.

FERREIRA H, ALMEIDA C, MARTINS A, et al., 2012. Environmental modeling with precision navigation using ROAZ autonomous surface vehicle. IEEE /RSJ International Conference on Intelligent Robots and Systems. Portugal: 1-6.

FERRI G, MANZI A, FORNAI F, et al., 2015. The HydroNet ASV, a Small-Sized Autonomous Catamaran for Real-Time Monitoring of Water Quality: From Design to Missions at Sea. IEEE J. Ocean. Eng., 40: 710-726.

FRITZNER S, GRAVERSEN R, CHRISTENSEN K H, et al., 2019. Impact of assimilating sea ice concentration, sea ice thickness and snow depth in a coupled ocean-sea ice modelling system. The Cryosphere, 13(2): 491-509.

HERBERS T H C, JESSEN P F, JANSSEN T T, et al., 2012. Observing Ocean Surface Waves with GPS-Tracked Buoys. Journal of Atmospheric & Oceanic Technology, 29(7): 944-959.

HOBSON B J G, KIEFT B, et al., 2012. Tethys-class long range AUVs-extending the endurance of propeller-driven cruising AUVs from days to weeks. Autonomous Underwater Vehicles (AUV), 2012: IEEE/OES. IEEE: 1-8.

HORMANN V, CENTURIONI L R, REVERDIN G, 2015. Evaluation of drifter salinities in the subtropical North Atlantic. Journal of Atmospheric & Oceanic Technology, 32(1): 185-192.

JORGE V A M, GRANADA R, Maidana R G, et al., 2019. A Survey on Unmanned Surface Vehicles for Disaster Robotics: Main Challenges and Directions. Sensors, 19: 702.

KRISTAN M, KENK V S, KOVACIC S, et al., 2016. Fast Image - Based Obstacle Detection from Unmanned Surface Vehicles. Trans. Cybern, 46(3): 641-654.

LUMPKIN R, OZGOKMEN T, CENTURIONI L, 2017. Advances in the Application of Surface Drifters. Annual Review of Marine Science, 9(1): 59-81.

MCNUTT M, 2014. The hunt for MH370. Science, 344(6187): 947-947.

MCPHADEN M J, COAUTHORS, 2009. RAMA: The Research Moored Array for African-Asian-Australian Monsoon Analysis and Prediction. Bull. Amer. Meteor. Soc., 90, 459-480, doi: 10. 1175/2008bams2608. 1.

MCPHADEN M J, 1995. The Tropical Atmosphere Ocean Array Is Completed. Bull. Amer. Meteor. Soc., 76, 739-744, doi: 10. 1175/1520-0477-76. 5. 739.

MCPHAIL S, FURLONG M, HUVENNE V, et al., 2009. Autosub6000: its first deepwater trials and science missions. Underwater Technology, 28(3): 91-98.

MCPHAIL S, 2009. Autosub6000: A deep diving long range AUV. Journal of Bionic Engineering, 6(1): 55-62.

National Oceanography Centre, Southampton, 2014. Autosub Long Range ready to cast off. [2020-04-02]. https: //phys. org/news/2014-03-autosub-range-ready. html.

NOVELLI G, GUIGAND C M, COUSIN C, et al. , 2017. A biodegradable surface drifter for ocean sampling on a massive scale. Journal of Atmospheric and Oceanic Technology, 34(11): 2509-2532.

Obscape BV . Meet the Wave Buoy. [2020-04-02]. https: //obscape. com/site/products/wavebuoy/.

PACKARD G E, KUKULYA A, AUSTIN T, et al., 2013. Continuous autonomous tracking and imaging of white sharks and basking sharks using a REMUS-100 AUV. OCEANS 2013. San Diego: 23-26.

PANISH R, 2009. Dynamic control capabilities and developments of the Bluefin robotics AUV fleet. Proceedings of the International Symposium on Unmanned Untethered Submersible Technology(UUST): 23-26.

RABAULT J, SUTHERLAND G, GUNDERSEN O, et al., 2019. An open source, versatile, affordable waves in ice instrument for scientific measurements in the Polar Regions. Cold Regions Science and Technology, 170: 102955.

SAHU B K, SUBUDHI B, 2014. The state of art of autonomous underwater vehicles in current and future decades. Automation, Control, Energy and Systems (ACES), 2014 First International Conference: 1-6.

SBGSystems. Wave Buoys in the Arctic Sea Ice. [2020-04-02]. https: //www. sbg-systems. com/news/wave-buoys-arctic-sea-ice/.

SHIH HH, SPRENKE J J, 1999. A GPS-tracked surface drifter for harbor and estuary applications. Proceedings of the IEEE

Sixth Working Conference on IEEE.

SHOJAEI A, MOUD H I, RAZKENARI M, et al., 2018. Feasibility Study of Small Unmanned Surface Vehicle Use in Built Environment Assessment. Proceedings of the 2018 IISE Annual Conference, 2(5): 19-22.

SKEY S G P, MILES M D, 1999. Advances in buoy technology for wind/wave data collection and analysis. Oceans. IEEE.

SRINIVASAN R, 2014. Design of GPRS based drifter for measurement of surface current velocity in coastal waters. National Conference on Current Trends in Lakes and Coastal Environments.

STOKEY R P, ROUP A, VONALT C, et al., 2005. Development of the REMUS 600 autonomous underwater vehicle. OCEANS, 2005 Proceedings of MTS/IEEE. IEEE: 1301-1304.

TRAN T H, LE T L, 2016. Vision based boat detection for maritime surveillance. ICEIC.

VASCONCELOS F, SILVESTRE C, OLIVEIRA P, 2011. INS/GPS aided by frequency contents of vector observation with application to autonomous surface crafts. IEEE Journal of Oceanic Engineering,, 36(2): 347-363.

VASILIJEVIC A, NAD D, MANDIC F, et al., 2017. Coordinated Navigation of Surface and Underwater Marine Robotic Vehicles for Ocean Sampling and Environmental Monitoring. IEEE/ASME Trans. Mech, 22: 1174-1184.

VESTGARD K, HANSEN R, JALVING B, et al., 2001. The HUGIN 3000 survey AUV. Proceedings from ISOPE-2001: Eleventh International Offshore and Polar Engineering Conference. Stavanger, Norway, 679-684.

WADHAMS P, DOBLE M J, 2009. Sea ice thickness measurement using episodic infragravity waves from distant storms. Cold Regions Science & Technology, 56(2-3): 98-101.

WANG C, ZHANG L, LEE S K, et al., 2014. A global perspective on CMIP5 climate model biases. Nat. Clim. Change, 4, 201-205, doi: 10.1038/nclimate2118.

WILLIAM K, 2018. MTS Manned UW Vehicles 2017-18 Global Industry Overview.

YU L, 2019. Global Air-Sea Fluxes of Heat, Fresh Water, and Momentum: Energy Budget Closure and Unanswered Questions. Annu. Rev. Mar. Sci., 11, 227-248.

YUROVSKY Y, DULOV V A, 2020. MEMS-based wave buoy: Towards short wind-wave sensing. Ocean Engineering, 217: 108043.

ZHAO Y, LI W, SHI P, 2016. A real-time collision avoidance learning system for Unmanned Surface Vessels. Elsevier Science Publishers B. V.

第5章
海洋生态在线监测技术

随着我国自然资源统一管理、统一生态保护修复工作的开展，针对典型海洋生态场景开展的在线监测工作逐步加强。珊瑚礁、红树林、海草床、滨海盐沼、河口、海湾、牡蛎礁、海岛等多种典型生态系统，赤潮、浒苔绿潮、水母等海洋生态灾害，以及低氧酸化、微塑料等全球性生态问题都成为目前关注的热点。

本章在跟踪目前最新的在线监测传感器及集成平台的同时，选取珊瑚礁生态系统、河口生态系统及赤潮灾害的在线监测技术发展情况进行分析。

5.1 在线监测传感器及集成平台

以海洋水质为主要监测对象的在线监测传感器/仪器逐步发展成熟，如pH、溶解氧、浊度、叶绿素a、营养盐、总磷总氮等的监测在国内外皆已具备成熟的分析仪产品。近几年来，在线监测的发展热点主要集中在新原理、新要素、大水深等方面。以在线监测传感器/仪器为基础，采用多要素集成技术逐步形成了岸基、船载、浮标和海底监测等多平台、多形式的综合性在线监测系统。

5.1.1 国外发展现状

5.1.1.1 传感器技术

常规水质参数在线监测。SeaFET™ V2海洋pH传感器是目前精度较高的pH传感器之一，用于高精度测量海水或淡水的pH(见图5.1)。传感器采用离子敏感型场效应晶体管技术(ISFET)，可以提供稳定和高精度的测量结果，与传统的玻璃泡电极法pH传感器相比，稳定性更好，精度更高，不易漂移，响应速度更快，适应环境更广，适用于深海监测，正在逐渐取代传统的玻璃电极式pH传感器。

海水营养盐监测。在线监测设备开始摆脱化学试剂的限制，开发出光学传感器。海鸟公司(Sea-bird Scientific)开发了光学硝酸盐传感器(见图5.2)，传感器采用紫外光谱法测量海水硝酸

图 5.1　SeaFET™ V2 海洋 pH 传感器

盐含量，具有水下原位监测、无须使用化学试剂的特点。其中，SUNA V2 采用内置光学窗口设计，光纤探头稳定性高，可在高浊度、高有色溶解有机物(CDOM)等更多特殊环境下进行硝酸盐测量分析。Deep SUNA 传感器包含了完整的海水标定、内置数据存储、USB 通信和水下 2 000 m 标准耐压，还可选配不同模式，集成到无缆机器人(AUV)、Argo、Slocum 滑翔机上进行硝酸盐监测。

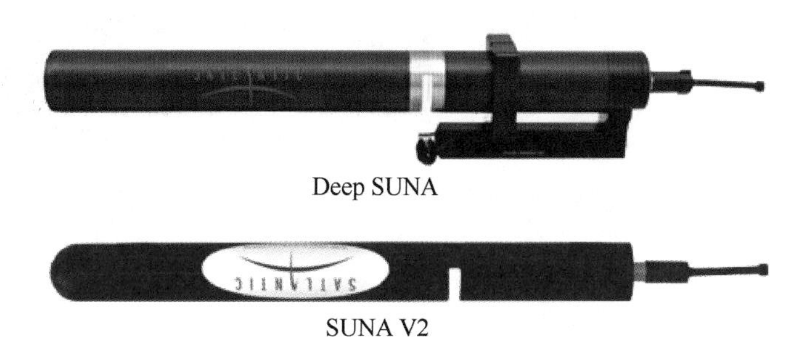

Deep SUNA

SUNA V2

图 5.2　光学硝酸盐传感器

海洋微塑料监测。海洋微塑料作为新型污染物逐渐受到海洋监测领域的重视。目前尚未见成熟的微塑料在线监测设备上市，但是以浮游生物、悬浮物等采样技术为基础，多家公司已推出海洋微塑料自动采样装备。如德国 SubCtech 公司的走航式微塑料采样系统在走航过程中抽水过滤，采集水中微塑料；德国 HYDRO-BIOS 公司的 Manta 微塑料采样网、丹麦 KC-Denmark 公司的 Manta 网都可用于采集海洋表层水体中的微塑料颗粒；丹麦 KC-Denmark 公司的微塑料采样泵在采集水体中微塑料的同时还可以精确测量出泵水量；德国 HYDRO-BIOS 公司的 MPSS 微塑料沉积物分离器则主要用于分离沉积物样品中的微塑料组分(见图 5.3)。另外，基于浮游生物分析技术开发的微塑料分析装备也在逐渐成熟。

基因芯片技术。基因芯片作为新兴的生物分子学技术之一，在环境监测和监控等诸多领域有着巨大的应用前景。从环境角度，基因芯片可以快速、高效地评价环境中化学物质的毒害作用；从生物角度，生物芯片技术的引入可以为海洋生物资源的合理开发和利用提供技术支持。目前，生物芯片技术已经逐渐代替一些传统的方法和手段，在生物学研究中扮演越来越重要的角色。生化需氧量(BOD)生物传感器、DNA 生物传感器等可以有效地应用于海洋环境监测领域。

图 5.3　微塑料采样设备

5.1.1.2　集成平台技术

1. 岸基监测站

随着赤潮、蓝潮等海洋灾害的不断出现，许多国家在原有水文气象观测站的基础上，增加了水质参数的自动化监测系统。美国的 SWQMS 水质监测系统不仅能测量水文气象参数，还可同时测量 16 个水质污染参数。德国研制的 MERMAID 海洋环境自动监测系统可测量溶解氧、叶绿素 a、颗粒浓度和粒径、营养盐、荧光、重金属、微量有机污染物、光有源辐射、辐照度、多光谱光衰减、放射性及湿气沉降等参数。挪威研制的 SEAWATCH 海洋自动监测系统是由超小型的海上 TOBIS 浮标和陆上数据处理中心组成的，可测量风速、风向、气温、气压、波浪、海流、水温、盐度、溶解氧、营养盐、放射性、透射率等参数。英国的环境、渔业及水生物研究中心还建立了海洋生态自动监测系统。

2. 船载在线监测系统

欧洲地中海业务化海洋网(Mediterranean Operational Oceanography Network，MOON)的 FerryBox 系统是一种较为典型的船载在线监测系统，具有自动采样功能，可测量温度、盐度、溶解氧、浊度、pH、叶绿素 a、二氧化碳分压、营养盐及浮游植物等参数。

经过 10 余年的发展，FerryBox 观测系统发展已较为成熟，开发了适合不同盐度、温度、叶绿素荧光、溶解氧和浊度传感器的多种流路系统，并开发了一种防止生物淤积在系统内的冲洗系统。因此，FerryBox 系统在流量的堵塞、数据的收集和存储等技术细节方面现在都已经很完善，并且高度成熟。目前已经安装在客船、货船、调查船、集装箱船、滚装船、巡逻船等多种船只上，在欧洲 40 余条航线上进行在线监测，航线遍布英国东岸北海、大西洋、北大西洋、挪威海、波罗的海和地中海。图 5.4 为瑞典农业科技大学安装的 FerryBox 系统。

图 5.4　瑞典农业科技大学安装的 FerryBox 系统

3. 生态浮标

生态浮标区别于水文气象浮标，以监测生物化学参数为主，如水温、盐度、pH、溶解氧、叶绿素 a、浊度、营养盐、藻类等。部分生态浮标会同时监测气温、空气湿度、气压、雨量等气象参数和波浪、海流等水文参数。小型化、低功耗、长维护周期、低生物附着等是浮标需解决的主要问题。美国国家河口研究保护区系统（NERRS）采用生态浮标搭载多参数水质仪，开展长期定点监测。澳大利亚全国综合海洋观测系统（IMOS）以浮标方式对大堡礁开展监测，浮标搭载 WETLabs WQM 多参数水质仪。

在美国、法国等海洋学家倡议下，在 Argo 浮标基础上装载了生物化学传感器，形成了 Bio-Argo，成为近年生态浮标研发的热点之一。法国 NKE 公司的 BGC-Argo（见图 5.5）可应用于生物、地球、化学等多学科领域，在国外已得到广泛的应用，是一种相对成熟的 Bio-Argo。国际 Argo 计划逐渐增加了生物地球化学 Argo（BGC-Argo）的投放数量，用于开展海洋酸化、低氧和碳循环等科学问题的研究。BGC-Argo 搭载的传感器主要包括 pH、溶解氧、硝酸盐、叶绿素 a、悬浮颗粒物和光辐照度传感器等，监测水深可达 2 000 m。

图 5.5　NKE 公司的 BGC-Argo

4. 海底监测系统

国外海底观测系统的应用案例较多，代表有欧洲海底观测网(ESONET)、澳大利亚综合海洋观测系统、加拿大的海王星(NEPTUNE)系统等，均采用海底光缆模式，集成了水文、生态、视频等传感器，主要用于海底地震学、动力学、热液喷发、深海生态学等科学问题的研究。

美国 Long-term Ecosystem Observatory (LEO-15)是位于新泽西州 Great Bay 的用于近岸大陆架海洋的长期生态科学研究的观测系统，是美国第一个缆系海底观测系统。系统由两个相距 1.5 km 的水下节点和一根长约 9 km 的光电复合海缆组成，其中两个节点水深都在 15 m 左右，搭载溶解氧、营养盐、浊度、温度、盐度、叶绿素 a、海流等各类传感器。

加拿大建立了布设在维多利亚和温哥华附近的 Victoria Experimental Network Under the Sea (VENUS)和布设在温哥华岛西海岸东北太平洋海域的 North-East Pacific Time-series Undersea Networked Experiments(NEPTUNE Canada)两个海底长期观测网络系统。搭载设备覆盖地震、海啸、化学、流体、声学和视频六个方面，包括温盐深仪、海流计、海底压力记录仪、水听器、声呐、地震检波器、水下摄像机、荧光计、二氧化碳传感器、浊度计、硝酸盐传感器等近 300 台传感器和仪器。

5.1.2 国内发展现状

5.1.2.1 传感器技术

常规水质参数。近几年国内已形成海水温度、盐度、pH、溶解氧、浊度、叶绿素 a 6 个在线监测参数的自主知识产权，在此基础上开发的多参数水质仪(图 5.6)，其测量指标和现场运行稳定性已逐渐接近国外同类产品水平。

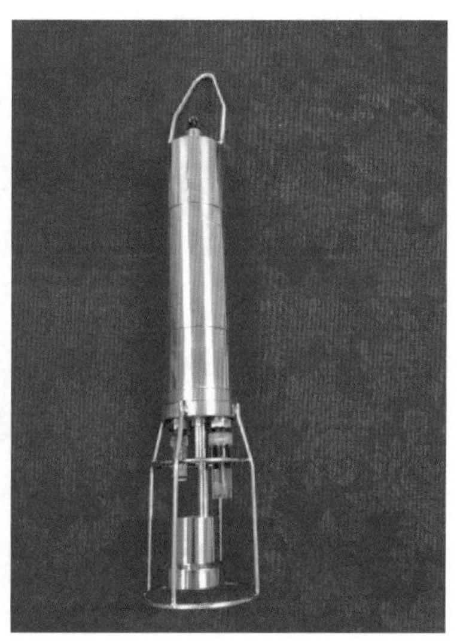

图 5.6　国产多参数水质仪，布放于宁德三都澳养殖区

海水营养盐监测。国产光学硝酸盐传感器进入示范应用阶段，无须使用化学试剂、维护周期更长，目前已实现海底连续稳定运行。水下营养盐原位分析仪完成样机开发，正在开展现场试验(图 5.7)。

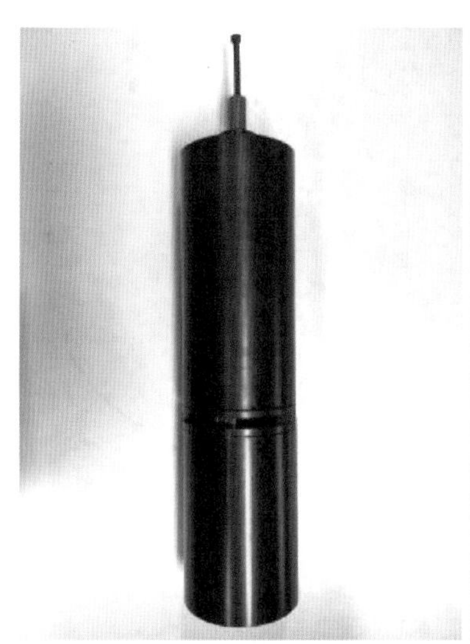

图 5.7　国家海洋技术中心开发的光学硝酸盐传感器(左)和水下营养盐原位分析仪(右)

海洋微塑料监测。国内海水微塑料监测以传统目检法为主，逐步结合显微傅里叶变换红外光谱(Micro-FTIR)、显微拉曼光谱(Micro-Raman)等技术。海洋微塑料在线监测技术尚处于原理论证和试验机开发阶段。

基因芯片技术。这项技术尽管起步较晚，但是中国生物芯片技术和产业发展迅速，实现了从无到有的阶段性突破，并逐步发展壮大。福建农林大学生命科学学院开展了海洋生物毒素的生物芯片检测、芯片研制及其监控防范等研究工作，该技术可高通量检测多种海洋生物毒素。

5.1.2.2 集成平台技术

1. *岸基监测站*

目前，国内已经建成多套岸基在线监测系统，其中部分站点已实现数据入网。根据监测站位水质特点及监测目标，我国岸基在线监测系统可分为两类。以监测陆源入海排污为主要目的的岸基监测站多建在入海排污河(口)下游，监测水体以淡水、污水为主。以海水为主要监测对象的岸基监测站多以常规海洋环境监测、典型海洋生态系统监测及典型海洋生态灾害监测为主。

国家海洋技术中心依托自主研发的在线监测设备在天津北塘入海口建成岸基在线监测系统，可实时监测 pH、溶解氧、浊度、叶绿素 a、水温、盐度、氨氮、硝氮、亚硝氮、硅、磷等水质参数及风速风向、气温、相对湿度、气压、降水量、能见度、潮位等水文气象参数，目前该站点已连续运行三年(图 5.8)。上海泽铭简易式自动岸基监测站以在线分析仪仪器为核心，运用现代物联传感技术和自动控制技术、专用数据分析软件和通信网络构成的自动监测体系，可搭载水质、

图 5.8　天津北塘岸基监测站

气象、水文、重金属、有机物等监测设备，实现实时在线监测。该设备占地面积小，仅 0.5~2 m^2，同时可以利用太阳能和风力等绿色供电系统。

2. 船载在线监测系统

国内船载在线监测系统应用较少，在“十一五”863 项目的支持下，自然资源部北海局和自然资源部东海局分别在“向阳红 08”号船和原“中国海监 47”船上建设了船载集成监测系统，用于渤海生态环境的预警监测和东海赤潮灾害的预警监测，实现了对温度、盐度、溶解氧、浊度、pH、叶绿素 a、营养盐、化学需氧量(COD)、BOD、总磷、总氮等参数的走航监测。国家海洋技术中心研制的船载便携式在线监测系统安装在小型商业船上，对天津红线区内的大神堂海域开展了多次走航式监测，实现常态化实时的海洋大范围监测，为红线区预警监测和监管提供了数据支撑。

国内一些公司如杭州浅海、北京欧仕科技、上海泽铭等也在其官网登出相关船载集成监测系统，可根据用户的选择定制系统功能和监测要素，如表 5.1 所示。但总体上看，国内尚没有成熟的、规模性的 FerryBox 应用案例。

表 5.1　国内公司船载集成监测系统

公司	可定制搭载要素
杭州浅海科技有限责任公司	温度、盐度、溶解氧、氧化还原电位、叶绿素 a、浊度、pH、透射率、藻类、营养盐、油类、有色可溶性有机物、二氧化碳、甲烷、COD、总有机碳等
北京欧仕科技有限公司	温度、盐度、溶解氧、氧化还原电位、叶绿素 a、浊度、pH、透射率、营养盐、油类、有色可溶性有机物、二氧化碳、甲烷等
上海泽铭环境科技有限公司	温度、盐度、溶解氧、pH、营养盐、COD、油类、气温、气压、温度、湿度、风速、风向等

3. 生态浮标

我国已基本形成了由大型浮标、中型浮标、小型浮标组成的系列化在线生态环境监测浮标产品，掌握了自主浮标结构设计、传感器集成，安全系统、供电系统、通信系统、锚系和岸站设计的能力，可靠性、稳定性水平达到或接近国际先进技术水平，正在逐步替换进口生态监测浮标。

我国在海洋近岸、港口、湖泊、河道、水体施工现场、工业排污口、养殖场、保护区等淡水和海水水域布放有生态监测浮标，目前应用的生态监测浮标上主要集成了水温、盐度、pH、溶解氧、叶绿素 a、浊度等常规水质参数以及气温、空气湿度、气压、雨量等气象参数和波浪、海流等水文参数，其他生态参数受技术现状限制，在浮标上应用较少。在国内部分养殖区和赤潮多发区，根据需求，浮标上搭载了营养盐、蓝绿藻和 CDOM 等传感器(见图 5.9)。

4. 海底监测系统

我国海洋科学界在 21 世纪初开始关注国际海洋界兴起的海底观测网技术，并在国家 863 计划、海洋公益性行业科研专项等的资助下进行了多方面的探索。经过多年努力，已在海底观测系统设备应用技术方面取得了重要进展，水下机器人(ROV)、测量传感器、水下光电缆等关键技术

图 5.9　用于东海赤潮监测的 50 cm 生态小浮标

取得一定成果，可为系统建设提供强有力的技术支持。国家海洋技术中心研制的坐底式观测系统已应用到珊瑚礁生态系统的监测中，测量参数包括视频、流速、水温、盐度、pH、溶解氧、叶绿素 a、浊度等，为珊瑚礁生态系统的监测提供了大量基础数据(图 5.10)。光缆式海底观测系统在山东蓬莱开展了示范应用，监测参数涉及视频、流速、潮位、水温、盐度、pH、溶解氧、叶绿素 a、浊度、硝酸盐等多项参数，采用的设备均为国产设备。

图 5.10　国家海洋技术中心研发的海底观测系统

5.1.3 发展趋势与建议

与国产装备相比，国外海洋生态在线监测传感器呈现出人工监测与在线监测相结合、生态监测与水文气象观测相结合、多种监测平台相结合的总体特点。国外综合性观测、监测系统的集成化程度、典型生态系统监测的系统化程度、在线监测装备性能及生态监测运行保障措施，对我国都有重要借鉴意义。

1. 加快国产海洋生态监测技术装备研发

建立国内外生态监测装备动态跟踪机制，根据业务化需求在国家层面统筹规划、协调监测装备研发、测试评估和推广应用。根据海洋生态监测领域长远发展需求，建议继续加大对生态在线监测装备的支持和推广力度，进行海洋生态监测装备特别是在线监测装备的原理创新、方法创新，强化传感器探头、敏感材料、基础工艺等海洋监测装备关键技术研发，从根本上解决“卡脖子”问题，提高监测装备国产化比例，形成国际研究影响力。

2. 建立人工与在线相结合的海洋生态监测模式

在现有业务化人工监测体系的基础上，按照“成熟一个上一个”的思路，以单台监测设备为考核对象，以不同监测平台为实现方式，逐步将在线监测纳入业务化体系，形成人工与在线并用的海洋生态监测模式，拓宽海洋生态监测的时空范围。

3. 建立和完善海洋生态监测技术标准体系

在线监测。统一海洋生态在线监测装备数据格式、通信方式、硬件接口等相关标准规范，建立装备选型、运行维护、质量控制、备品备件和日常管理的技术标准，提高在线监测装备标准化，增加不同站点设备之间的互换性，逐步完善海洋生态在线监测标准体系。

人工监测。针对预警监测新需求制定相关技术标准，完善人工监测标准体系。补充实验室自动分析仪器配套标准，使实验室装备分析数据具备合法性。

4. 建设生态在线监测装备海洋现场测试评估平台

制定建立现场测试检验方法，明确监测仪器的测试指标、测试项目、测试流程和数据分析方法，对海洋生态监测仪器进行现场测试评估，考察监测装备的标准符合性、接口规范性、数据准确性，以及装备在海洋现场的稳定性、可靠性、维修性、海洋环境适应性等指标，补齐海洋生态在线监测装备应用过程的薄弱环节，为在线监测装备业务化运行提供测试评估基础。

5.2 珊瑚礁生态系统在线监测技术

珊瑚礁是典型的海洋生态系统，是人类赖以生存和发展的地球支持系统的重要组成部分，对调节全球气候和生态系统的平衡起着不可替代的作用。近些年来，由于遭受人为和自然的双重压力，珊瑚礁生态平衡受到破坏，生物多样性显著减少，生态功能明显退化。针对珊瑚礁保护和修复，国内外的珊瑚礁监测方法主要是人工监测。由于人工监测缺乏连续性，无法监测到如风暴、低温和生物暴发等突发事件对珊瑚礁生态的影响，很难定点对珊瑚礁群落进行长期监测，数据分析存在较大的局限性。随着技术的不断发展，卫星遥感、在线监测传感器、视频监控、水下机器人等新技术逐渐应用到珊瑚礁生态系统的监测中，为珊瑚礁生态系统的预警监测提供了新的技术支撑。

5.2.1 国外主要珊瑚礁监测技术

5.2.1.1 全球珊瑚礁监测体系

全球珊瑚礁监测网络(GCRMN)、全球珊瑚礁普查(Reef Check)和全球珊瑚礁数据库(Reef Base)共同组成全球珊瑚礁监测体系。从1998年开始，GCRMN每两年出版一次全球和各区域监测调查资料，向公众传递最新和最权威的全球珊瑚礁健康状况评估和发展趋势预测。Reef Check于1996年建立，它采用统一规范培训潜水志愿者进行全球珊瑚礁健康状况监测。Reef Base由国际水生生物资源管理中心和世界保护监测中心(WCMC)共同建立，是全球珊瑚礁监测管理和研究的网络数据中心，资料以文字、表格、图片和地图的形式显示，可以按照国家或主题进行搜索。

美国从2000年开始实施国家珊瑚礁生态监测计划(NCRMP)、珊瑚礁健康与监测计划(CHMP)、珊瑚礁监视计划(CRW)等，对珊瑚礁区域开展长期监测，以评价珊瑚礁受到人类活动和全球气候变化影响的状况。澳大利亚在珊瑚礁生态监测方面，制订了珊瑚礁救援监测计划(RRMMP)和珊瑚礁水质保护计划(RWQPP)等。印度尼西亚政府于1998年启动了珊瑚礁保护与修复计划(COREMAP)，由印度尼西亚海洋渔业部与印度尼西亚科学院联合实施。2009年5月，在世界海洋大会(WOC)暨珊瑚礁三角洲动议(CTI)峰会上，东南亚珊瑚三角洲六国(印度尼西亚、菲律宾、东帝汶、巴布亚新几内亚、所罗门群岛和马来西亚)领导人签订关于珊瑚礁、渔业和食品安全的珊瑚礁三角洲动议领导人宣言。

大西洋和海湾快速珊瑚礁评估(Atlantic and Gulf Rapid Reef Assessment，AGRRA)在大西洋西部34个地区的720个珊瑚礁地点建立了珊瑚礁区域状况数据库；加勒比沿海海洋生产力计划(Caribbean Coastal Marine Productivity Program，CARICOMP)通过长期监测，记录了加勒比海域珊瑚礁生态系统对包括人类影响和气候变化在内的全球变化的响应；印度洋珊瑚礁退化项目(Coral Reef Degradation in the Indian Ocean，CORDIO)旨在调查1998年大规模珊瑚白化和印度洋珊瑚礁退化的生态和社会经济后果；印度海洋委员会(Commission de l’Ocean Indien，COI)项目也建立了一个区域网络，监测西南印度洋岛屿的珊瑚礁；珊瑚礁状况监测计划(Reef Condition Monitoring Program，RECON)作为一个快速监测项目，旨在记录热带西大西洋的整体珊瑚礁状况和关键珊瑚礁生物的健康状况。

随着各项监测计划的制订，各种监测方法也相继提出并得到发展。针对不同的监测目的和具体监测对象，调查方法一般可分为Manta拖曳法、定时或定距游泳调查、断面法和样方法。其中，断面调查法又可具体分为样点法(PIT)、样线法(LIT)、样带法(BIT)和样链法(CIT)。近年来，在珊瑚礁监测中使用数码设备变得越来越普遍，例如水下照片(Photography)和水下摄像(Video monitoring)等方法可以大大减少现场作业时间。具体调查中常结合以上多种方法同时展开。目前，全球珊瑚礁调查工作所采用的调查方法主要为现场人工潜水和遥感大尺度调查。这些调查方法多年来被国内外珊瑚礁监测机构广泛采用。

5.2.1.2 卫星遥感技术

遥感技术是调查和监测珊瑚礁结构组成的一种有效手段，主要分为遥感影像分析和海表面温度(Sea Surface Temperature，SST)分析两类。遥感影像分析本质上是基于卫星或者航空影像，对珊瑚礁的高光谱特征进行分析，从而得到珊瑚礁区域的整体生态特征。而SST分析则直接从影响珊瑚礁生存的主要因素——海水温度出发，对珊瑚礁状态做出评估和白化预警。美国国家海洋和大气管理局(NOAA)CRW(Coral Reef Watch)建立了一套完整的珊瑚白化监测预报系统，即珊瑚卫星白化监测预警系统(Satellite Bleaching Alert，SBA)。该系统的运作始于2005年7月，利用全球卫星温度计数据，采用了“珊瑚白化周热度”(Degree Heating weeks，DHW)概念，对全球范围内的珊瑚白化进行监测预警，已多次成功预报珊瑚白化。非珊瑚礁间接监测因子，如海水的水温、浪高、浊度、叶绿素a和其他有颜色的有机质浓度等，气象因子如风、雨、光照、云覆盖等，也可对附近陆地的植被覆盖、城市增长等进行监测，并结合这些监测结果评价目标海域的珊瑚礁健康状况。但珊瑚的光谱特性及其变化均较为复杂，甚至同种珊瑚的光谱也存在明显差异，因此充分理解珊瑚光谱的总体趋势和变异原因是进行光谱识别的关键。卫星遥感技术的最大优点是可实现大尺度海域的珊瑚礁监测，但是目前还没有专门针对珊瑚礁监测设计的卫星传感器，而水域环境下的辐射亮度变化范围小，只占陆地卫星传感器对辐射亮度整个相应范围的很小一部分，因此降低了图像的对比度。此外，该方法由于忽略了可致珊瑚礁病变或者白化的因素(如光、水动力学、珊瑚与虫黄藻的关系等)，使得其监测的时空分辨率不够精密，对局部海域的珊瑚礁退化预警表现得不尽如人意。

5.2.1.3 水下成像技术与水质在线监测技术

菲律宾大学Francis等设计和制作了一种廉价的船载水下摄影机Teardrop用于珊瑚礁监测。该设备主要由水下相机、嵌入式全球定位系统(Global Positioning System，GPS)以及铝合金固定框架三个部分组成，并固定在船只上，随船只航行时对目标海域的珊瑚礁进行摄影并记录地理位置信息。

针对深水和特殊海底地貌区域珊瑚鱼类的监测，澳大利亚海洋科学研究所研发了一种诱饵水下遥感摄影机，可携带鱼类饵料，从而对目标海域的珊瑚礁鱼类进行有效观察，为珊瑚礁生态系统的客观评价提供数据支持。随后，该研究所在大堡礁的不同区域布放了多个海洋浮标，组成无线水下遥感网络。每个浮标均搭载水上水下摄像摄影机及其他多种海洋观测仪器和设备，可同时观测海水温度、盐度、pH、二氧化碳分压(pCO_2)、浊度、光照和水下视频图像，对该海域的珊瑚礁生态系统进行监测和预警。Licuanan 等利用固定在观测基地上的数码相机对菲律宾海 2014—2018 年期间的珊瑚礁生态环境进行了监测，结果发现珊瑚礁覆盖率呈下降趋势，其珊瑚礁总量在过去 10 年内减少了约 1/3。

德国赫尔姆霍茨海洋研究中心研发了模块化多学科海底观测系统 Molab，于 2012 年 5 月 26 日首次使用，被投放在挪威北海岸的珊瑚礁区(水深 220~350 m)，主要观测珊瑚基本生长环境，研究珊瑚礁区生态系统内部交互作用。系统主要测量礁区的海流、潮汐、水温、盐度和氧消耗情况，并用摄像机直接观察珊瑚礁。

5.2.1.4 水下机器人技术

随着技术发展，水下机器人开始应用于深海勘察、采样、渔业资源调查和海洋监测。加拿大 Bárbara 等通过多波段声呐和水下机器人摄影，对阿拉斯加附近海域深水区珊瑚礁和海绵的生境进行绘制。水下机器人一般需要操作人员在船上遥控，且一般贴海底运行，工作效率较低，不利于大面积珊瑚礁海域的快速扫描和监测。针对这一缺陷，美国康涅狄格大学的 Morgan 等通过预先设定水下机器人的工作高度和操控程序，使水下机器人悬浮于距离海底一定的高度，根据预定程序实现水下机器人对目标海域珊瑚礁的快速自主监测。但是其图像分辨率相对较低，在珊瑚礁种类鉴定时具有明显的局限性。

5.2.2 国内珊瑚礁调查监测技术

5.2.2.1 我国珊瑚礁生态系统监测技术现状

国内外对珊瑚礁的监测方式均按照 Reef Check 的方法，以人工调查为主，即专业潜水员执行穿越线法。通过拍摄录像，记录调查范围内的珊瑚生长情况、健康状况、白化的比例、大型底栖生物以及藻类等信息。通过人工采样实验室分析获取水质(温度、盐度、浊度、pH、叶绿素 a、溶解氧、油类、氨盐、亚硝酸盐、硝酸盐、活性磷酸盐和活性硅酸盐等)、底质(有机碳/氮、粒度)等环境指标。调查周期一般为每年一次。

近几年来，自然资源部和国家海洋局多次组织开展了珊瑚礁生态调查，本底调查工作基本完成，基本掌握了我国珊瑚礁的分布状况。2014—2015 年，国家海洋局组织开展了第二次全国海岛资源综合调查珊瑚礁生态调查，对部分空白区域首次开展调查，获取了大量珍贵的第一手资料。

2019 年，自然资源部组织开展了全国珊瑚礁生态调查。自然资源部南海局作为该项工作的技术牵头单位，组织编制完成了《全国珊瑚礁调查生态调查方案》，摸索出了一套切实可行的珊瑚礁分布状况调查方法，2019 年 5—11 月，先后派出 11 支调查队伍，分别前往福建东山海域、广东近岸、广西近岸、涠洲岛和海南近岸，综合运用人工潜水、水下机器人调查、水下实时在线调查等技术手段，开展珊瑚礁生态状况和分布状况调查，累计完成 45 个站位的珊瑚礁生态调查和 3 047 条调查断面(边界点)、39 299 个调查点，确定了 1 418 条(个)有珊瑚分布断面(边界点)和 1 629 个无珊瑚分布断面，形成了全国珊瑚礁分布状况数据集。首次全面摸清了我国珊瑚礁和珊瑚群落的具体分布状况，为今后全国珊瑚礁保护、监测与修复工作打下了坚实的基础。

5.2.2.2 遥感、视频和传感器在线监测技术

国内借助遥感技术监测预警珊瑚礁生态系统仍在起步阶段。部分国内研究人员使用 NOAA 海表温度产品，用遥感 SST 的方法进行南海珊瑚礁监测预警。通过对西沙群岛虚拟站的数据分析发现，其周围的海水温度异常状况已持续很长一段时间，周围珊瑚发生白化的可能性较大。基于 HotSpot 和 DHW 两个指数对珊瑚健康状况进行判断，可结合卫星遥感、浮标实测、实地监测数据，对三沙珊瑚礁健康状况进行动态、实时监测。

我国的视频和传感器技术基本能够稳定应用于珊瑚礁的实时监控。海南省海洋与渔业厅在西沙群岛赵述岛建立了珊瑚礁监测站，布放于水深 5 m 处海底，主要监测现场水质的 pH、溶解氧、电导率、浊度、叶绿素 a 及现场的风速和风向，为监测现场珊瑚礁的生长及恢复提供水质数据及气象数据参考，现场使用通用分组无线服务技术(GPRS)进行无线数据传输，实时掌握现场水质及气象数据变化。自然资源部南海局南海环境监测中心提出了一种新型的珊瑚礁在线监测系统的解决方案，并在南海开展试点。该方案采用坐底式监测系统实现在线监测，将监测数据传输至岸基监测站，由岸基控制系统将数据经地面网络转发至监测控制中心，从而实现对珊瑚礁附近海域温度、盐度、叶绿素 a、溶解氧、pH、浊度、水下高清视频等要素的长期连续原位在线监测。

5.2.3 珊瑚礁在线监测技术的新需求

总体上看，国内外珊瑚礁生态系统的监测仍以人工调查的 Reef Check 方法为主，遥感、原位在线监测等技术手段也逐渐应用到珊瑚礁的监测中，但应用能力尚不足；国外已经形成了较为完善的珊瑚礁监测体系和评价方法，我国尚处在起步阶段。应充分借鉴国内外先进技术和经验，建立珊瑚礁生态系统监测业务化工作和预警响应机制，加强遥感和在线监测技术的应用和数据产品开发，优化评价方法，建立一整套科学、系统的珊瑚礁生态系统监测和评价体系，科学评估生态系统退化程度及生态保护修复成效。

5.2.3.1 珊瑚礁卫星遥感监测

构建全要素海洋监测定标平台。集成大气光学、水体表观、水体固有、红外、微波、水文、气象等自动监测装备，精确获取实时参数信息，以检验遥感产品的真实性并为卫星及无人机遥

感定标提供数据源，提升遥感监测精度。

研发或装备新型遥感设备。追踪国内外最新遥感技术，建立遥感监测设备台账，及时更新淘汰老旧设备，提升遥感观测产品的精度及多样性。目前，可装备的新型传感器包括卫星遥感平台的高光谱水色传感器、三维高度成像仪、光学 LiDAR 传感器等，无人机遥感平台的多/高光谱成像仪、激光 LiDAR 探测传感器、miniSAR、多拼光学相机等。

优化多源遥感观测资源配比及系统监测机制。组建卫星遥感监测体系，发展多源卫星探测手段。充实现有卫星数量，组建卫星星座，提升观测卫星的时效性。发展新型遥感器监测平台，如海洋监测系列卫星、海洋激光卫星等，提升监测产品的丰富度和精度。积极发展无人机遥感监测技术，优化遥感监测资源配置，合理有效地构建“卫星遥感+无人机遥感”的立体监测体系，提升遥感监测效率。

5.2.3.2 坐底式在线监测

坐底式在线监测平台具有站位部署灵活性强、隐蔽性好等特点，对珊瑚礁生态系统的研究具有非常重要的意义。平台采用坐底式有缆或无缆设计，集成水文、生态、视频等设备，实现对各要素的监测和数据传输以及水下视频信号的获取、存储、传输等。数据和视频传输至远程数据处理分析系统，对水质状况进行在线趋势分析评估；通过视频图像分析处理算法模型，提取珊瑚礁及周围生态环境状况参数，建立专门的珊瑚礁视频图像数据库，长期监测跟踪珊瑚礁的变化，为珊瑚礁保护提供长期的数据资料支持。

在有水电条件的岛礁结合岸基站布设有缆在线监测系统，无水电条件的岛礁布设无线原位在线监测系统。考虑到维护成本和长期运行的可靠性等因素，建议坐底式观测系统尽量选择易维护、耐压力的光学传感器。

5.2.3.3 移动平台在线监测

增强对高性能水下机器人、船载便携式珊瑚礁调查设备和无人机等的应用，提升巡航监测效率，确保人员安全。

5.3 河口生态系统在线监测技术

河口生态系统是融淡水生态系统、海水生态系统、咸淡水混合生态系统、潮滩湿地生态系统、河口岛屿和沙洲湿地为一体的复杂生态系统。河口生态系统健康状况不但随系统内部物理、化学和生物因素变化而变化，同时受整个流域及毗邻区域人类活动的影响。河口生态系统在线监测技术可以涵盖海洋生态在线监测的大部分监测形式，如岸基、船载、浮标、坐底、遥感等。受技术水平限制，目前我国河口生态系统监测以人工监测为主。

5.3.1 国外主要河口监测技术

5.3.1.1 各国河口生态系统监测计划

美国国家河口监测计划(National Estuary Program, NEP)是基于区域保护和恢复河口水质及生态系统完整性的监测项目，目前选择了位于该国东北沿岸、东南沿岸、墨西哥沿岸、西部沿岸和波多黎各沿岸的28个河口作为全国河口计划的监测范围。为了评价每个河口的综合保护和管理计划的有效性，对28个河口都开发了一套收集和分析监测数据的方法，同时建立能有效评价河口变化的指标。美国国家河口研究保护区系统(National Estuarine Research Reserve System, NERRS)是一个进行长期研究、监测、教育和资源管理的网络。NERRS全系统监测计划(System-wide Monitoring Program, SWMP)是目前已建立的NERRS研究和监测项目之一。SWMP根据监测数据类型或数据产品类型将监测内容分为非生物、生物、绘图、数据分析和合成、转译和教育等集合。

日本开展海洋环境监测的时间较长，已基本作为常规监测而开展和实施的海洋环境质量调查监测工作包括日本近岸海洋污染调查、公共水域水质监测、化学物质环境时态调查等。海洋环境监测重点针对污染物，监测区域包括河口、海湾、沿岸和近岸海域，少量包括远岸海域。

澳大利亚联邦政府提供资金和技术支持州和直辖区开展水质监测和监测项目研究，督促使用统一的监测方法并进行数据同化。澳大利亚各州和直辖区以及当地政府具体负责管辖区内的海洋环境监测，建立监测项目，如生态系统健康监测计划(Environmental Health Monitoring Program, EHMP)是澳大利亚目前开展的最全面的海湾、河口和流域监测计划之一。此计划对昆士兰东南部的19个主要流域、18个河口及冒顿湾逐一进行了环境生态系统区域性评价，分析水域健康状况的变化趋势。

欧盟针对欧洲河口和近岸海域遭受越来越大的压力和影响，出台水框架指令(Water Framework Directive, WFD)，WFD将欧洲地表水分为河流、湖泊、河口和近岸海水四大类，主要目标是2015年起，欧洲所有水体生态状况都达到良好。欧洲已建立的近岸海洋监测网络和站位包括POSEIDON network、MAREL-Iroise station、MAMBO network、MARNET Coastal Monitoring Network、Danish monitoring network、CEFAS Smart buoy network和Finnish network等，测量指标包括物理指标和生物—地理—化学指标。

5.3.1.2 原位监测技术

海水常规参数(pH、溶解氧、浊度、叶绿素a、水温、盐度等)可采用多参数水质仪实现原位监测。美国YSI EXO系列多参数水质仪(见图5.11)、哈希WQM系列多参数水质仪在目前的河口监测中应用较广。海水中磷、硅、硝氮、亚硝氮、氨氮等营养盐参数目前能够实现原位监测，较成熟的设备如意大利Systea公司的WIZ营养盐原位探针(见图5.12)等。由于河口处于近岸海域，多参数水质仪可用于人工便携式监测，作为常规人工调查取样的补充。美国国家河口研究保护区系统采用浮标平台和固定平台等方式搭载多参数水质仪，开展水温、盐度、pH、溶解氧、浊度和叶绿素 a 等参数的在线监测。

图 5.11　EXO 系列多参数水质仪

图 5.12　WIZ 营养盐原位探针

5.3.1.3　遥感监测

20 世纪末，海洋水色传感器如 SeaWiFS(美国)、MO-DIS(美国)等相继升空。相对于同一时期的其他传感器，海洋水色传感器的灵敏度高，适合水体探测，因此这两种传感器的遥感数据在水体悬浮物的遥感反演中得到了比较充分的应用。近年来，高光谱遥感技术特别是成像光谱技术的发展使得传感器的光谱分辨率大大提高，可见光的光谱分辨率达到 10 nm 级，甚至可达 5 nm，可以获取近岸和内陆二类水体复杂的光谱特性。同时，机载高光谱遥感数据，如美国的 AVIRIS，加拿大的 CASI，芬兰的 AISA，澳大利亚的 HyMap，以及星载高光谱遥感数据，如美国的 HYPERION、欧空局的 CHRIS 等都具有较高的空间分辨率，这为中小尺度的河口水体水色遥感带来契机，使有效探测水体水色因子的光谱特征及提高水质参数反演精度成为可能。同时，遥感技术在监测河口外来入侵种、监测河口岸线动态变化等方面都可发挥重要作用。

5.3.2　国内河口生态系统调查监测概况

5.3.2.1　调查监测概况

20 世纪 60 年代以来，我国近岸一些海域不断发生污染事件，导致浴场外移，滩涂荒废，海产品产量减少、质量下降，海洋养殖生物死亡，人们食用污染的海产品导致中毒等。从 1972 年起，我国先后对渤海、黄海、东海和南海近岸包括河口生态系统在内的海域进行了综合性和专题性的污染调查，如“渤海和黄海北部污染调查”(1972—1973年)、“南海珠江口污染调查”(1976年)等。

目前，国内已在双台子河口、滦河口、黄河口、长江口、珠江口和北仑河口6个河口区域建立了生态监控区。自2004年开始，每年进行水质、沉积物、生物等多要素的监测与海洋生态系统健康评价。评价指标体系包括水环境、沉积环境、生物残毒、栖息地、生物状况等方面。生态监控区的设立标志着海洋监测工作由以环境监测为主向生态监测方向的转变，海洋管理也由污染管理向生态系统管理转变。受技术发展水平限制，上述调查监测工作大部分由人工采样和实验室分析来完成。

5.3.2.2 岸基在线监测技术

自2016年以来，我国在多个近岸河口建立了岸基在线监测系统。监测要素涵盖常规水质参数、营养盐、总磷、总氮以及多个水文气象要素，实现河口区水质状况连续在线监测(表5.2)。上述在线监测系统以监测河流入海污染情况为主要目标，监测水体以淡水为主，对于河口所在海洋生态系统的监测仍缺乏技术手段。

表5.2 已建河口岸基在线监测站

序号	站点名称	测量要素
1	天津海河	水温、pH、浊度、溶解氧、盐度/电导率、COD、硝氮、亚硝氮、氨氮、磷酸盐、总氮、总磷
2	马颊河岸基在线监测站	总磷、总氮、氨氮、硝酸盐、亚硝酸盐、CODMn、CODCr、水温、pH、浊度、溶解氧、盐度/电导率
3	黄河岸基在线监测站	水温、pH、浊度、溶解氧、盐度/电导率、CODMn、CODCr、氨氮、硝氮、亚硝酸盐、总氮、总磷
4	潮河岸基在线监测站	总磷、总氮、氨氮、CODMn、水温、pH、浊度、溶解氧、盐度/电导率
5	广利河岸基在线监测站	总磷、总氮、氨氮、硝酸盐、亚硝酸盐、CODMn、水温、pH、浊度、溶解氧、盐度/电导率
6	徒骇河岸基在线监测站	总磷、总氮、氨氮、硝酸盐、亚硝酸盐、CODMn、CODCr、pH、浊度、盐度、溶解氧、电导率
7	小清河岸基在线监测站	总磷、总氮、氨氮、硝酸盐、亚硝酸盐、CODMn、CODCr、pH、浊度、盐度、溶解氧、电导率
8	秦皇岛东沙河入海河口水质自动监测站	水温、pH、浊度、溶解氧、盐度/电导率、氨氮、CODMn、总磷、总氮
9	大凌河	总磷、总氮、氨氮、硝酸盐、亚硝酸盐、CODMn、水温、pH、浊度、溶解氧、盐度/电导率
10	绕阳河	总磷、总氮、氨氮、硝酸盐、亚硝酸盐、CODMn、水温、pH、浊度、溶解氧、盐度/电导率

续表

序号	站点名称	测量要素
11	葫芦岛三河口	总磷、总氮、氨氮、硝酸盐、亚硝酸盐、CODMn、水温、pH、浊度、溶解氧、盐度/电导率
12	兴城河	总磷、总氮、氨氮、硝酸盐、亚硝酸盐、CODMn、水温、pH、浊度、溶解氧、盐度/电导率
13	营城子	总磷、总氮、氨氮、硝酸盐、亚硝酸盐、CODMn、水温、pH、浊度、溶解氧、盐度/电导率
14	小洋山	温度、电导率/盐度、pH、溶解氧、浊度、CODMn、总磷、总氮、氨氮、硝氮、亚硝氮、磷酸盐类
15	甬江岸基站	风速、风向、气压、温度、湿度、降雨量、水深、温度、pH、溶解氧、电导率、盐度、悬浮物、叶绿素 a、蓝绿藻、CODMn、二氧化氮/硝酸根/氨气/磷酸根、总氮、总磷、流量
16	晋江入海口岸基在线监测系统	气温、气压、相对湿度、降雨量、风向、风速、水温、电导率、盐度、pH、溶解氧、浊度、叶绿素 a、蓝绿藻、氨氮、亚硝酸氮、硝酸盐氮、正磷酸盐、总氮、总磷、化学需氧量、流速(流量)
17	南流江入海口	水温、pH、溶解氧、电导率、盐度、浊度、CODMn、氨氮、水中油、总磷、总氮
18	磨刀门入海口	温度、电导率/盐度、pH、溶解氧、浊度、磷酸盐、氨氮、硝酸盐、亚硝氮、硫化物、铜、六价铬、CODMn、总磷、总氮、流量
19	湛江南柳河入海口	磷酸盐、氨氮、硝酸盐、亚硝酸盐、总磷、总氮、水温、溶解氧、pH、盐度、浊度、电导率、CODMn、流量
20	横门入海口	温度、电导率、浊度、pH、CODMn、CODCr、硝酸盐、亚硝氮、氨氮、磷酸盐、油类、海水总有机碳、总磷、总氮
21	虎门入海口	水温、电导率、盐度、浊度、pH、溶解氧、CODMn、CODCr、氨氮、硝氮、亚硝氮、无机磷、总氮和总磷
22	蕉门入海口	温度、电导率、浊度、pH、CODMn、CODCr、硝酸盐、亚硝氮、氨氮、磷酸盐、油类、海水总有机碳、总磷、总氮

5.3.3 河口在线监测技术的新需求

目前，河口生态系统的监测绝大部分采用人工现场调查和取样监测的方式。人工调查监测数据具有监测频率低、数据量少、实时性差等特点，不能满足逐步完善的环境健康评价体系以及逐步开展的环境预警响应工作需求。根据河口生态系统不同的地理位置、水深、能源供给等条件，监测系统可选用岸基站、船载系统、浮标、遥感等不同的监测形式，数据经汇总、分析后，可用于河口生态系统的健康评价及生态修复预警监测。

5.3.3.1 重点针对河口生态系统状况进行监测

目前，开展的河口生态系统监测仍以生境监测指标为主，对河口生态系统中代表性生物种类掌握不全面，对河口生境变化与海洋生物的关系和相互影响情况缺乏了解。未能针对河口生态系统特点完整监测布局，监测区域零散、监测范围较小，无法从时间和空间上全面反映生态系统状况。因此，应针对不同河口生态系统的关注主体及其环境要素进行科学布局，对所涵盖的水文气象、海水化学、生物学、地质学及人文活动等要素分别匹配不同的监测手段，如在线监测、人工调查监测、遥感监测、视频监测等，逐步建立系统化河口生态系统监测体系。

5.3.3.2 完善现有业务化监测体系

目前，各监测机构已针对浮游生物、底栖生物等指标开展业务化监测，河口生态系统中其他重要生态指标，如鱼卵仔稚鱼鉴定、游泳动物监测、大型珍稀生物观测、细菌监测，新型海洋生态灾害以及部分新型污染物监测(如微塑料、环境激素等)尚未形成业务化能力。应通过新增或更新相应的人工监测及鉴定装备，提升现有海洋监测机构的现场监测及实验室分析能力，满足预警监测需求。针对不同的监测领域，实验室能力建设可包括典型生态系统监测能力、生态灾害预警监测、典型生态效应监测、气候变化应对及海洋酸化监测能力及微塑料监测等方面。

5.3.3.3 积极发展和应用在线监测技术

当前我国正在运行的河口在线监测系统较少，且由于缺乏专业运维技术人员和业务化经费，在线监测系统运行稳定性、数据连续性和稳定性均较差，未发挥在线监测系统在生态预警中的作用。根据河口生态系统监测要素的时空变化特征，结合当前监测装备发展水平，河口生态系统监测应保持以人工调查监测为主干，积极发展在线监测的思路。河口在线监测方面，以近距离传感器监测为主体，遥感监测为补充的方式实现。

传感器监测方面，目前在线监测传感器基本能够覆盖河口监测所需的几大类监测领域，但是对于部分要素尚不能实现在线监测，部分要素的监测水平有待提高。目前，河口生态系统中可采用在线监测的要素可包括 pH、溶解氧、浊度、叶绿素 a、硝酸盐、亚硝酸盐、铵盐、磷酸盐、硅酸盐、总磷、总氮、COD、BOD、总有机碳、硝酸盐、TOCeq、油类、二氧化碳、甲烷、藻类、重金属、生物毒性等。部分要素的在线监测装备发展较为成熟，测量准确度、可靠性较高，但是只可进行定量监测；部分仪器测量准确度较低，但可在海洋现场实现相对稳定运行，可考虑在河口监测中发挥半定量监测及趋势性监测的作用。

平台监测方面，综合岸基、浮标、船载和坐底等监测平台在站点选择、参数设置、前期投入、后期运维方面的特点，结合监测需求，合理布点，科学匹配搭载要素。同时，将在线监测与水文气象观测相结合，实现一体化综合观监测。在近岸基础设施(水、电、地)具备的条件下，尽量建设岸基监测平台，以发挥岸基平台监测参数多，安装维护方便的优势。为减少浮标的维护难度，结合装备成熟度，建议在浮标上尽量减少湿化学法营养盐分析仪的安装，在常规六参数的基础上，可增加光学硝酸盐、油类、藻类等传感器的集成。建议加强船载集成系统的应用，可安装在志愿船或监测船上实现常规定期走航监测，获取生态系统的大范围监测数据。移动式观测平台可以集成视频设备、水质传感器等作为上述几种平台的补充测量手段，在岸边或搭载调查船不定期开展大范围的监视监测，也可应用于河口区海洋生态应急监测。

遥感监测方面，构建全要素海洋监测定标平台，检验遥感产品的准确性并为卫星及无人机遥感定标提供数据源，提升遥感监测精度。研发或装备新型遥感设备，目前可装备的新型传感器包括卫星遥感平台的高光谱水色传感器、三维高度成像仪、光学 LiDAR 传感器等，无人机遥感平台的多/高光谱成像仪、激光 LiDAR 探测传感器、miniSAR、多拼光学相机等。优化多源遥感监测资源配比及系统监测机制，增加现有卫星数量，组建卫星星座，提升监测卫星的时效性，发展新型遥感器监测平台，如海洋监测系列卫星、海洋激光卫星等，提升监测产品的丰富度和精度，积极发展无人机遥感监测技术，优化遥感监测资源配置，合理有效地构建“卫星遥感+无人机遥感”的立体监测体系，提升遥感监测效率。

5.4 赤潮灾害预警监测

进入 20 世纪，人类社会的发展以及人类活动对环境影响的增加，导致赤潮已从海洋生态系统一种自我调整的正常自然现象，演变为在人类活动胁迫下、频繁发生的异常生态灾害。特别是近年来，在全球变化的大背景下，赤潮灾害遍布全球，呈现愈演愈烈的态势，已经成为制约近海经济发展、威胁人类食品安全、破坏海洋生态系统的典型海洋生态灾害。例如，2015 年北起美国北部的阿拉斯加、南至墨西哥沿岸暴发了前所未有的大规模拟菱形藻赤潮，海水中的神经性毒素软骨藻酸含量突破历史纪录，导致美国政府长时间禁止商业捕捞太平洋大竹蛏、太平洋黄道蟹、珍宝蟹等海洋生物。2017 年 10 月，美国佛罗里达近海暴发了近十年来持续最久、灾情最严重的短凯伦藻(原称为短裸甲藻)赤潮，持续时间达 15 个月之久，截至 2018 年 8 月，当地政府已清理海滩上因赤潮死亡的海洋生物两千多吨。类似的赤潮灾害还包括 2016 年发生在南美智利近海的链状亚历山大藻赤潮等，给智利近海养殖业造成 10 亿美元以上的经济损失。

5.4.1 国外监测技术进展

国际海洋研究科学委员会(ISCOR)、国际海洋开发委员会(ICES)、联合国粮食及农业组织(FAO)等组织都十分重视赤潮的研究和防治。联合国教科文组织的政府间海洋委员会(UNESCOIOC)还专门设立了有害赤潮论坛以指导各国对赤潮的研究，并创立了有害赤潮科技与信息中心，建立赤潮信息库，为世界赤潮监测防治信息交流发挥着巨大的作用。1998 年，政府间海委会和国际海洋研究委员会共同发起组织《全球有害赤潮的生态学和海洋学研究计划(Global

Ecology and Oceanography of Harmful algal blooms，GEOHAB)》，该计划是赤潮研究国际合作的里程碑。

20世纪90年代以来，国外海洋水质自动监测系统发展迅速，逐渐从试验、试用阶段进入准业务化运行阶段。这些水质自动监测系统多数以水质监测浮标的形式出现，少数以岸基水质监测站的形式出现，目前已经广泛应用于赤潮监测系统中。海洋水质自动监测系统为赤潮监测预警系统的建设奠定了较为坚实的基础。机载和星载遥感是赤潮探测和监测的一种重要的实用技术手段。欧美发达国家从20世纪70年代中期开始赤潮卫星遥感技术与应用研究，不仅可勾勒出赤潮的时空分布，也可提供相应的水文环境参数的时空分布，为赤潮发生机制研究提供重要资料。随着海洋环境监测技术的进一步发展，分子探针、藻类识别等生物监测技术也逐步应用到赤潮灾害监测中。

5.4.1.1 浮标监测

浮标监测主要以海洋环境监测浮标为主，是以锚定在海上的观测浮标为主体组成的海洋自动观测站。美国综合海洋观测系统(IOOS)、欧洲的波罗的海业务化海洋系统(Baltic Operational Oceanographic System，BOOS)、全球海洋观测系统中的地中海海洋网(MONGOONS)、英国国家海洋预报中心(NCOF)、日本气象厅的海洋观测与预报系统，以及欧盟的赤潮探测、监测和预报系统(ABDMAP)、Sea Watch系统等都已逐步发展为较完善的海洋环境监测系统；美国的赤潮监测和事件响应系统(MERHABS)、赤潮观测系统(Harmful Algal Blooms Observing System，HABSOS)也得到广泛的应用；美国、法国联合研制的ARGOS系统能够准确传输、接收、处理远海海洋环境监测信息。

另外，海洋光学浮标也被用来进行赤潮监测，可用于遥感监测数据的真实性检验。20世纪90年代后期，第一台海洋光学浮标(MOBY)在美国诞生，用于SeaWiFS和MODIS的现场辐射定标数据真实性检验。为配合OCTS的发射和应用，日本也独立发展了自己的海洋光学浮标技术YBOM。英国、法国先后开展了光学浮标PlyMBODy和BOUSSOLE的研制，其主要目标是为SeaWiFS、MODIS和MERIS等水色遥感器的辐射定标、数据和算法真实性检验提供长期的观测平台。卫星遥感能够获得大面积的数据，除了叶绿素a，还可以根据特定赤潮生物的特征光谱进行识别，比如米氏凯伦藻的归一化离水辐亮度在547 nm处有一个最大值，根据该特征可以把米氏凯伦藻和其他甲藻和硅藻区分开。

5.4.1.2 走航监测

走航监测是目前为止最常用的赤潮监测手段之一，但是监测要素以水文要素为主。美国NOAA通常采用的船用调查测量设备主要包括自容/直读式高精度温盐深剖面(CTD)、船用走航式多普勒声学海流剖面测量仪(ADCP)、船用走航投弃式温盐深测量仪(XBT，XCTD)、船用拖曳测量系统，TAGS60级新型多功能海洋调查船就装备有多波速回声测深系统、CTD测量系统、ADCP

图 5.13　FerryBox 在线监测系统

投弃式传感器系统等。生态要素监测方面，欧洲 FerryBox 系统可包含叶绿素等赤潮相关要素(图 5.13)。

5.4.1.3　遥感监测

机载和星载遥感是赤潮探测和监测的一种重要的实用技术手段。国外欧美发达国家从 20 世纪 70 年代中期开始赤潮卫星遥感技术与应用研究，建立了多种卫星遥感赤潮信息提取方法，用于赤潮生消过程的监测。近年来，随着激光雷达技术的进步，海洋激光雷达可以利用时序水体激光回波信号有效反演水体颗粒剖面分布，进而对表层藻华进行探测，由于可以搭载在各类飞行平台，具有极高的探测效率。如美国 NOAA 在其近海及北极海域的机载雷达试验中，在几小时内能获得数千平方千米的藻类数据。研制业务化的赤潮卫星遥感监测、预警系统，是当前国际赤潮卫星遥感研究的重要发展方向。

此外，许多国家探索将多种传感器集成在飞机上，成功研制了多种用于海洋监测的传感器，建立了多套适用于不同对象的监视监测系统和信息处理系统。瑞典空间公司研制了机载海洋监视监测集成系统，具备在飞机上对遥感数据进行实时处理、显示等功能，并可将数据实时传输到地面与船舶。美国将 X 波段双侧侧视雷达、微光电视和脉冲驱动分幅摄像机等先进机载传感器应用于赤潮监测，利用成像光谱仪等探测和监测赤潮先兆，使用高光谱数据探测特定藻类的附属色素、海水富营养化、叶绿素 a 含量和水体浊度，估算浮游植物生物量，甚至确定藻类种类组成与分布等。

5.4.1.4　基于图像识别技术的现场赤潮实时监测

流式细胞成像仪(Imaging Flow Cytobot，IFCB)整合了摄像和流式细胞技术，可以捕捉到 10~100 μm 大小的颗粒物，并测定每个图像对应的叶绿素荧光。这些图像的分辨率足以鉴定到属、甚至到种。流式细胞成像仪 1 h 可以采 15 mL 的海水，拍摄 3 万张高质量的照片，并实时传输到岸基平台。基于图像分析技术可以对这些照片进行快速定性和定量识别，2007 年该设备首次在美国得克萨斯州监测到了鳍藻赤潮。

5.4.1.5　基于分子探针技术的现场赤潮生物实时监测

不同赤潮物种在形态上经常很难区分，因此，基于分子标记的探针技术在过去几十年间得到了广泛的应用，包括利用小片段的核糖体序列，针对整个细胞的抗体基因，这些探针和荧光标记技术、定量 PCR 技术结合起来可用于特定物种的定性和定量分析，并安装到锚定、滑翔等平台用于实时、连续观测。美国蒙特雷海湾水族馆研究所设计了基于分子探针的环境样品处理器，整合了杂交技术、酶联免疫吸附测定、数据捕获及远程传输等技术，实现赤潮生物亚历山大藻、拟菱形藻及软骨藻酸的实时自动监测。

5.4.2 国内监测技术进展

在我国，最早的赤潮记录是1933年发生在浙江沿海一带的夜光藻和骨条藻赤潮，而国内对有害赤潮的研究，一般认为是从1952年黄河口的赤潮调查开始的，从此一直到20世纪70年代末期是有害赤潮研究的初始阶段，基本上属于赤潮现象描述，缺乏定量分析。20世纪80年代末是起步阶段，国家和相关部门设立专项资金，重点研究赤潮对渔业的危害问题。从1990年开始，赤潮研究进入发展阶段，在很多方面都取得了丰富的成果，并和国际接轨。

5.4.2.1 赤潮监测工作现状

我国对于赤潮的监测主要分为三类：常规监测，应急监测和跟踪监测。常规监测是自然资源部北海局、东海局、南海局及下属的各中心站依托工作站、海洋站、自动观测站、地波雷达站等开展日常监测，负责所属海洋站观测资料的获取、分析处理、传输和质量控制。应急监测是遇到重大赤潮灾害事件或其他应急事件，在原有日常监测基础上进行更加全面、加密的监测，并及时汇报赤潮动态。跟踪监测常常是对一些应急灾害事件或移动赤潮事件进行的全程跟踪监测。

目前，我国沿海的赤潮发生后，基本能够迅速开展采样分析，在2~4个工作日内通过形态和分子的数据明确致灾有害藻种。赤潮物种的快速鉴定依赖快速采样，实时监测，全面的赤潮数据分析，以及分析人员的现场经验。虽然我国已经积累了一些观测数据，但对于日益变化的海洋环境生态系统，对有害赤潮大面积调查与长时间序列观测还是显得数据有限，其覆盖的区域和时间段也有限。对于一些对近岸经济影响较为明显的赤潮，我们可以迅速组织加急加密观测，但是对于离岸的赤潮，常常由于观测手段有限，重视程度不够，监测成本较大，缺乏连续时空变化的跟踪监测，缺乏生消过程中水文、气象、化学等要素的综合监测。

5.4.2.2 赤潮立体监测技术

2008年，国家海洋环境监测中心与国家气象卫星中心共同开发基于“风云三号”卫星中分辨率光谱成像仪的赤潮灾害监测应用系统。该系统的开发运行，大大加强了我国自有卫星遥感数据在赤潮灾害监测、预报和预警方面的应用，提升了我国应对赤潮灾害、防灾减灾的能力。

2013年，我国将赤潮灾害预报技术研究列入国家科技攻关计划重点项目，设计了赤潮立体监测系统。系统集成了卫星遥感监测平台、志愿者监测平台、浮标监测平台、岸基监测平台和船载监测平台，包括山东省科学院海洋仪器仪表研究所、中国海洋大学、国家海洋局第一海洋研究所、国家海洋技术中心、国家海洋环境监测中心、浙江大学、厦门大学、中科院南海所和四川大学9家单位研制的12台(套)设备，在赤潮多发区获得了大量长期、稳定、连续的监测数据。

赤潮立体监测系统是在对“中国海监47”船改造的基础上，将863计划赤潮项目研制的海水自动采集预处理与分配系统、营养盐自动分析仪、溶解氧自动分析仪、多参数水质监测仪、船载监测数据处理系统以及船舶自带的水文气象观测设备进行集成，能够实现与赤潮监测相关的水质营养盐、溶解氧、pH、温度、盐度、叶绿素 a、赤潮生物等要素的现场自动全过程监测和数据发送，在系统稳定运行的情况下能够有效地减少海上监测人数，减轻外业工作量。

5.4.2.3 赤潮预警及评估技术

随着赤潮监测技术的不断发展，近年来自然灾害应急信息决策服务系统开始被大量开发并应用于实际业务中。例如，综合运用人工神经网络、知识发现、模糊逻辑及赤潮生态动力学模型库建立的赤潮预测预警系统，海洋环境在线监测系统中通过聚类分析算法进行赤潮预警、环境在线监测数据挖掘及赤潮灾害智能预警的系统等。

根据研究角度和评估目的的不同，赤潮灾害评估可概括为赤潮灾害风险评估和赤潮灾害灾情评估，对防治赤潮灾害、制定减灾策略具有重要的参考价值。赤潮灾害风险评估是在一定区域和给定时段内，对风险区内赤潮暴发的可能性及其可能造成的损失后果进行定量分析和评估。在此基础上，根据赤潮藻类最大比生长速率型和赤潮发生的基准细胞密度建立时间关系模型。赤潮灾害灾情评估是对赤潮灾害造成的直接和间接经济损失、海洋生态环境及资源、人类身体和心理影响等进行定性或定量评估，它是赤潮灾害发生后制定应急减灾方案、进行灾害补偿恢复的重要依据。

总体来看，我国在赤潮监测方面已积累了一定的技术储备，但这些成果并未完全体现在赤潮监控区业务化工作中，赤潮信息处理、评价和管理水平低，赤潮预警报没有取得突破，不能满足灾害应急工作的要求。

5.4.3 赤潮灾害在线监测技术的新需求

5.4.3.1 赤潮暴发机理研究及赤潮藻种库和基因库的建立

由于赤潮机理的复杂性，目前尚无较好的赤潮生消监控方法。特别是对于近岸海域这一类陆海相互作用剧烈的区域，不仅受到光照、洋流、温度等自然因素的影响，同时还受到近岸海域频繁的人类活动的干扰，导致该区域赤潮的发生过程极其复杂，目前对其机理仍未有明确解释。尽管前期开展了大量科学研究，但受限于没有完整可行的技术框架与方法体系，对很多历史数据的科学分析和深度挖掘依然不够。探究赤潮的内在机理，使其为赤潮的实时预警报提供科学支撑是后续研究中亟须解决的问题。

同时，应尽快建立赤潮藻种库和基因库。这样在日常监测或者应急监测中，才能快速准确地鉴定或者实时地了解水体浮游植物特别是赤潮的物种构成情况，做到有的放矢地制定动态监测方案。

5.4.3.2 加强赤潮立体监测系统建设

受经济水平和技术水平制约，长期以来我们缺乏多样化且有效的实时观测手段，不能形成长期的数据积累，这影响了对赤潮动态和机制的研究。现有的赤潮预警模型多基于历史数据建立，预测精度不高，在实际业务化过程中，需要有实时的监测数据输入才能客观、及时地反映当前海域的现状。在海洋环境立体化监测系统中，受到监测范围的限制，传统的监测方法如船舶监测和浮标监测无法观察赤潮在空间上的发生情况，而遥感卫星能够从更宏观的角度监测赤潮时空变化过程，已经成为目前赤潮空间监测的最佳选择。但现有的遥感赤潮提取算法多未实现在全国范围内的普遍适用，特别是对于人类活动影响频繁的近岸海域适用化较低，且卫星遥感目前尚无法反演赤潮预警所需的一些生化要素。

目前，尚没有一种可行的方法将浮标、岸基、船舶等平台的实时监测数据与遥感赤潮监测数据融合进赤潮预警系统中，因此开展基于不同监测平台的赤潮监测数据应用、自动化赤潮预警预报对于赤潮预警预报精度以及实时性的提升具有重要作用。

5.4.3.3 完善赤潮监测技术标准体系

完善立体监测技术规程。进一步开展浮标生态预警在线监测、无人机赤潮监测等技术研究，加强数据质量控制和数据合理性研究，建立在线、无人机、遥感等赤潮立体监测技术规程，提高立体监测数据在赤潮预警监测中的有效性和使用率。

制定预警评价技术规程。归纳赤潮预警会商中的预警评价技术，结合多年生态预警技术研究成果，形成赤潮预警评价技术规程，指导全海域赤潮监测预警工作。未成熟前，先行在生态预警监测方案中作为技术要求推行。

完善赤潮灾害应急预案。结合机构改革后部门设置情况，抓紧修订国家和地方两个层面的《赤潮灾害应急预案》，进一步明确赤潮应急目的、梳理应急响应重点区域和内容，理清各部门管理职责，优化应急处置流程，为提供分级赤潮信息产品服务提供管理依据。

5.4.3.4 加强赤潮预警报系统建设

搭建信息共享平台，利用现有的海洋生态预警监测数据报送系统，结合地理信息系统，搭建赤潮预警监测信息共享网络平台。将地方负责的浮标在线监测数据，现场监测数据，国家卫星海洋应用中心提供的赤潮遥感监测数据，地方收集的渔民、养殖户、游客、科研爱好者等志愿者汇报的赤潮情况均纳入平台。通过平台，实现多源数据的相互验证，提高赤潮预警时效，为预警会商平台搭建提供技术支持。

构建预警会商机制，在现有赤潮预警技术不成熟的情况下，主要通过专家评判法开展预警结果预判。结合赤潮监视监测信息共享平台，需构建一个国家层面的赤潮预警会商平台，加大参与预警会商的专家技术力量，加速多学科预警技术互补，促进预警技术人员的快速成长。

推进预警技术发展，很多赤潮预警模型的开发基于历史数据和科技示范数据，但以往赤潮发生时获取的历史监测数据不系统不全面，科技项目示范数据也远远不够支撑。因此，赤潮预警模型的完善，还需要更多数据的积累和实例验证。积极与高校、科研院所和业务机构合作，开发针对特定赤潮藻的、基于预警示范区监测大数据的数值模式产品，不断提升模型的准确性。

提升信息产品质量，完善信息产品服务，形成以赤潮监测产品、赤潮预警产品、赤潮评估产品与赤潮监测技术与设备为主的四大信息产品方向，以服务政府决策、服务人民生活和服务科学研究为对象的系列信息产品，提高政府灾害应对能力，增强人民防灾减灾意识，补充赤潮机理研究数据来源。赤潮监测主责在地方，但地方在遥感解译、全国性数据共享平台设计等方面存在不足，国家和海区监测机构可提供针对性信息产品。

参考文献

蔡玉林，孙旋，索琳琳，等，2018. 基于西沙群岛虚拟站的珊瑚礁白化监测分析．山东科技大学学报(自然科学版)，37(5)：16- 22.

李炳南，赵冬至，蒋雪中，等，2014. 赤潮灾害应急决策支持系统的概念设计．海洋环境科学，33(3)，418-424.

李元超，于洋，王道儒，等，2015. 原位监测技术在西沙群岛珊瑚礁生态系统中的应用．海洋开发与管理，2：63- 65.

孙旋，蔡玉林，索琳琳，等，2018. 基于 SST 的珊瑚礁白化监测技术综述．国土资源遥感，30(2)：21- 28.

熊小飞，吴加欣，陈栋，等，2017. 珊瑚礁生态环境在线监测系统的设计研究．海洋湖沼通报，6：61- 66.

徐韧，刘志国，2019. 赤潮立体监测系统．北京：科学出版社.

叶璐，张珞平，2015. 河口区海洋环境监测与评价一体化研究——以珠江口为例．北京：海洋出版社.

余兴光，刘正华，马志远，2011. 九龙江河口生态环境状况与生态系统管理．北京：海洋出版社.

周名江，朱明远，张经，2001. 中国赤潮的发生趋势和研究进展．生命科学，13(2)：54-59.

BÁRBARA M. N，CHERISSE D P，EVAN E，2014. Mapping coral and sponge habitats on a shelf-depth environment using multibeam sonar and ROV video observations：Leamouth Bank，northern British Columbia，Canada. Deep-Sea Research Ⅱ，99：169-183.

CARON D A，ALEXANDER H，ALLEN A E，et al.，2017. Probing the evolution，ecology and physiology of marine protists using transcriptomics. Nature Reviews Microbiology，15(1)：6-20.

CRAIK W，2013. Paddock to reef program. [2013-11-04]. http：//www. reefplan. qld. gov. au/index. aspx.

CRAIK W，2013. Reef water quality protection plan（Reef Plan）. [2013 - 11 - 04]. http：//www. reefplan. qld. gov. au/index. aspx.

DAGMAR D，ANNE R，2019. Experiences with a FerryBox on a research vessel operating in the Wadden Sea. April 24th，Genua：Ferry Box Workshop 2019.

FRANCIS J C，PROSPERO N J，EUSEBIO C J，et al.，2012. Rapid shallow coastal coral reef mapping using the teardrop System. Oceans，14：1-6.

GLIBERT P M，BERDALET E，BURFORD M A，et al.，2014. Global Ecology and Oceanography of Harmful Algal Blooms. Cham：Springer，229-259.

HENDEE J，CARLTON R，ENOCHS I，2013. Coral health and monitoring program. [2013 - 07 - 03]. http：//www. cotal. noaa. gov/.

JAMES H, LEWIS J G, SCOTT F H, et al., 2012. Wireless architectures for coral reef environmental monitoring. Yellowlees D, Hughes T P. Proceedings of the 12th International Coral Reef Symposium, Cairns, Australia: James Cook University, 9-13.

LICUANAN W Y, ROBLES R, REYES M, 2019. Status and recent trends in coral reefs of the Philippines. Marine Pollution Bulletin, 142: 544-550.

LIU G, SCOTT F, HERON C, et al., 2002. Coral reef watch. http://coralreefwatch. noaa. gov/satellite/index. php. [2013-07-03].

MASCAREЙO A, CORDERO R, AZÓCAR G, et al., 2018. Controversies in social-ecological systems: lessons from a major red tide crisis on Chiloe Island, Chile. Ecology and Society, 23(4): 15.

MIKE C, MARCUS S, CRAIG S, et al., 2011. Fish- habitat associations in the region offshore from James Price Point a rapid assessment using Baited Remote Underwater Video Stations (BRUVS). Journal of the Royal Society of Western Australia, 94: 303-321.

MORGAN J K, PETER A, DAVID P, et al., 2014. Use of AUVs to inform management of deep-sea corals. Marine Technology Society Journal, 48: 21-27.

PETERSEN W, SCHROEDER F, BOCKELMANN F D, 2011. FerryBox-Application of continuous water quality observations along transects in the North Sea. Ocean Dynamics, 61: 1541-1554.

REICHELT R, 2003. Reef rescue marine monitoring program. [2013-07-03]. http: //www. gbrmpa. gov. qu/about-the-reef/how-the-reefs-managed/reef-rescue-marine-monitoring-pragram.

WADDELL J, MONACO M, CLARKE A, 2012. National coral reef ecosystem monitoring program-coral reef ecosystem monitoring grants. [2013-07-03]. http: //ccma. nos. noaa. gov/ecosystems/coralreef/coral_grant. aspx.

第 6 章
海洋环境安全保障技术

海洋环境安全保障主要指对海上特定目标安全的保障，目标物可以为海上设备、平台、舰船和人员。本章主要介绍了与海上目标识别和船舶航行安全相关的研究和技术进展，归纳了近年来军事海洋安全保障常用的抛弃式测量技术和动物遥测技术的发展。

6.1 海上目标预警监视技术

海上目标预警监视是海洋管理、海洋环境保护、海洋维权、海上航行和海洋安全等方面的重要保障。雷达、视频和船舶自动识别系统(Automatic Identification System，AIS)等在海上目标预警监视中发挥着重要的作用。近年来，基于图像目标识别和雷达的海上目标预警监视技术取得很大的进展，也是今后的重要发展方向。

20 世纪 80 年代后，人工智能、信息技术、计算机技术和脑神经科学等技术的发展，为海上目标自动识别提供了有效的分析和处理手段，使得对舰船的模型构建和分类识别取得了巨大的进步。

目标自动识别技术是利用成像设备获得目标的声呐图像、雷达图像、红外图像和光学图像等种类的图像，自动提取目标特征并识别出目标性质，因此目标识别从某种意义上可以理解为图像识别，它是模式识别、人工智能和图像处理技术等领域极受关注的研究课题之一，具有重要的研究价值。从 20 世纪 50 年代雷达被用于目标自动识别以来，经过数十年的发展，20 世纪 70 年代，它就成为一个颇受关注的研究领域，并取得了许多成果，开发了光学字符识别系统、固定场景下的车牌识别系统等一些实用的识别系统。最初，目标识别问题的研究重点开始从简单背景下的目标识别拓展到复杂背景下，但算法中采用的特征集局限于某一类特定类别的目标物体。后来，越来越多的研究者将方向转向非特定类别物体的目标识别算法研究。

世界各国都投入大量的人力物力来研制能够自动识别舰船目标的军事装备，取得了不少的研究成果，美国等军事强国已经把这一技术应用于战场。国内在该领域的研究也很活跃，但由于起步比较晚，技术还比较薄弱，仍处于初级阶段。

6.1.1 国外发展现状

海上目标的巡视和监测主要通过无人艇装备的雷达和光电系统实现，但是对于目标的识别和取证一般通过人工交互的方式进行，智能化程度不高。20 世纪对于海上目标的识别主要集中于岸基的应用，包括美国远景规划局提出的 CLMA 分类识别专家系统，日本开发的海岸预警系统 SK-8 等。21 世纪以来，美国开发了不同类型的海上目标监视与智能识别技术，代表性实例如下。

美国海军资助的海上目标监视浮标(图 6.1)，由美国海军水面作战中心(Naval Surface Warfare Center)参加研究，用安装在浮标上的相机采集周围海面环境的视频和图像，采用主成分分析与贝叶斯分类算法对船只进行舰艇和民船分类，建立舰船分类特征模型(图 6.2)，实施海面船只的监视和追踪。

图 6.1　美国海军资助的海上目标监视浮标监视海面船只

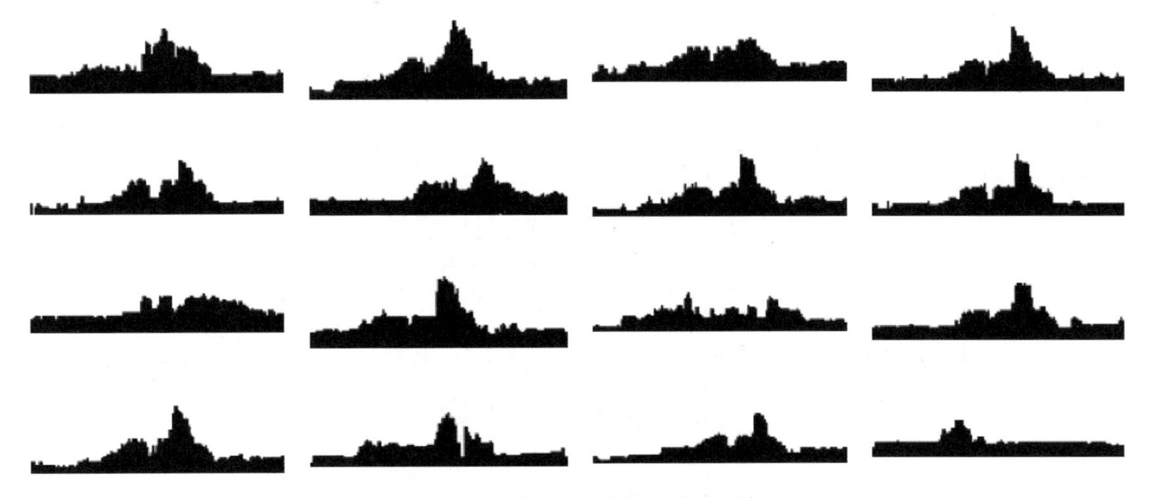

图 6.2　部分舰船分类特征模型示意

美国海军研究办公室(ONC)资助开发的浮标，在佛罗里达利用安装在浮标上的相机采集周围海面环境的视频和图像，分析海面船只，基于此系统进行海面船只的监视和追踪，同时将数据发送到地面控制站(图 6.3)。

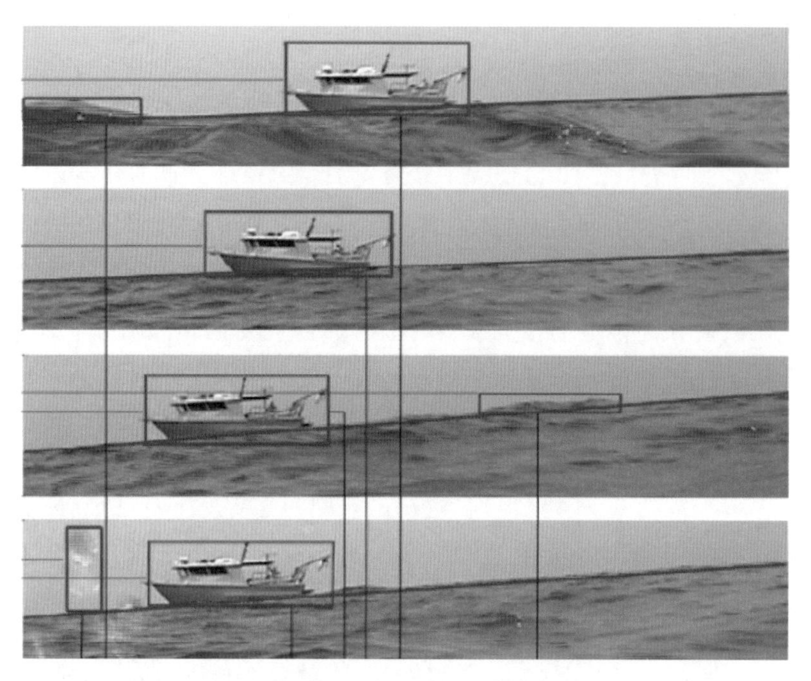

图 6.3　美国在佛罗里达利用浮标拍摄图像监视海面船只

美国海军研究通过潜艇潜望镜采集海面环境图像，采用基于平均能量相关滤波器的特征匹配算法进行图像识别分类，实现自动识别目标(Automatic Target Recognition，ATR) 的战术应用技术(图 6.4)。

图 6.4　美国海军采用潜望镜图像自动识别目标技术监视海面船只

美国国家海洋和大气管理局(NOAA)资料浮标中心开发的浮标相机系统 BuoyCAM 主要用于浮标的安全防护和海上目标监测，该相机由 6 个摄像头组成，可拍摄全景图像；控制系统采用低功耗设计，可将数据通过卫星通信实时发送回数据中心。目前，BuoyCAM 已业务化运行于美国资料浮标上(图 6.5)。

图 6.5 美国 NOAA 开发的浮标相机系统进行海上目标监测

美国海军研究生院(U. S. Naval Postgraduate School)通过采集海面环境的红外图像，分析舰船轮廓特征模型，采用神经网络(neural network) 训练分类算法对船只进行分类(图 6.6)。

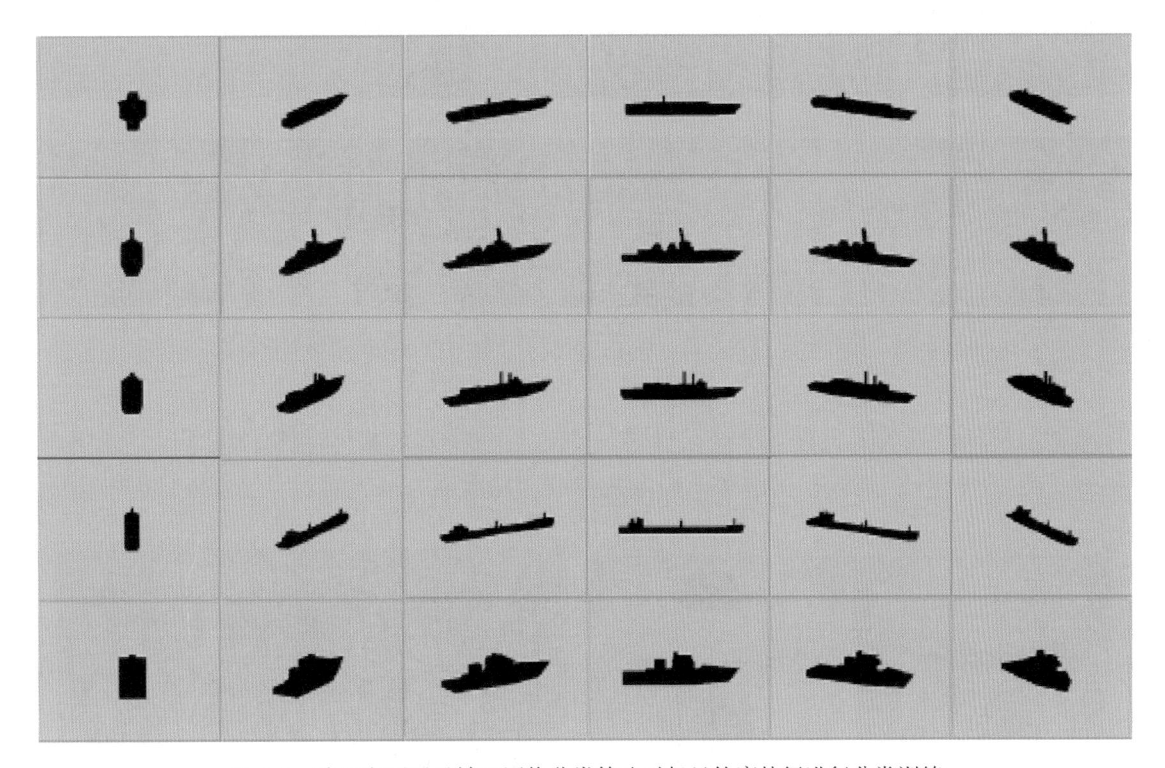

图 6.6 美国海军通过神经网络分类算法对船只轮廓特征进行分类训练

美国海军海洋系统司令部通过小企业创新基金支持了海上环境感知的先进方法研究，2016 年公布了基于深度学习的船只分类识别系统，采用卷积神经网络模型，实现无船、军舰、帆船、快艇、游船、商船六类船只的准确分类识别。

海上图像目标识别还应用于浮标的安全监控方面。美国国家海洋和大气管理局通过国家数据浮标中心(National Data Buoy Center, NDBC)和太平洋海洋环境实验室(Pacific Marine Environmental Laboratory, PMEL)运营着一个由数百个数据浮标组成的网络，每年要花费 100 万美元来修理和更换由于故意破坏而无法使用的数据浮标。为了帮助解决浮标破坏问题，NOAA 已在某些数据浮标上安装了摄像机。这些 BuoyCAM 的图像有助于为传感器和完整的浮标故障提供解释，并提供人为破坏事件的潜在证据。BuoyCAM 目前已经发展到了第二代。

BuoyCAM 已经在 NDBC 业务化运行，其官方网站每 15 min 刷新一次浮标相机图片。NDBC 的系统已经有船只监控的案例，见图 6.7。

图 6.7　典型案例：渔船撞击 TAO 浮标，导致浮标沉没，通过浮标相机图像发现破坏浮标的船只

韩国中小型造船研究所和海洋科技公司联合开发了一套基于全景摄像头和 AIS 的浮标保护和船舶监测系统(图 6.8)。全景相机由 3 个摄像头组成，高度 94 mm，可以达到 IP67 防护等级。

图 6.8　韩国的浮标保护与船只监测系统

6.1.2　国内发展现状

国内的一些研究机构和学者在基于可见光和红外光的船只目标识别领域也取得了很好的研究成果。例如，国家海洋技术中心张锁平等提出了基于运动检测和帧间相关的船目标检测算法，目的是实现船只目标的快速检测和航迹跟踪。在国家海洋公益性行业科研专项重点项目“边远岛的利用与监控技术研究与示范”支持下，研制成功了相关的船舶目标视频检测识别系统，并在海上现场得到应用，图6.9是安装于三亚的视频监控硬件系统及监视成像。吉林大学于鹏等提出了基于Top-Hat变换的图像恒虚警率舰船目标检测算法，目的是实现舰船目标的快速检测和定位。天津大学的冀中等提出了一种基于水平投影和霍夫变换的方法用于海上天线的检测，为进一步实现舰船检测提供了基础。厦门大学王明芬等提出了基于形状外观的运动船只识别与跟踪技术研究。哈尔滨工程大学梁秀梅等开展了无人艇视觉系统目标图像特征提取与识别技术研究，重点研究了基于BP神经网络的目标图像识别方法，区分船舶与非船舶并且识别不同类型的船舶。哈尔滨工程大学张伊辉等开展了水面无人艇视觉目标图像识别技术研究，根据几何特征及形状不变性，重点研究了基于LVQ（Learning Vector Quantization）神经网络的目标图像识别方法。

图6.9　安装于三亚的视频监控硬件系统及监视成像

总的来说，目前海上运动目标的检测和识别方法还处于发展之中。现有的方法和模型大多处于理论研究阶段，可靠性和实时性还不能满足实际的应用需求。同时，不同平台的数据采集环境各不相同，尤其是像无人艇等海上移动平台，系统处于连续的运动中，因此需要进行适应性的研究，同时融合平台的其他数据源，实现海上运动目标的快速检测和识别。

国内雷达海上目标预警监测技术的发展主要集中在以下几个方面。

1. 浮标目标监控现状

国内在浮标安全监控方面，除了利用可见光和AIS，还采用了磁场、水声和雷达等技术。

磁性目标识别利用磁传感器测量周围的磁场数据，然后加以分析，识别铁磁性物体和判定位置。基于磁传感器的浮标安全监控系统，通过磁传感器检测浮标周边船只靠近情况，然后驱动摄像机拍照取证。

水声探测方式是在浮标安装水听器阵列，通过水声信号处理识别船只、定位目标方位和距离。在检测到船只后，调用可见光监视设备拍照保存现场图像。

雷达是常用的目标监视手段，也被用于浮标平台的监控。图 6.10 是某公司生产的浮标安全监控产品，采用雷达与视频监控结合。虽然浮标上使用的雷达与传统船用或岸基雷达相比，具有相对较小的体积、重量和功耗，但由于受到浮标平台承载能力限制难以推广应用。

浮标上的目标监视系统在近岸使用时，一般采用运营商的移动通信网络，可以实现实时视频传输。在远海使用时，只能依靠卫星通信。目前，卫星通信成本高、带宽低、功耗大，无法满足视频/图像传输的需求。

图 6.10　国内某企业的基于雷达的浮标监控系统

海洋观测浮标上搭载的目标监视系统，受限于平台的承载能力，探测能力有限，主要用来保障浮标自身安全。中国电子科技集团打造的“蓝海信息网络”中创新性地采用了大型综合信息浮台（图 6.11）。综合信息浮台集成雷达、AIS、光电监视等监视手段，具有通信组网能力，是集海洋多维信息感知、海上信息综合传送、多源信息融合处理和综合信息应用服务功能为一体的海洋综合信息网络节点。这种大型浮台具有适应恶劣海况、高稳定性、能源自保障、维护要求低、无人值守等特点。与10 m或3 m海洋观测浮标相比，浮台提供与岸基平台媲美的任务承载能力。多个浮台组网后，可解决中远海海域信息网络覆盖不足、海洋安全管控、海上通信及信息服务能力匮乏等问题。

图6.11　海上大型综合信息浮台

2. 岸基目标监视

目前，我国所构建的近海雷达网系统是以雷达为主，结合光电/AIS传感器的海上目标探测系统。近海雷达网系统主动探测海面目标，融合AIS信号形成海面综合态势，通过目标筛选、区域警戒、光电联动对特定区域、特定类型海上船只进行24 h实时监控、报警、记录，为海上维权执法、应急搜救、海洋环境保护、海洋开发等活动提供有力信息保障，可拓展近海雷达网的监测要素、开展海洋信息综合应用。

近海雷达网系统由信息感知层、信息传输层、信息处理层、应用服务层4层架构组成。

信息感知层。主要通过各种传感器进行信息获取，传感器包括目标雷达、光电、AIS等，可扩展接入的卫星图片，无人机、无人艇、水下探测设备感知信息。

信息传输层。主要通过光纤、4G无线通信、数据链、卫星通信将传感器获得的信息传输到数据处理中心，同时将处理后的结果推送到政府业务部门；并可将业务部门的监控指令，传达至前端雷达、光电系统，控制光电取证等操作。

信息处理层。通过服务器和各种软件算法将获取到的信息根据用户需要，进行分门别类的处理、存储。处理结果在大屏幕上显示，同时按需进行推送。

应用服务层。针对不同客户的需求，提取相应的信息，为渔业、海洋、海事、海警等职能部门提供决策和行动依据。

6.1.3 发展趋势与建议

目前，海上目标的预警监视技术主要是通过航天侦察设备获取遥感图像，使用卫星数据链把图像发送到地面站接收机，然后用计算机对图像进行高速预处理，通过图像的进一步处理分割目标和提取识别特征，实现目标的自动识别。但存在卫星数据更新较慢、得到的图像分辨率低、易受干扰等问题。无人机和水面无人艇技术的飞速发展，为各种侦察设备提供了更好的应用平台，可以实时获取感兴趣海域的目标图像，得到的图像种类更多，时效性更强，如何利用这些图像快速准确识别目标的性质，成为学者们研究的重点。

近年来，水面无人艇作为海上环境检测和权益维护的先进工具得到各国的高度重视，并成为国内外智能化海洋装备的研究热点。研究基于无人水面艇的海上目标预警监视技术成为目前该领域的热点。并且，随着雷达技术和光学技术的不断发展，海上目标识别的信息源更加丰富，推动了多源图像融合识别技术的进步，特别是合成孔径雷达(SAR)和光学图像的综合应用，可以实现对舰船目标的精确分类，是目前目标自动识别领域的研究热点。

在岸基海上目标监视应用方面，海事局 VTS 系统以及有关单位建设的近海雷达网，基本实现了我国近海覆盖。基于浮标的目标监控技术与国外相比，也在同步发展，我国还创新性地发展了大型浮台技术。

海上目标预警监视技术的发展趋势主要有以下三点。

数据融合：目前的技术手段可以获取多种传感器的监测数据，最常见的有卫星遥感、雷达、AIS 和视频图像等，通过多源数据融合，不仅可以提高目标检出率，还能进一步识别目标身份，判别船只活动等行为是否正常。

数据挖掘：VTS 系统和近海雷达网产生大量的数据，利用这些数据，结合涉海部门的行业需求，开展大数据分析，提供更丰富的数据产品。

基于人工智能的目标检测：基于深度学习的目标检测算法一直是人工智能的研究热点，对从雷达图像、可见光/红外图像中提取和识别船只目标也已经开展了大量的研究。深度学习算法在复杂场景下的目标检测和目标分类方面具有显著的优势。深度学习技术引入将提高前端传感器数据处理的智能化，提高准确性，比如在浮标上应用嵌入式深度学习船只/人员检测技术，拍摄图像后自动进行目标检测，只将包含目标的图像传送回岸站，这样可以降低通信数据量，有助于解决远海浮标监控的数据通信成本过高的问题。

6.2 海上航行保障技术

船舶在海上的航行安全一直是海洋领域非常关注的问题，世界各国在船舶海上航行安全保障方面进行了大量的技术研究。近年来，随着对海上安全航行方面的需求不断增加，国内外对如何通过技术手段保障船舶安全航行开展了大量的工作，取得了一定的研究进展。

6.2.1 国外发展现状

在国外，已经通过技术手段实现对船舶周围海洋环境的诊断评估，预测船体在未来短时间内受周围海洋环境影响将会产生的运动状态变化，通过算法模型进行计算，模型输出的数据能够为船舶驾驶人员提供航行决策，保障航行安全。该技术的典型代表是美国的应用物理科学公司(Applied Physical Sciences Corporation)开发的环境与船舶运动预报系统(FutureWaves)，它基于广阔海面的雷达观测数据来预测船体在时间序列上的运动状态。该系统由美国海军研究办公室主导的环境和船体运动预测项目(ESMF)资助。系统核心输入参数是多普勒雷达对海表面的测量、船只的特征以及测量获取的船体运动参数，主要输出参数是对于不同航向航速所期望船体运动的统计表示和未来几分钟内船体运动的精确预测。此外，系统还能以自校准能量功率谱的形式提供详细的实时波浪特征、不同频率(波周期)带宽的海面高度、海洋环境趋势以及由此导致的船体运动趋势。

该系统采用一部或多部船载 X 波段(工作频率 9.2 GHz)多普勒雷达，通过船体周围几千米范围内的布拉格后向散射雷达回波，测量海洋表面轨道径向速度。此外，系统还使用了一个定位和航向装置(如 GPS)，一部能提供六自由度信息的定向装置(如惯性测量单元)，一台用于计算的处理器。测量的波浪轨道径向速度用于计算精细的波浪场幅度和相位频率分量，这两个分量能够确定和预测沿船的预期(航迹推算)航迹和沿着船身的入射波间的相互作用。由相位分辨的波浪场使用离散谱分量来描述，它用于基于船舶特征(如长度、吨位)的时域上的船体运动仿真。测波过程为船体周围的波浪场找到了一组离散的波浪分量和复幅度。船的甲板上装有船只运动传感器，为船舶提供六自由度的状态历史数据。船体运动预测计算需要接收离散波浪分量和船舶状态历史数据作为输入。因此，系统的实时预测要求便转化为对处理波浪测量的要求和在几秒内船体运动仿真的要求。FutureWaves 系统的原理框图如图 6.12 所示。

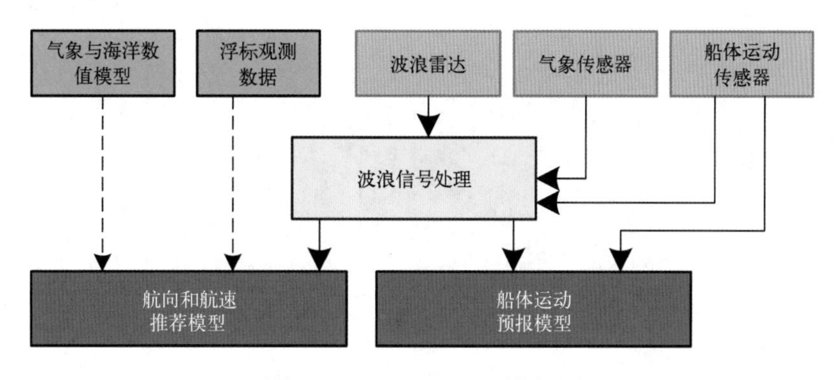

图 6.12 FutureWaves 系统框图

环境与船舶运动预报系统的输入参数为波浪雷达、气象传感器与船体运动传感器数据。这些输入参数被送入波浪信号处理算法模块，该算法能够产生波浪场的二维功率谱和离散谱分量的幅度和相位。航向和航速推荐模型能够接收雷达的二维功率谱和可用的浮标数据，以及网格化的气象和海洋预报波浪谱数据，然后使用波浪场谱信息对于不同的航向和速度在每个自由度上生成统计上的运动预测。船体运动预报模型接收初始船体状态条件和来自波浪信号处理算法的波浪分量，然后对每个自由度产生最长可达 3 min 的一致性预测。预测的时间长度很大程度上取决于波浪雷达的作用距离和在船体周围的海洋波浪场中能看到波浪顶端的能力。为了能确定未来船体入射波浪的相位和时机，以上两个因素是必不可少的。该系统能够传感、分解和重构船体附近广阔区域波浪场，然后使用波浪分量预测船体及其附近在非常短的未来(几分钟)会出现的特定波浪事件，以及由此导致的船只在时域上的运动状态。被预报的特定波浪的时间和位置被重建，它和屏幕显示的谱(方向、周期和能量)信息可为用户提供指导作用，也可直接发送给外部设备或系统用于更进一步的空时数据处理。图 6.13 为 FutureWaves 系统的一个预报实例，图 6.14 为 FutureWaves 系统用户界面。

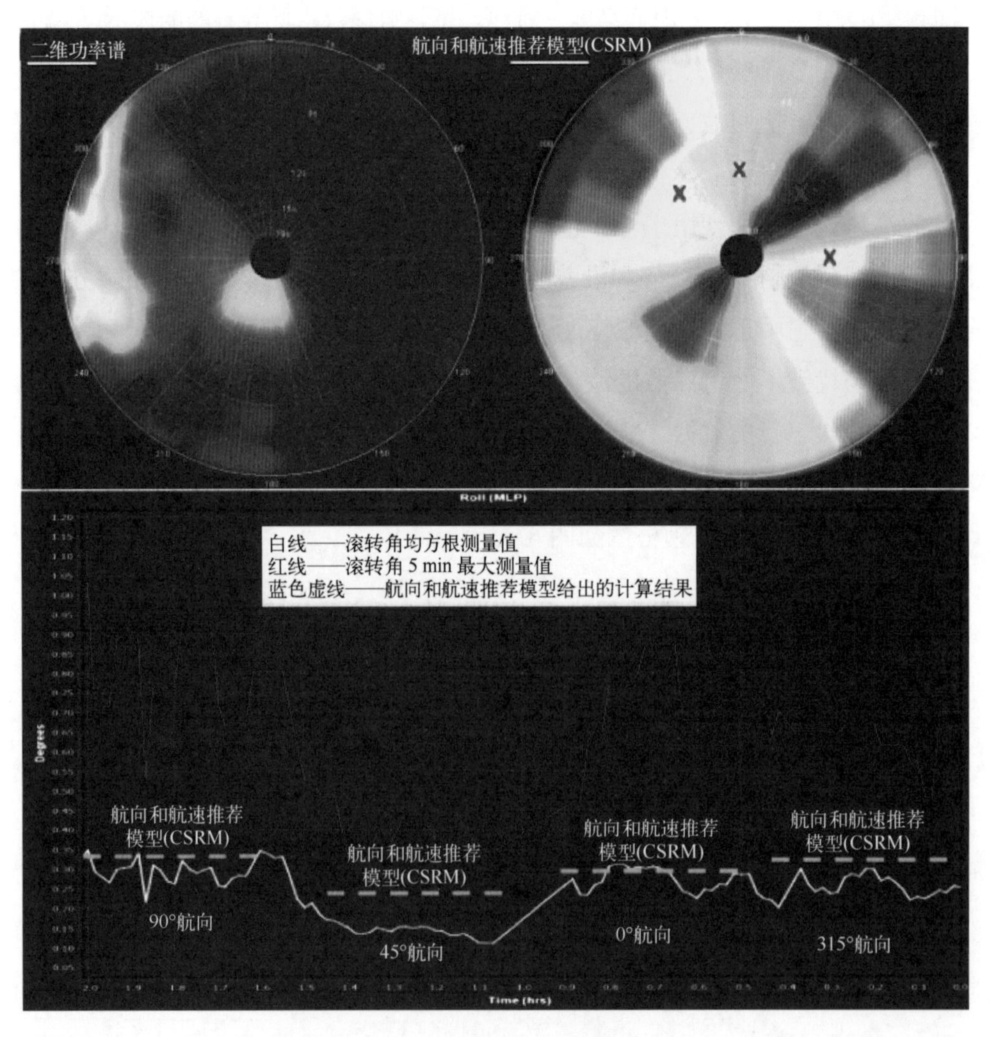

图 6.13　FutureWaves 系统预报实例

图 6.14 中的左上图为二维方向波浪场功率谱，右上图为相应的航向和航速推荐模型输出结果。下方图片为航向和航速推荐模型输出结果与滚转角测量结果的对比，其中横坐标表示以 h 为单位的时间轴，纵坐标表示滚转角的角度，白色线段表示滚转角均方根测量值，红色线段表示滚转角 5 min 最大测量值，蓝色虚线表示航向和航速推荐模型给出的计算结果。从图中可以看出，在 0°、90°、315°三个航向上，模型预测和实际测量结果比较接近，在 45°航向上略有偏差，预测模型的效果主要受输入的波浪场二维功率谱和船体运动模型精度两个因素的影响。该试验结果表明 FutureWaves 系统具有一定的实用性和使用价值。

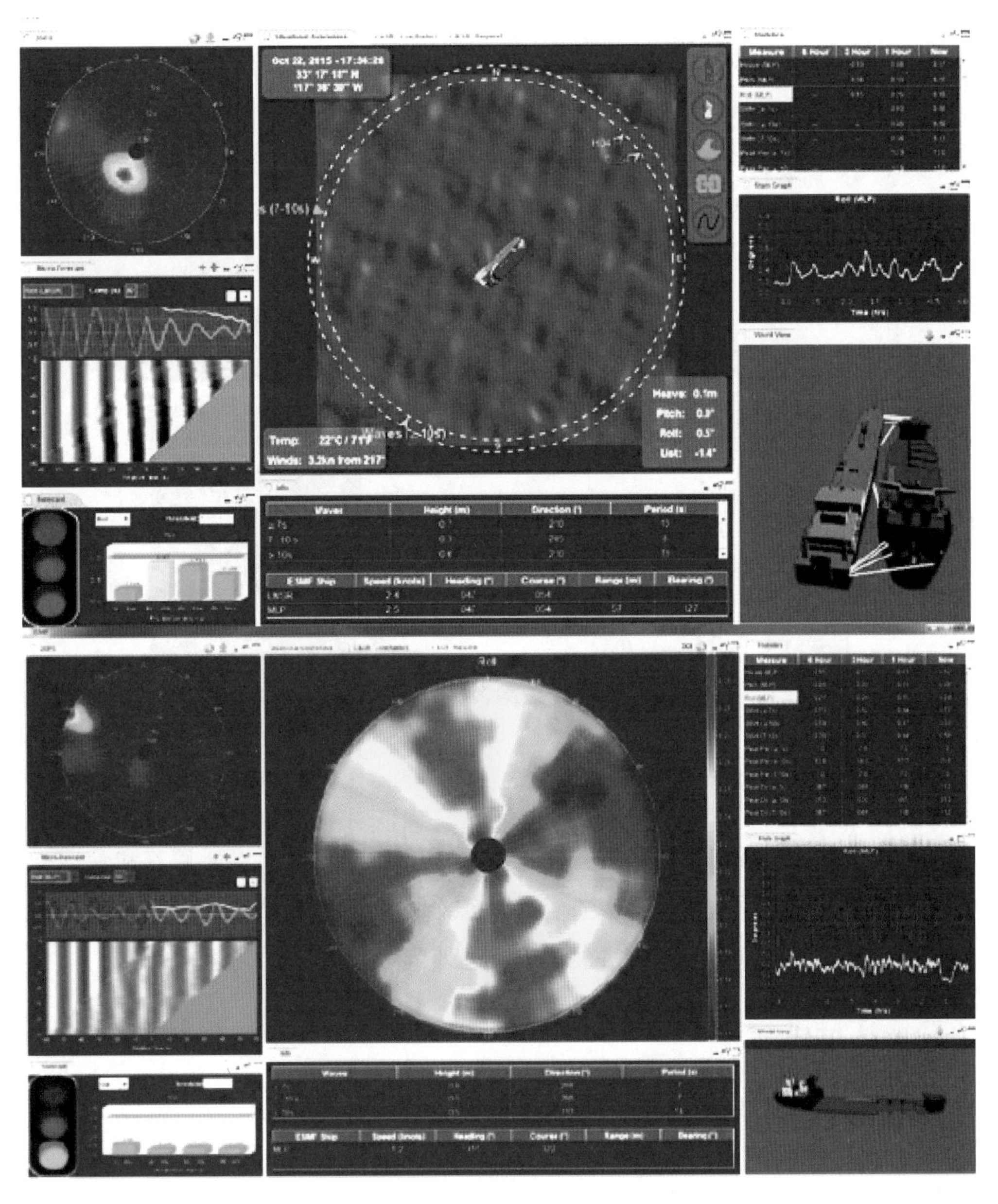

图 6.14　FutureWaves 系统用户界面

多次海上试验验证了系统在提高船只航行安全上的实用价值。对于具有潜在危险的海况，系统可为船长和船员提供能够评估海况和作出安全应对方案的超前预警信息。该项技术对于海上航行安全保障具有重要意义。

6.2.2 国内发展现状

在国内，通过技术手段保障船舶海上航行安全也取得了一定的进展。上海埃威航空电子有限公司基于高分遥感观测技术，设计了海上航行保障应用业务增强系统(图 6.15)。系统由海岸带地形测绘增强子系统、航标巡检增强子系统和航道能见度监测增强子系统组成，可实现海岸带地形多平台和传感器遥感协同测绘、航标立体巡检及航道能见度实时监测，能够提供统一的"空、天、海、地"各种遥感协同观测数据信息管理与服务，解决了航行保障信息化建设相对比较薄弱、缺乏有效的信息系统支撑的问题，实现了海岸带地形多平台和传感器遥感协同测绘、航标涂色和结构巡检、航道能见度监测等功能，为船舶海上航行安全提供新手段和途径，对提升海上航行保障服务水平具有重要意义。

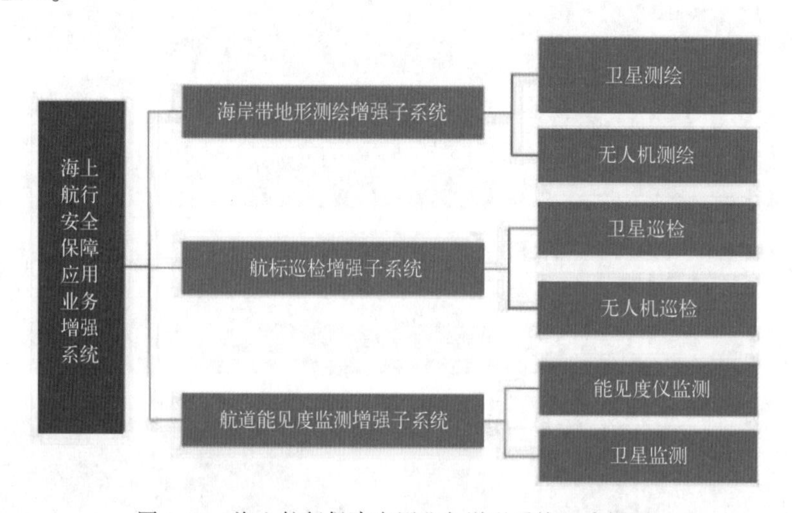

图 6.15　海上航行保障应用业务增强系统组成框图

除了技术手段，提高船舶海上航行安全的方法还主要有强化船员素质培养和管理机制，实施船舶安全管理体系、开展安全诚信船舶评选、开展综合安全评估方法应用等。国内在船舶海上航行安全方向上的研究虽然取得了一定的进展，但与国外依然存在一定差距。

6.2.3 发展趋势与建议

随着海洋遥感技术的发展，海洋动力环境参数的大范围实时获取已成为可能。国内利用"空、天、海、地"等多种遥感协同观测手段实现海上航行保障服务，为船舶海上航行保障提供信息支撑，具有一定的应用前景。然而，遥感技术也存在着一定的局限性：卫星遥感所提供的数据时间分辨率较低；航空遥感受天气影响严重，环境恶劣时无法长时间工作。

船用X波段测波雷达可以全天候、快速准确地提供海洋动力环境要素参数，实时获取海浪、海流等重要的物理海洋要素，具有分辨率高、机动性强、安全性高等优点，与卫星遥感和航空遥感方式相比，X波段测波雷达可在船舶航行过程中随时、随地获取其所处海域附近的海况信息，为船舶航行线路规划与航行安全提供重要的科学数据和辅助决策信息。

未来的海上航行安全保障技术，将会沿着多元海洋动力环境要素获取融合技术的方向发展。将船载X波段测波雷达、多自由度船体运动传感器、惯导单元等设备数据和卫星、航空遥感信息进行有机结合，为船舶提供航行辅助决策及航道等信息，通过技术手段保障海上航行安全。

6.3 海洋环境信息获取技术

随着各国对海洋经济和海上安全越来越重视，先进的海洋国家都在加强海洋环境信息获取能力建设。美国构建了综合海洋观测网、高频地波雷达网、浮标网、滑翔器网和海底观测网等，加拿大研建了海底观测网，欧洲构建了多个综合海洋观测网、海底观测网，澳大利亚建设了高频地波雷达网。我国台湾地区建成了环岛高频地波雷达网，大陆地区也建设了一批岸基海洋观测站点和离岸观测设施，初步建立了由岸站、浮标、潜标、船舶、卫星、雷达等多种手段共同组成的海洋立体观测网。

此外，机动和快速的海洋环境信息获取技术越来越受到重视，是近年来发展的热点。其中的代表性技术包括抛弃式系列快速海洋水文获取技术、动物或鱼类遥测技术。

6.3.1 抛弃式温盐深测量技术

6.3.1.1 国外发展现状

国外在20世纪30年代已开始研究抛弃式测量设备，美国由抛弃式温度剖面仪(XBT)开始，继而开发了抛弃式温盐剖面仪(XCTD)、抛弃式声速剖面仪(XSV)和抛弃式海流剖面仪(XCP)，这些剖面测量仪已形成了系列，型号达到了15种之多。美国的洛克希德·马丁·斯皮坎公司(Lockheed Martin Sippican，LMS)和日本鹤见精机有限公司(TSK)相继开发出了基于船舶平台的XBT、XCTD、XSV、XCP等多种抛弃式仪器(图6.16)。就XBT和XCTD而言，一直处于世界领先水平，产品基本垄断了全球市场，但其核心技术却对非盟友国家实行封锁。

LMS和TSK研制的XBT和XCTD探头已经形成系列产品，适应船速为3.5~20 kn、测量深度为300~1 850 m，有不同的型号可供选择(表6.1)。TSK研制了适用不同使用方式的投放装置。TSK在前期MK10-A、MK21、MK130、MK150N数据采集系统的基础上研制了可简易操作的MK150P。

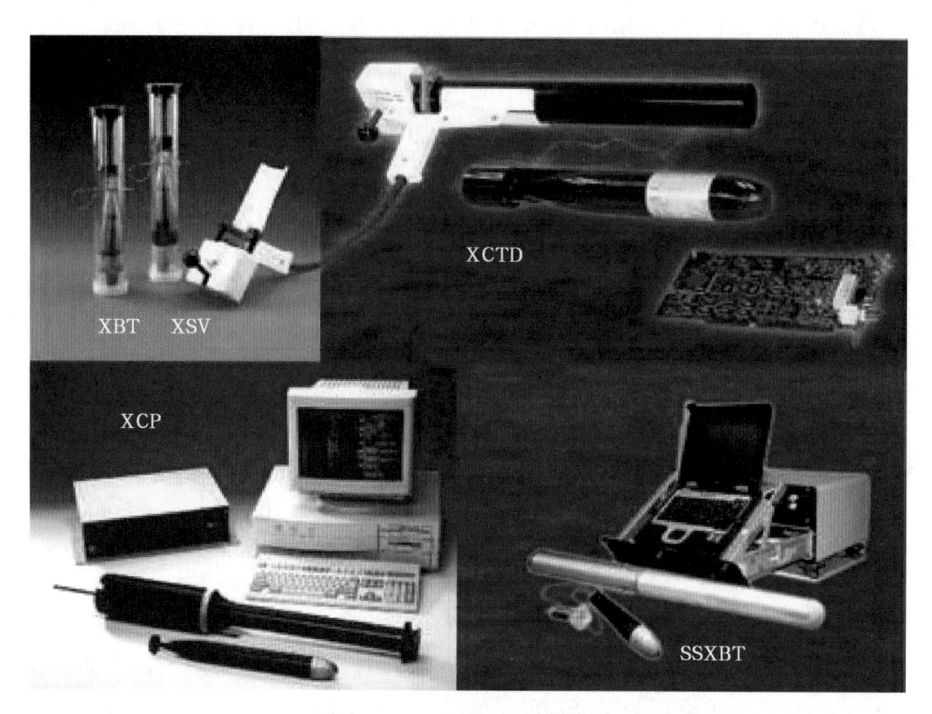

图 6.16 LMS 和 TSK 开发的典型抛弃式海洋水文剖面测量仪器

表 6.1 LMS 和 TSK 研制的 XBT/XCTD 系列探头

型号		测量深度（m）	船速（kn）	测量时间（s）
XBT Probes	T-10	300	10	48
	T-6	460	15	73
	T-7	760	15	123
	T-7(20Kt)	760	20	123
	T-5	1 830	6	291
XCTD Probes	XCTD-1	1 000	12	300
	XCTD-2	1 850	3.5	600
	XCTD-3	1 000	20	200
	XCTD-4	1 850	6	502

国外抛弃式测量设备除了图 6.17 所列的投放装置，还有美国 NOAA 的大西洋海洋气象实验室(Atlantic Oceanographic and Meteorological Laboratory，AOML)研制的自动发射装置，斯克里普斯海洋研究所(SCRIPPS Institution of Oceanography，SIO)研制的自动发射装置，美国伍兹霍尔海洋研究所(Woods Hole Oceanographic Institution，WHOI)研制的转盘式自动发射装置(Autonomous Expendable Instrument System，AXIS)(图 6.18)。

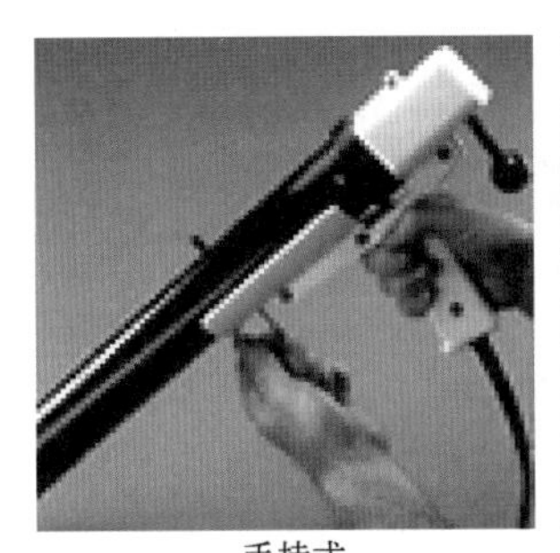
手持式

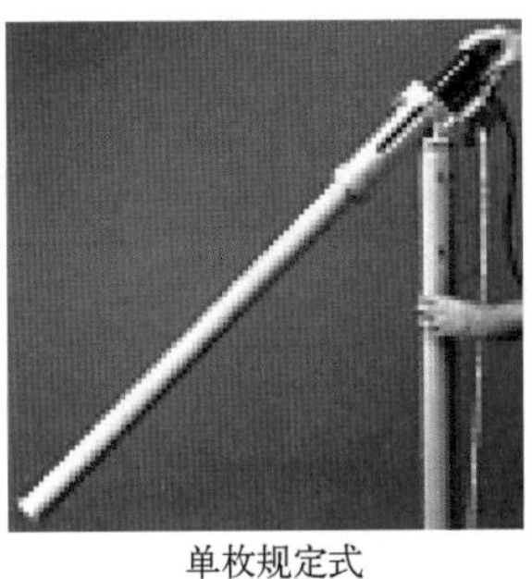
单枚规定式

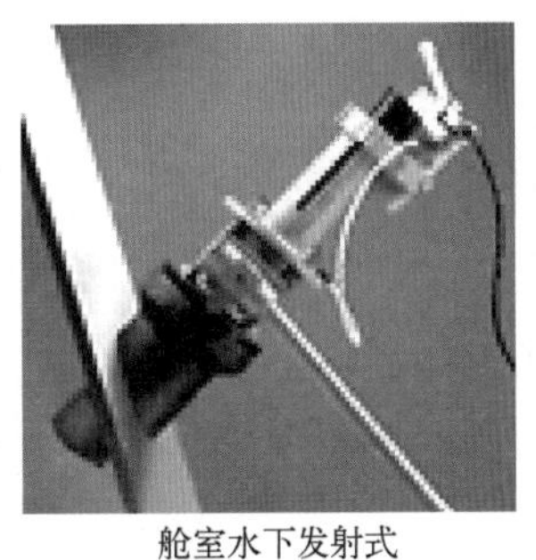
舱室水下发射式

多枚自动式

图 6.17　TSK 研制的系列投放装置

图 6.18　AOML、SIO、WHOI 研制的自动发射装置

6.3.1.2　国内发展现状

国内于 20 世纪 80 年代中期，在中美海气调查项目中使用了美国提供的 XBT，这是国内首次使用 XBT 进行海洋调查，国内的海洋工作者由此体会到了抛弃式测量技术的优势，并且在大洋调查、极地科学考察等航次应用。

从 20 世纪 90 年代开始，国内多家单位，包括国家海洋技术中心、山东省科学院海洋仪器仪表研究所、中科院声学研究所东海研究站、西安天和防务技术股份有限公司、青岛朗格润海洋科技有限公司、北京星天科技有限公司、湖南国天电子科技有限公司、杭州瑞利科技有限公司等，陆续从最基本的 XBT 着手，开始了抛弃式测量技术的研究工作。

国家海洋技术中心在国家863计划、海洋公益性行业专项、全球变化与海气相互作用专项、国家重点研发计划重点专项等的支持下，先后研制了XBT、XCTD、XCP等抛弃式仪器，其中，XBT、XCTD已经完成了产品化研制并具备了小批量生产能力，产品已服务于自然资源部、教育部、中国船舶重工集团和国防等系统开展的海洋调查，XCP已完成了海试样机的研制。国家海洋技术中心研制的XBT/XCTD产品如图6.19所示。此外，国家海洋技术中心还研制了自动投放与测量系统，可用于XBT/XCTD的定时、定位自动投放与测量(图6.20)。

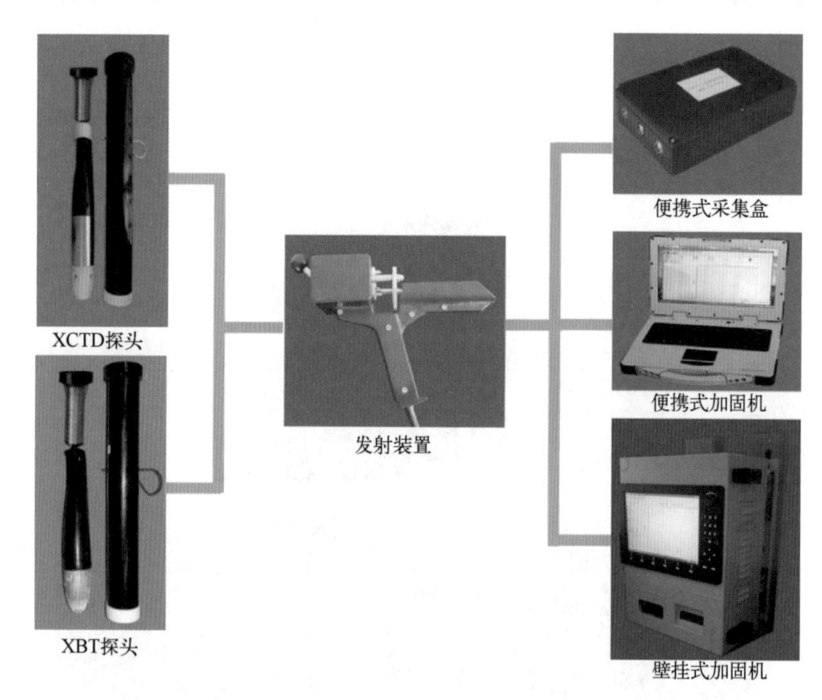

图6.19　国家海洋技术中心研制的XBT/XCTD产品

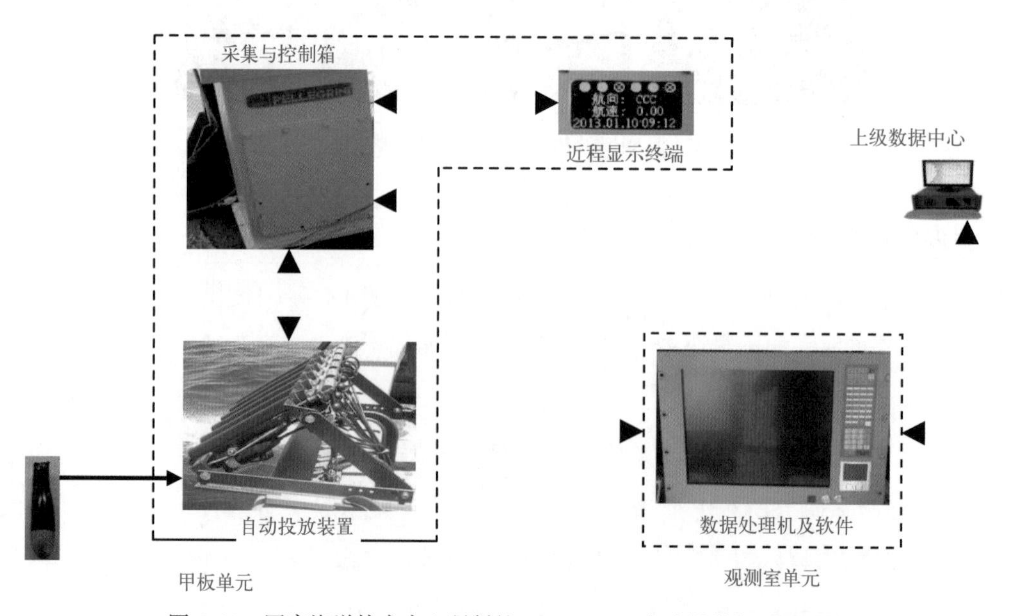

图6.20　国家海洋技术中心研制的XBT/XCTD自动投放与测量系统

山东省科学院海洋仪器仪表研究所较早就开始了 XBT 技术的研究，并在国家 863 计划的支持下开展了 XBT/XCTD 的产品化研制工作，其研制的 XBT/XCTD 如图 6.21 所示。

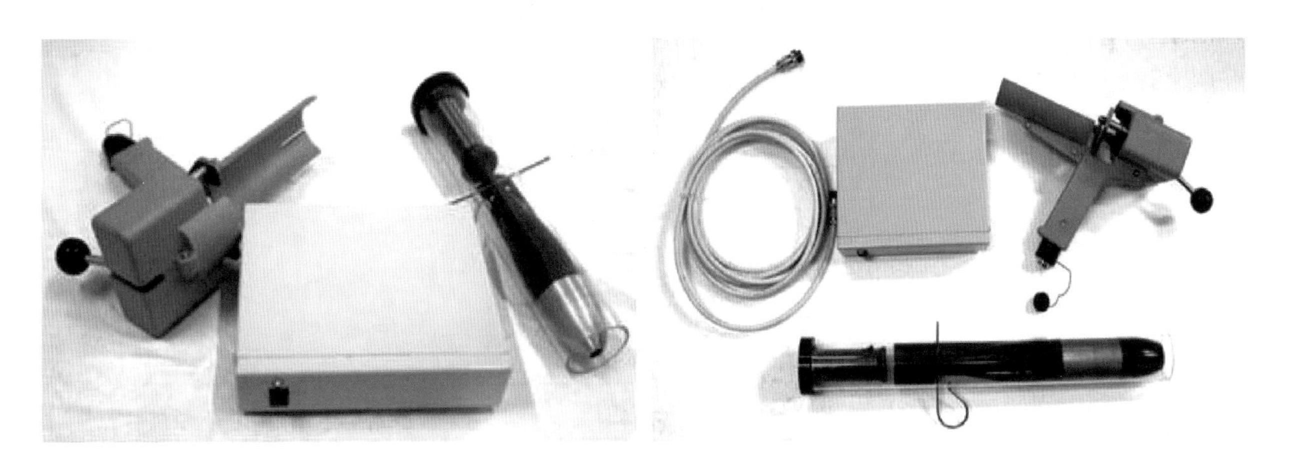

图 6.21　山东省科学院海洋仪器仪表研究所研制的 XBT/XCTD

西安天和防务技术股份有限公司作为民营高科技企业集团，和西北工业大学航海学院共建的海洋工程装备研发中心自主研发了“TH-B311 抛弃式温深探测系统”，申请的“面向志愿船的抛弃式温深探测系统”项目，于 2012 年获陕西省重大科技创新专项资金支持。图 6.22 是该公司研制的抛弃式温深探测系统。此外，该公司还研制了 TH-B311A 自动投放与测量系统(见图 6.23)。

图 6.22　西安天和防务技术股份有限公司研制的抛弃式温深探测系统

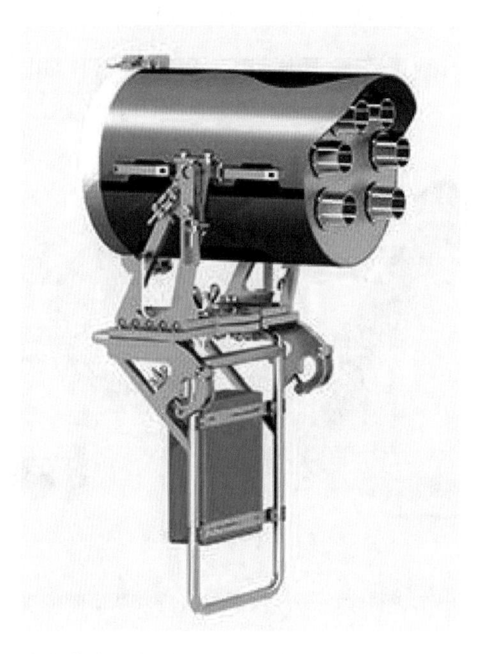

图 6.23　西安天和防务技术股份有限公司研制的 TH-B311A 自动投放与测量系统

青岛朗格润海洋科技有限公司作为一家民营企业，于 2016 年开始了 XBT/XCTD 的研制，该公司采用了高精度压力传感器的深度直接测量方式替代了通用的深度计算方式，在探头内部完成模数转换并对温度、压力、电导率传感器进行多点标定，保证了测量精度。青岛朗格润海洋科技有限公司研制的 XBT/XCTD 如图 6.24 所示。

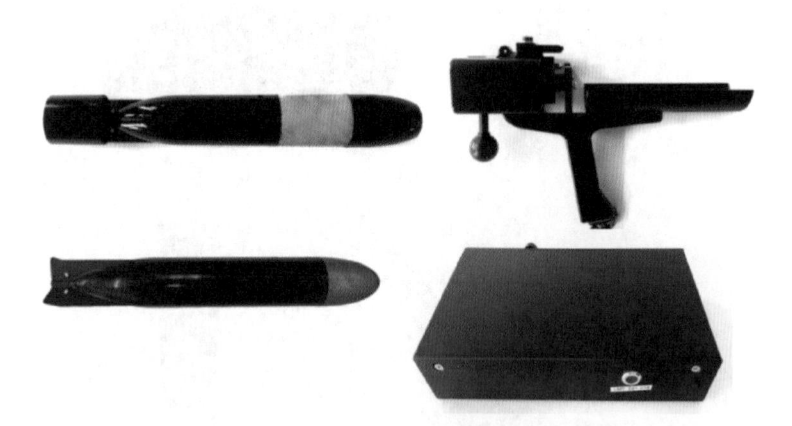

图 6.24　青岛朗格润海洋科技有限公司研制的 XBT/XCTD

北京星天科技有限公司作为一家高新技术企业开展了 XBT 的研制，其研制的 XBT 如图 6.25 所示。

湖南国天电子科技有限公司作为一家民营企业，于 2016 年开始了 XBT 的研制，由光纤探头发展到常规探头，于 2017 年通过引进外部技术与团队开始了 XCTD 的研制。该公司研制的 XBT/XCTD 见图 6.26 所示。

图 6.25　北京星天科技有限公司研制的 XBT

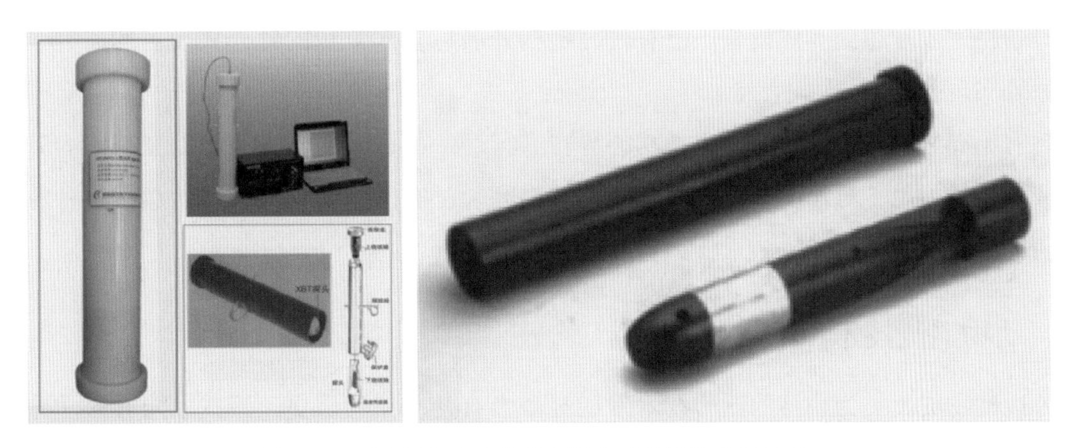

图 6.26　湖南国天电子科技有限公司研制的 XBT/XCTD

杭州瑞利科技有限公司作为中船重工集团 715 研究所全资子公司，于 2017 年开发了基于光纤光栅传感及其波长解调技术的 XBT。该公司研制的 XBT 如图 6.27 所示。

图 6.27　杭州瑞利科技有限公司研制的 XBT 产品

6.3.1.3　发展趋势与建议

从目前国内外的现状来看，抛弃式测量技术的发展已经日趋成熟，国内外产品的差距越来越小，在空中、水面和水下都可以看到这类仪器使用的报告。但是，随着海洋整体观测能力和水平的不断提升，该类仪器已经出现力不从心的情况。

首先，测量精度远低于其他常规观测仪器，甚至相差两个数量级，使得其观测效果较差，与其他观测仪器数据融合和同化的难度高。其次，这类仪器出于成本考虑，没有加装压力传感器，仅通过计算得到水中深度，深度计算误差与探测深度正相关，在 1 000 m 深度往往达到 10 m 以上。而且对于不同海域，由于其密度的不同，深度误差仍需要摸索，对应用带来较大困扰，深度误差对于抛弃式仪器仍是一个难以解决的问题。

从未来发展看，抛弃式设备低成本的优势将不再明显，自持式多参数剖面获取和船载连续剖面获取设备将逐步赶超抛弃式设备。已有研究机构开展可多次复用的抛弃式设备的研究工作，但尚处于原理实现阶段。

在现有抛弃式设备中增加深度测量功能势在必行。一种可行的方式是辅以微型压力开关进行测量，成本增加不大，对深度的估算将有明显的提高。已有国外研究机构开始尝试这种方法，但未见到研究报告和成果公开。

6.3.2 动物遥测技术

国外以动物或鱼类为载体的遥测技术发展至今已有几十年的历史，该技术能够科学地观测世界各大海域、沿海河流、入海口以及大型湖泊中的动物或鱼类的运动轨迹及生活习性，从而提高人类对生态系统的功能以及相关动态的认识，进一步加强对生态系统以及生物多样性的保护，做到可持续发展。

目前，水中的动物或鱼类携带的各种标签已经有许多种类，通过固定在载体身上的标签获取生物和物理等海洋数据。按照获取和传输数据方式的不同，可以将动物或鱼类遥测技术分为三类：存档遥测、卫星遥测、声学遥测。

6.3.2.1 国外发展现状

动物遥测能弥补人工测量方式的不足。在北极地区，季节性海冰阻止了 Argos 浮标返回海面，导致该区域温盐测量受限。2017 年，科学家将传感器安装于能在冰面上自由行走和呼吸的动物（如海豹）身上，成功填补海冰区 Argos 的数据缺口。动物收集到的数据在季节和空间上是有限的，但是通过将动物收集的数据与船上和海上观察相结合，提供了迄今为止对南大洋混合层特征季节循环的最全面评估。

遥测技术在海洋动物的应用方面不同于陆地动物。在陆地动物身上植入传感器后，其采集的数据可随时通过卫星传输，能够很好地保证数据的实时性。海洋中的动物由于其生活环境的特殊性，很难得到实时数据。通常获取海洋动物和鱼类的遥测数据的方法主要有以下几种：对于有固定迁徙周期及迁徙路径的鱼类等，数据可在固定地点定期回收；对于偶尔会浮出水面的动物，可在其浮出水面时通过卫星获取数据；对于深海生物，可采用定向水听器或固定数据接收站来回收数据。以上传统的数据回收方式均不能保证数据的实时性，而且由于带宽限制，大部分数据都被整合处理，很难保证数据的完整性。

传统方法使用动物遥测追踪数据对数据的实时性要求不高，也不需要快速的建模工具来进行质量控制或生态分析。然而，随着科技的发展，某些活动，例如与人类活动(如近海风电场、渔业和航运)相互作用造成的濒危物种死亡的实时管理等，对动物遥测数据的实时性要求越来越高。在高时空分辨率下，应用动态海洋管理有效降低濒危物种死亡率，需要快速获得高分辨率的数据作为保证。同样，动物携带的海洋观测传感器应用于全球海洋观测系统，也促进了动物遥测的需求，如澳大利亚综合海洋观测系统的动物跟踪设备(IMOS ATF1)和美国综合海洋观测系统的动物遥测网络(IOOS)，这些计划的目的是通过世界气象组织的全球电信系统提供接近实时的海洋测量，以便在实际的海洋和大气预报中进行数据同化。鉴于以上情况，接近实时遥测数据的获取需要可靠的质量控制流程，保证快速且自动化，这些数据对于了解动物的运动和分布，以及为海洋测量提供地理空间关联性至关重要。

传统操作手段中，使用声学遥测技术的研究都是基于有限的空间尺度上生成数据，以解决特定的研究问题。这些研究涉及动物栖息地、活动状态和活动空间的测量。这些在小空间尺度上采集的数据限制了研究地点之间的数据联系，忽略了大范围数据之间的关联性。随着声学遥测网络的更广泛的发展和数据共享的增加，大数据集可以提供更广泛的物种运动信息。多个数据流(如环境变量)的集成有助于解释运动和空间使用，这也提高了遥测数据的价值，但这些大型数据集为数据管理和分析带来了新的挑战。

在海洋动物遥测技术上，最近几年也有很大的更新和提高。在21世纪初期，海洋哺乳动物研究组(英国圣安德鲁斯大学SMRU)开发了CTD卫星中继数据记录器CTD-SRDL。CTD-SRDL是一种自主式记录器，包括一个小型CTD装置，在卫星发射器(Argos)的协助下可实现地理定位和数据传输。在每次部署之前，都会对贴标签的海洋校准设施中的传感器进行校准，以确保高数据质量。最近，CTD-SRDL传感器的工作机制和数据处理策略根据新需求做了很大的调整，其数据能够直接连续地上传和下载，从而提供了评估传感器动态响应的新方法，提高了数据的有效性和实时性。

美国动物遥测网络(Animal Telemetry Network)、澳大利亚动物标签与观测系统(Australian Animal Tagging and Monitoring System，AATAMS)和加拿大的海洋(动物)追踪网络(Ocean Tracking Network，OTN)在遥测技术领域得到了很好的发展。

美国的野生动物研究机构研制了多重形式的海洋动物标签用于海洋动物的遥测，如图6.28所示。

美国斯坦福大学霍普金斯海洋研究站研制出适用于多种远洋捕食动物的标签，如图6.29所示。

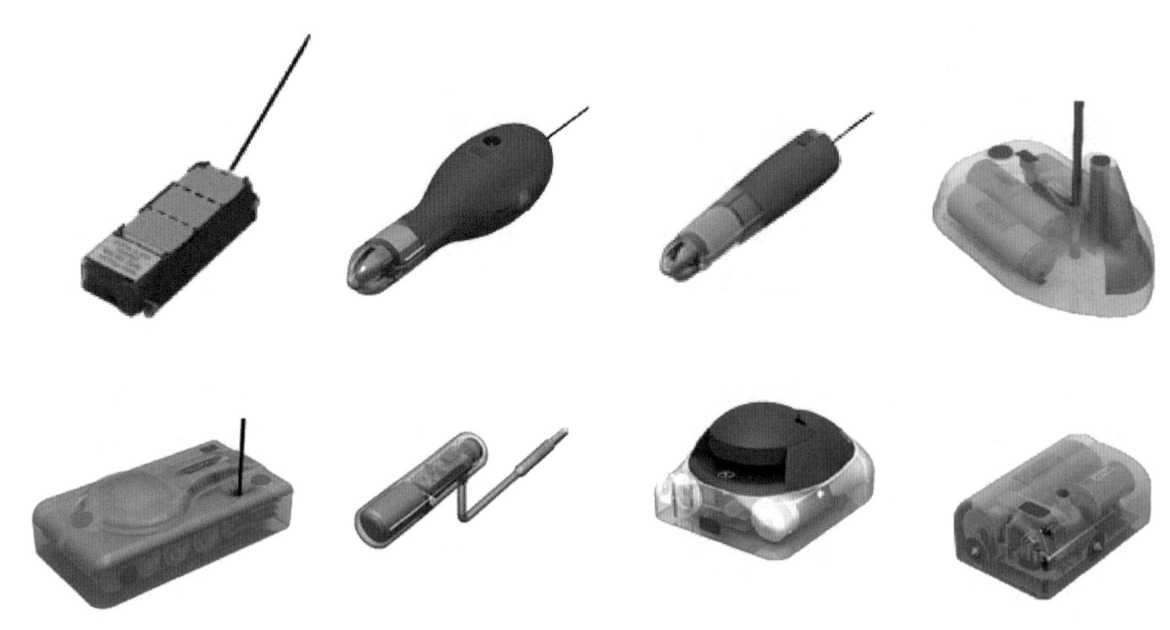

图 6.28　多重形式的海洋动物标签

图 6.29　携带标签的远洋捕食动物

6.3.2.2　国内发展现状

我国对动物或鱼类遥测技术的研究起步较晚，在 20 世纪 80 年代之前，该技术在国内还是空白。目前主要处于试验阶段，一般都是研究所或科研院校在做课题研究，没有真正用到实践中。

6.3.2.3　动物遥测发展建议

纵观国内外在动物或鱼类遥测技术方面的发展情况，国内的技术与国外相比还有很大的差距，主要是起步晚、发展慢、技术落后。我国动物或鱼类遥测技术未来的发展应该充分借鉴国外的先进经验，加快发展速度。另外，需要更全面地发展各种遥测技术，形成一个综合平台，从应用范围和技术手段等方面全面推进动物或鱼类遥测系统的发展。

利用动物作为自主取样平台收集物理环境变量，增加全球海洋学观测系统的时空覆盖范围，动物遥测技术在动物栖息地监测方面发挥了巨大作用。但是因为不同种类动物的栖息地各具特点，监测的生物因子多种多样，遥感技术并不能独成一体，需要与相关的数据采集技术、数据处理软件和空间分析技术等相结合，综合使用各种遥感技术，并建立适宜的数据模型对动物栖息地进行监测和分析。遥感技术与数据模型的结合将成为监测动物栖息地方法的一大主流。另外，如何将收集到的数据纳入海洋观测系统，以及如何发挥这些数据在改进海洋管理方面的作用，将是未来一个研究热点。

参考文献

曹益荣，马刚，王陵峰，等，2017-11-21. 一种用于海洋浮标的全景图像采集装置．中国：CN207573520U.

陈维山，刘孟德，雷卓，等，2012. 抛弃式温深计探头海水中下落深度计算方法研究．山东科学，25(5)：25-29.

崔丹丹，吕林，方位达，2013. 无人机遥感技术在江苏海域和海岛动态监视监测中的应用研究．现代测绘，36(6)：10-11.

邓才龙，刘焱雄，田梓文，等，2014. 无人机遥感在海岛海岸带监测中的应用研究．海岸工程，4：5.

方芳，2011. 抛弃式温度剖面测量仪(XBT)可靠性研究．天津：国家海洋技术中心．

冯向超，2016. 海洋水文监测浮标碰撞检测装置研究．青岛：山东科技大学．

付晓，杨英东，刘野，等，2017-09-07. 基于地磁传感器的海洋浮标防避碰系统．中国：CN207280474U.

郭忠磊，翟京生，张靓，等，2014. 无人机航测系统的海岛礁测绘应用研究．海洋测绘，34(4)：55-57.

何延康，等，2019. 海事安全研究发展动态——第13届船舶导航与海上运输安全国际会议综述．交通信息与安全，37(6)：1-10.

纪育强，邹鹏毅，张志清，等，2018. 基于无人机的海洋航空磁力探测系统研制最终报告．科技创新导报，35：234-235.

金学军，2011. 基于最小二乘拟合的外弹道测量数据野值剔除方法. 四川兵工学报，32(1)：20-23.

李德仁，李明，2014. 无人机遥感系统的研究进展与应用前景．武汉大学学报(信息科学版)，39(5)：505-513.

李忠强，唐伟，张震，等，2014. 无人机技术在海洋监视监测中的应用研究．海洋开发与管理，7：8.

林晓蕾，2014. 国外舰船雷达装备和研制现状及发展趋势．国防科技，35(5)：91-96.

刘晶晶，2017. 提升船员心理素养保障海上航行安全．科技视界，(19)：114-115.

刘孟德，陈维山，刘杰，等，2012. 基于CFD的抛弃式温深计探头流场分析．山东科学，25(5)：22-24，29.

刘睿强，2017. 深度学习算法在船舶电子海图识别中的应用. 船舰科学技术，39(2A)：79-81.

刘重阳，2010. 国外无人机技术的发展. 舰船电子工程，30(1)：19-23.

门雅彬，方芳，李兴岷，等，2013. 多枚XBT自动投放与测量系统数据采集控制单元设计．计算机测量与控制，21(6)：1697-1699.

容英光，2016. 海洋动物遥测新技术的创新应用．[2020-11-20]. http：//www.docin.com/p-334395678.html.

史一凡，孙健，胡昊，2014. 基于无人机技术的低空海洋溢油监测巡航路径．中国航海，(1)：136-140.

陶维涛，2017. 基于 Cortex-M4 的海洋浮标远程监控系统．杭州：杭州电子科技大学．

汪炜，2014. 高分辨率 SAR 图像海上舰船目标检测方法研究．上海：海交通大学．

王成友，危起伟，杜浩，等，2010. 超声波遥测在水生动物生态学研究中的应用．生态学杂志，29(11)：2286-2292.

王芳，宋士林，葛清忠，2013. 无人机在海洋调查中的应用前景展望．海洋开发与管理，30(2)：44-45.

王军峰，邓豪，魏育成，等，2017. 无人机海洋观测系统集成技术研究．舰船科学技术，5：157-162.

王旭升，2016. 无人艇雷达图像目标检测系统的研究．大连：大连海事大学．

吴涛，张彦彦，吴立珍，等，2014. 无人机遥感技术在海域管理中的应用．中国高新技术企业，29：17.

徐海东，胡长青，张平，2012. 机载抛弃式温度剖面仪系统设计．声学技术，31(6)：555-558.

闫东，周乃恩，2018. 彩虹无人机系统应用及展望．软件，39(9)：117-122.

杨燕明，郑凌虹，文洪涛，等，2011. 无人机遥感技术在海岛管理中的应用研究．海洋开发与管理，28(1)：6-10.

翟小羽，王海涛，齐占辉，等，2013. 基于北斗卫星的 XBT 数据传输系统设计与实现．海洋测绘，33(2)：61-62.

张国兴，王锐，2019. 基于高分遥感的海上航行保障应用业务增强系统设计．航海，(3)：29-32.

张平，唐锁夫，屈科，等，2012. 国产 XBT 海上测试及实际使用效果分析．声学技术．31(6)：571-573.

赵金赛，米伟，白树祥，2014. 无人机在海上搜救中的应用探索．中国海事，(8)：42-44.

ABRAHAM J, GORMAN J, 2011. A New Method of Calculating Ocean Temperatures Using Expendable Tathythermographs. Energy and Environment Research. 1(1): 2-4.

BOYER T, GOPALALRISHNA V V, RESEGHETTI F, et al., 2011. Investigation of XBT and XCTD Biases in the Arabian Sea and the Bay of Bengal with Implications for Climate Studies. J. Atmos. Ocean. Tech., 28, 266-286.

COWLEY R, 2013. Biases in Historical Expendable Bathy Thermograph (XBT) Data-Correcting the Data and Planning for the Future. Seventh Session of the JCOMM Ship Observations Team (SOT) 7, Victoria, Canada, 22-26.

DASAROP E A, BLACK P G, CENTURIONI L R, et al., 2014. Impact of Typhoons on the Ocean in the Pacific: ITOP. Bulletin of the American Meteorological Society, 1405-1418.

DU H, FAN G, YI J, 2014. Autonomous takeoff control system design for unmanned seaplanes. Ocean Engineering, 85: 21-31.

EUBANK R D, 2012. Autonomous Flight, Fault, and Energy Management of the Flying Fish Solar-Powered Seaplane. USA: University of Michigan.

EUBANK R, ATKINS E, MACY D, 2009. Autonomous guidance and control of the flying fish ocean Surveillance Platform. Aerospace Conference. Seattle, USA.

FRANCIS B, 2013. The First Meters of the XBT Fall. Victoria: NOAA.

GAO A, TECHET A H, 2011. Design Considerations for a Robotic Flying Fish. OCEANS IEEE, 1-8.

GIRSHICK R. Fast R-CNN, 2015. Proceedings of the IEEE International Conference on Computer Vision: 1440-1448.

HALLIWELL G R, KOURAFALOU V, LE H M, et al., 2015. OSSE Impact Analysis of Airborne Ocean Surveys for Improving Upper-Ocean Dynamical and Thermodynamical Forecasts in the Gulf of Mexico. Progress in Oceanography, 130: 32-46.

HANAWA K, KIZU S, 2011. Trial to Check XBT Fall Rate and to Develop Simple Numerical Mode. Melbourne, Australia, 7-8.

HU C Q, 2014. Test and Analysis on XBT Probes. The 4th XBT workshop: XBT Science and the Way Forward. Beijing, China.

KIZU S, SUKIGARA C, HANAWA K, 2011. Comparison of the Fall Rate and Structure of Recent T-7 XBT Manufactured by Sippican and TSK. Ocean Science, 7: 231-244.

KOOPMAN H N, WESTGATE A J, SIDERS Z A, et al., 2014. Rapid Sub-Surface Ocean Warming in the Bay of Fundy as Measured by Free-Swimming Basking Sharks. Oceanography, 27(2): 14-16.

KUSTERS J G, COCKRELL K L, CONNEL B S H, et al., 2016. A Real-Time Ship Motion Forecasting System employing Advanced Wave-Sensing Radar. OCEANS IEEE. 1-9.

LENAIN L, MELVILLE K, REINEMAN B, et al., 2013. Ship-based UAV measurements of the marine Atmospheric Boundary Layer in the Equatorial Pacific, UNOLS SCOAR meeting-WHOI.

LINDEMUTH M, MURPHY R, STEIMLE E, et al., 2011. Sea Robot-Assisted Inspection. Robotics & Automation Magazine, IEEE, 18(2): 96-107.

LIU W, ANGUELOV D, ERHAN D, et a1., 2016. SSD: Single Shot MultiBox Detector. European Conference on Computer Vision. Springer International Publishing. 21-37.

METCALFE J, 2013. FISH! Autonomous sensorcarriers ?, UK-IMON International Workshop on New Monitoring Technologies NOC, Southampton.

MOUSTAHFID H, WEISE M, SIMMONS S, et al., 2014. Meeting our Nation's Needs for Biological and Environmental Monitoring: Strategic Plan and Recommendations for a National Telemetry Network (ATN) through U. S. IOOS. U. S. Department of Commerce. NOAA Technical Memorandum NMFS, NOAA-TM-NMFS-SWFSC-534.

REDMON J, FARHADI A, 2016. YOL09000: Better, Faster, Stronger. arXiv preprint arXiv: 1612. 08242.

REINEMAN B D, LENAIN L, STATOM N M, et al., 2013. Development and Testing of Instrumentation for UAV-Based Flux Measurements within Terrestrial and Marine Atmospheric Boundary Layers. Atmospheric & Oceanic Technology, 30(7): 1295-1319.

RUSSAKOVSKY O, DENG J, SU H, et a1., 2015. ImageNet Large Scale Visual Recognition Challenge. International Journal of Computer Vision, 115(3): 21 1-252.

SANABIA E R, BARRETT B S, BLACK P G, et al., 2013. Real-Time Upper-Ocean Temperature Observations from aircraft During Operational Hurricane Reconnaissance Missions: AXBT Demonstration Project Year One Results. Weather Forecasting, 28, 1404-1422.

SANABIA E R, BLACK P G, 2014. The AXBT Demonstration Project: Implementation, Impact, Collaboration, and Outlook. Tropical Cyclone Research Forum (TCRF)/68th IHC.

SCHWARTZ D, 2013. Unmanned Aircraft Use in Shipboard Oceanographic 2012-2013. NAVY-NSF/UNOLS Research Vessel Technical Enhancement Committee (RVTEC), (11): 18-21.

SILVER B P, KOCH R, POIRIER J, et al., 2012. X-Fit Project: PIT Crew. 2012 Annual Report. U. S. Fish and Wildlife Service, Columbia River Fisheries Program Office, Vancouver, WA. 15 pps. www. fws. gov/columbiariver/publications/PIT_xfit_2012. pdf.

SMYTH B, NEBEL S, 2013. Passive Integrated Transponder (PIT) Tags in the Study of Animal Movement. Nature Education Knowledge, 4(3): 3.

SPARROW E M, ABRAHAM J P, MINKOWYCZ W J, 2009. Flow Separation in a Diverging Conical Duct: Effect of Reynolds

Number and Divergence angle. Heat and Mass Transfer, 52(13): 3079-3083.

SUZUKI T, 2013. XBT Data Management and Quality Control in Japan. Marine Data and Information Systems, Lucca, Italy.

XIAO H, ZHANG X H, 2012. Numerical Investigation of the Fall Fate of a Sea-Monitoring Probe. Ocean Engineering. 56(1): 20-27.

YABLONSKY R M, GINIS I, THOMAS B, et al., 2014. Ocean Coupling in NOAA's Hurricane Weather Research and Forecasting (HWRF) model. Atmos. Oceanic Technol.

第7章 海洋观测系统

海洋观测系统是以岸基、海基、空基、天基等海洋设施为载体，利用多种仪器设备及技术，对海洋环境、资源等信息进行全方位、全天候、全时空获取的综合观测的系统。建设业务化海洋观测系统，对促进海洋经济高质量发展、防御海洋灾害、建设海洋生态文明、保障国家海洋安全与参与全球海洋治理具有重要意义。

本章主要介绍了全球海洋观测系统以及国外一些海洋国家的较成熟的业务化海洋观测系统，为我国"十四五"全球海洋观测网的规划与建设提供决策依据和技术借鉴。之后简要介绍了我国主要涉海部门海洋观测系统发展现状，最后提出发展建议。

7.1 全球海洋观测系统

全球海洋观测系统(Global Ocean Observing System, GOOS)由联合国教科文组织政府间海洋学委员会(Intergovernmental Oceanographic Commission, IOC)、世界气象组织(World Meteorological Organization, WMO)、联合国环境计划署(United Nations Environment Programme, UNEP)和国际科学理事会(International Science Council, ICS)在1991年共同发起成立，旨在建立一个对海洋和海洋变量进行观测、模拟和分析的永久性全球系统，为全球范围内气候、业务化服务和海洋健康的研究和服务提供支撑。GOOS希望通过现场观测提供对海洋状态的准确描述，以开展对未来海洋状况和气候变化的准确预测，为全球范围的海洋防灾减灾、海洋资源管理、海洋生态系统保护等提供决策支持。GOOS的目标包括：监测、了解、预测天气和气候；描述和预测海洋状况，包括生物资源；改善海洋和沿海生态系统资源的管理；减轻自然灾害和污染造成的损害；保护沿海和海上的生命财产安全；开展科学研究等。

GOOS的建设得到众多国家和区域组织的响应与支持，形成了GOOS区域联盟(GOOS Regional Alliances)，并建设了各自的区域海洋观测系统。GOOS区域联盟将各个国家层面的海洋观测需求整合到区域观测系统中，并进一步统一到全球观测框架下，既满足了国家和地区海洋观测的需求，又推动了全球海洋观测的发展。当前GOOS由13个区域海洋观测系统组成，另外还有4个正在建设中的区域观测系统，如图 7.1 所示。13 个 GOOS 区域观测系统包括：欧洲海洋观测系统(EuroGOOS)、地中海海洋观测系统(MONGOOS)、非洲海洋观测系统(GOOS-Africa)、黑海海洋观测系统(Black Sea GOOS)、印度洋海洋观测系统(IOGOOS)、东北亚海洋观测系统(NEAR-GOOS)、东南亚海洋观测系统(SEAGOOS)、澳大利亚综合海洋观测系统(IMOS)、太平洋群岛海洋观测系统(PI-GOOS)、美国综合海洋观测系统(USIOOS)、加勒比海及邻近海区海洋观测系统(IOCARIBE-GOOS)、南太平洋海洋观测系统(GRASP)、西南和热带大西洋海洋观测系统(OCEATLAN)，4 个正在建设的区域海洋观测系统包括：持续性北极观测系统(SAON)、南非环境观测系统(SAEON)、南大洋海洋观测系统(SOOS)和加拿大综合海洋观测系统(CIOOS)。

海洋学与海洋气象学联合技术委员会(Joint WMO-IOC Technical Commission for Oceanography and Marine Meteorology，JCOMM)是 GOOS 的主要组织和协调机构，其任务是在 WMO 和 IOC 有关科学和业务计划指导下，促进、维持、协调及指导全球海洋气象和海洋观测系统的观测、数据管理和服务并支撑其运作。JCOMM 于 2001 年发起成立了现场观测平台支持中心(JCOMM in situ Observing Platform Support Centre，JCOMMOPS)，该中心最初建立在资料浮标合作观测组织(DBCP)、船舶观测组织(SOT)和 Argo 计划的协调组织框架下，随着 GOOS 计划的不断扩大，JCOMMOPS 逐渐成为全球海洋观测的网络中心，负责推动全球海洋观测系统的建设和部署、监测 GOOS 及其他相关监测平台运行状态、海洋观测数据质量控制、相关标准落实、海洋观测数据共享以及相关数据长期保存等。JCOMMOPS 于 2020 年更名为 OceanOPS。

目前，GOOS 在海洋观测框架下开展海洋观测的手段主要包括：海洋站、雷达站、剖面漂流浮标、表面漂流浮标、锚系浮标、水下潜器、调查船、志愿船和动物遥测等。

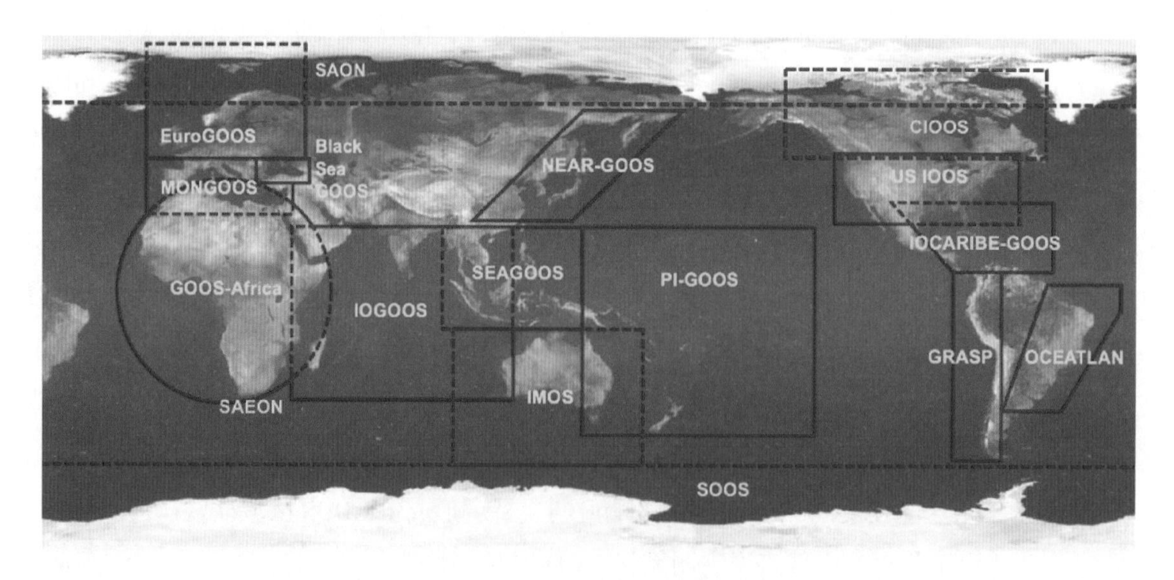

图 7.1 GOOS 区域海洋观测系统示意

7.1.1 基本海洋变量

为了高效地组织开展全球性的海洋观测，GOOS组织成立了物理和气候、生物地球化学、生物和生态系统三个专家组，根据与GOOS目标的相关性、实施可行性和综合成本等确定了31个基本海洋变量(表7.1)，明确了不同海洋观测目标对海洋变量的观测需求(如观测的时间和空间尺度)，分析了当前海洋变量观测手段的技术现状和未来发展趋势，为各国如何在全球统一的框架下开展海洋观测活动提供了参考。

表7.1 GOOS基本海洋变量

物理和气候	生物地球化学	生物和生态系统
海况	溶解氧	浮游植物的生物量和多样性
海表面应力	营养盐	浮游动物的生物量和多样性
海冰	无机碳	鱼的丰度和分布
海表面高度	瞬态示踪剂	海龟、鸟类、哺乳动物的数量和分布
海表面温度	颗粒物	硬珊瑚覆盖物和成分
表层以下温度	一氧化二氮	海草覆盖物和组成
表层流	稳定碳同位素	大型藻类覆盖物和组成
表层以下海流	溶解有机碳	红树林的覆盖和组成
海表面盐度		微生物生物量和多样性(新兴)
表层以下盐度		无脊椎动物的数量和分布(新兴)
海洋表面热通量		
	交叉学科	
水色	水声	—

7.1.2 Argo剖面浮标计划

Argo剖面浮标阵列(Argo Profiling Float Programme，Argo计划)是GOOS的重要组成部分，被称为“海洋观测手段的一场革命”，能够快速、准确、大范围地收集全球海洋温度、盐度、生物地球化学要素等的剖面资料，对于认识和了解海洋、研究全球气候变化、提高气候和海洋预报能力等具有重要意义。截至2018年9月，Argo计划已收集了全球海洋超过200万个剖面的观测资料，几乎是1870年以来基于船只开展的海洋观测剖面数量(535 000)的4倍。

目前，全球海洋中布放的Argo浮标主要包括三类：①用于观测和收集全球海洋中上层(2 000 m以浅)海洋温度和盐度剖面资料的常规Argo浮标(Core Argo)；②最深可达4 000 m或6 000 m深度、用于观测海洋中下层温度和盐度剖面的深海Argo浮标(Deep Argo)；③可观测海洋生物地球化学要素的生地化 Argo 浮标（BioGeoChemical Argo）。截至 2020 年 8 月，全球海洋有 4 480 个运行中的 Argo 浮标，其中常规 Argo 浮标 3 934 个，深海 Argo 浮标 155 个，生地化 Argo 浮标 391 个。全球有超过 20 个国家先后加入了 Argo 计划，我国是 Argo 计划的重要成员国之一，在太平洋和印度洋等海域投放了多个批次的 Argo 浮标，截至 2020 年 8 月，有 82 个浮标仍在海上正常工作。

7.1.3 资料浮标网

海洋资料浮标是用于获取海洋气象、水文、水质、生态等参数的漂浮式自动监测平台，主要包括表面漂流浮标、海上观测平台、海冰浮标、锚系浮标和海啸浮标等。资料浮标合作观测组织由 WMO 和 IOC 于 1985 年联合建立，主要由 JCOMM 和 GOOS 管理运行的资料浮标组成，DBCP 负责协调和维护全球资料浮标网络，组织开展浮标数据质量控制，提高了全球海洋上的大气和海洋数据的数量、质量和及时性，改善了全球天气和海洋预报，有助于气候研究和海洋学研究。截至 2020 年 8 月，DBCP 在全球海洋中运行表面漂流浮标 1 540 个、海上平台 94 个、海冰浮标 23 个、锚系浮标 379 个、海啸浮标 40 个。

7.1.4 海洋长时序观测站网

海洋长时序观测站（OceanSITES）是 GOOS 的重要组成部分，用于收集在大洋固定地点的长期、高频、高质量的观测数据。观测包括从上层大气到几乎整个海洋深度的气象、物理海洋、水体输运、生物地球化学以及与碳循环、海洋酸化、生态系统和地球物理等有关的参数。

截至 2020 年 8 月，全球在位运行的 OceanSITES 站位共有 423 个，由热带太平洋观测计划 2020（Tropical Pacific Observing System，TPOS 2020）、热带大西洋预测和研究锚系浮标阵列（Prediction and Research Moored Array in the Tropical Atlantic arrays，PIRATA）、大西洋观测系统海洋输运观测锚系阵列（AtlantOS Transport Mooring Arrays，TMAs）、亚-非-澳季风分析、预测研究锚系浮标阵列（Research Moored Array for African-Asian-Australian Monsoon Analysis and Prediction，RAMA）等计划的长期观测站点组成。

7.1.5 全球海洋船基水文调查计划

全球海洋船基水文调查计划（The Global Ocean Ship-based Hydrography Investigation Program，GO-SHIP）由世界气候研究项目（World Climate Research Program）下的国际海洋碳合作项目（International Ocean Carbon Coordination Project，IOCCP）和气候变化与可预测研究项目（Climate Variability and Predictability Experiment，CLIVAR）于 2007 年成立并启动，主要用于推动持续开展全球范围内海洋的重复性水文剖面测量，获取全球海洋代表性断面的高精度、全深度、多参数的水文资料，以开展对物理海洋、碳循环、海洋生物地球化学、生态系统等的研究。

截至2020年8月，在2012—2023年调查周期内的55条核心断面中，有49条获得资助并已完成其中的46条断面，6条断面未获得资助。

7.1.6 全球海平面观测系统

全球海平面观测系统(Global Sea Level Observing System，GLOSS)是一项全球海平面监测计划，旨在开展高质量的现场海平面观测，以支持海平面变化与海洋环流研究、风暴潮、洪水预警和海啸监测、港口和渔业活动的潮汐预测、国家或地区边界的基准测定等科学研究和社会服务。GLOSS由IOC于1985年建立，为全球和区域海平面观测网提供指导和协调，并依靠当地潮位观测网运营机构维持高质量的海平面观测。GLOSS的气候、沿海和业务服务模块通过建立海平面测量网络、数据交换和收集系统以及为各种用户提供海平面产品，为GOOS做出贡献。GLOSS在IOC的主持下，是JCOMM的观测组成部分之一。平均海平面永久服务中心(Permanent Service for Mean Sea Level，PSMSL)是GLOSS最主要的数据中心，负责收集、出版、分析和解释全球潮汐测量网络(包括GLOSS核心网络)的海平面数据，它位于利物浦的英国国家海洋学中心(National Oceanography Centre，NOC)。

截至2020年8月，美国、澳大利亚、日本等全球90多个国家的290个潮位站加入了GLOSS，这些站位组成了GLOSS的核心网络。

7.1.7 志愿船观测网

志愿船观测(Voluntary Observing Ships，VOS)计划主要由SOT组织实施，观测内容包括地面气象观测、高空气象和上层海洋观测，主要用于支持研究气候预报、数值天气预报和海事安全服务以及其他应用。参与VOS计划的船只包括调查船以及其他商船、科考和海军舰艇等，观测手段主要包括四大类：船载自动气象站、船载人工气象站、无线电探空仪和投弃式温深仪。SOT还开展了若干子计划，如自动船载航空计划(Automated Shipboard Aerological Programme，ASAP)，该计划于20世纪80年代中期开始，用于提供来自数据稀疏海域的温度、湿度、风速和风向的垂直剖面；机会船计划(Ship of Opportunity Programme，SOOP)主要收集一系列海洋学数据，包括上层海洋热通量数据、大气和海洋碳、海洋荧光、温度和盐度数据等，用于支持厄尔尼诺-南方涛动(ENSO)预测、热带海洋变率和预测、全球和区域热容量估计、海洋输运、海洋状态估算与模型评估、气候变化等。

截至2020年8月，志愿船观测计划下包括自动观测平台(VOS-Automated)170个、人工观测平台(VOS-Manned)1 082个；志愿观测船气候船队计划(Voluntary Observing Ships Climate Fleet，VOSClim)下包括自动观测平台(VOSClim-Automated)92个和人工观测平台(VOSClim-Manned)342个。

7.1.8 其他观测网络

7.1.8.1 高频雷达观测网

2017 年，全球高频雷达网络(High Frequency Radar Network，HFRNet)被 JCOMM 认可为 GOOS 的一部分。HFRNet 的成员主要包括美国、中国、澳大利亚等超过 37 个国家和地区，国际电信联盟将全球 HFRNet 分为三个区域(图 7.2)，区域 1 包括欧洲、非洲和中东，部署了 60 多个 HFR 观测站，其中许多站点处于规划阶段；区域 2 包括了美洲地区，该地区的高频雷达网络已运行超过 13 年，拥有超过 150 台雷达装置、总计数百万条的海表面流速数据；区域 3 包括亚洲和大洋洲国家，有超过 110 个雷达站在运行。

高频雷达主要用于获取近岸 200 km 以内海域的高空间(1~6 km)和高时间(每小时或更高)分辨率的海表面流场，广泛应用于船舶安全、溢油应急、海啸预警、污染评估、沿海地区管理、环境变化跟踪、三维环流数值模型等。截至 2020 年 8 月，全球纳入 JCOMMOPS 的高频地波雷达有 270 台。

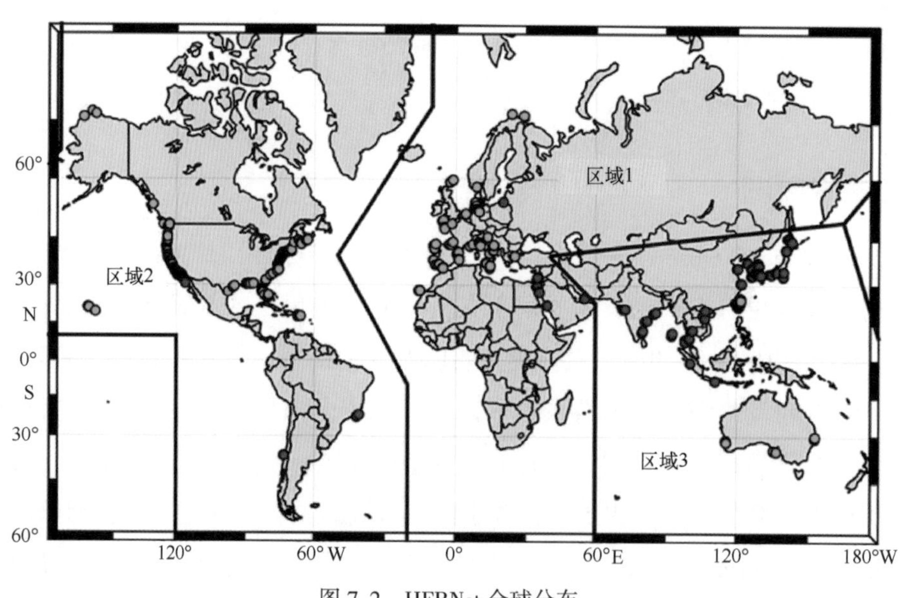

图 7.2 HFRNet 全球分布

绿点表示在 HFRNet 共享数据的站点，红点表示当前未共享其数据的站点。

7.1.8.2 动物遥测网络

动物传感器(Animal Borne Sensors)，又称动物遥测，是观察海洋动物及其栖息环境的有力工具，它可以搜集常规观测难以到达区域的海洋数据，如海豹可以帮助填补海冰区域的海洋数据空白。国际开展动物遥测的计划或观测系统主要包括：海洋哺乳动物观测项目(Marine Mammals Exploring the Oceans Pole to Pole，MEOP)、海洋动物遥测台网(ATN，美国)、EuroGOOS 动物观测仪器(ABI)欧洲任务组、综合海洋观测系统(IMOS-ATF)、加拿大海洋跟踪网络等。自 2004 年以来，通过在海洋哺乳动物身上贴标签，在世界海洋中已经收集了超过 50 万个温度和盐度垂直剖面。由于动物遥测获取的数据较不规律，其数据纳入 JCOMMOPS 的难度较大，截至 2020 年 8 月，全球纳入 JCOMMOPS 的运行中的动物传感器仅有 53 个。

7.1.8.3 海洋滑翔机网络

GOOS 的海洋滑翔机观测于 2016 年启动，由 JCOMM 统一协调组织。海洋滑翔机适合在海岸和开阔大洋的过渡区域开展观测，进行边界流、热带风暴、水体物质输运、极地地区和生物地球化学过程等的观测，可以有效补充其他观测手段的不足，为更好地观测和理解海洋现象做出贡献。截至 2020 年 8 月，全球开展的海洋滑翔机观测情况如图 7.3 所示。

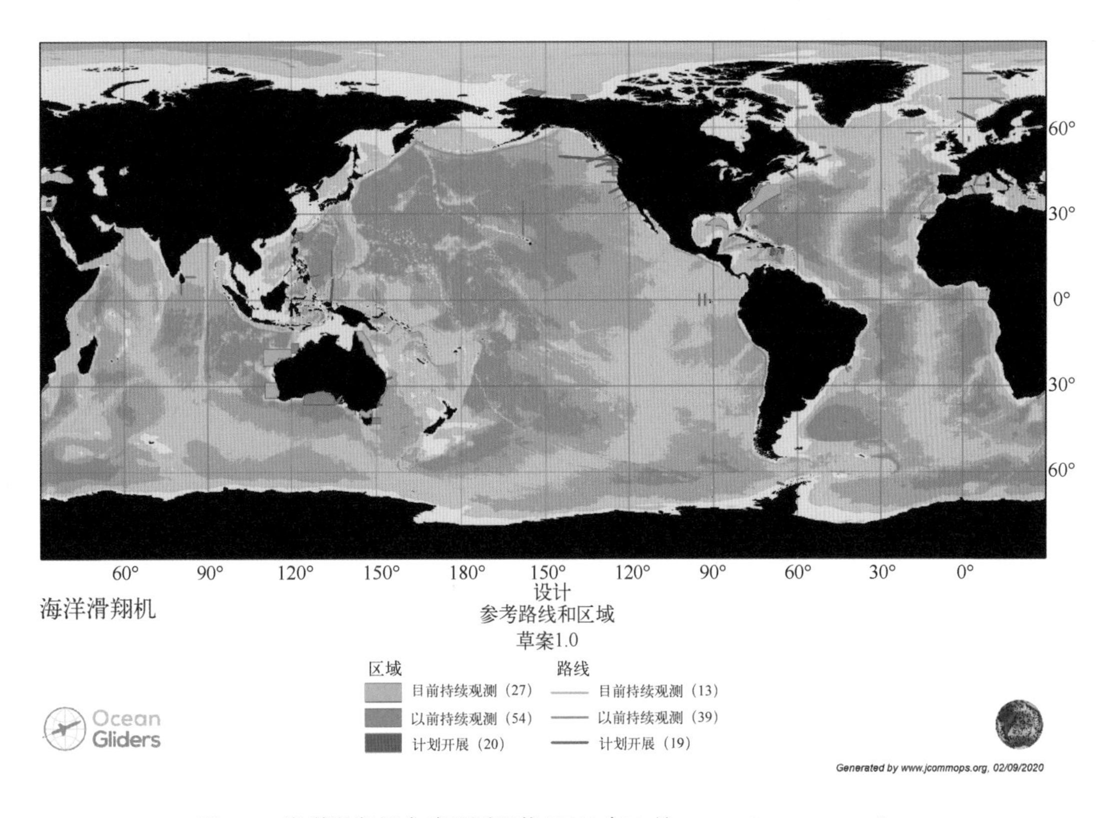

图 7.3　海洋滑翔机全球观测现状(2020 年 8 月，www.jcommops.org)

7.2 国外海洋观测系统

从 2016—2020 年的跟踪情况来看，美国、加拿大等世界先进海洋国家的海洋观测系统建设情况基本没有变化，本章不再介绍。这一章主要介绍德国、澳大利亚、西班牙及韩国的业务化海洋观测系统发展现状。

7.2.1 德国海洋观测系统

德国的业务化海洋观测系统由德国联邦海事与水文局建设和运行，布设在北海的德国湾和波罗的海海域，主要由 9 个海上自动观测站和 7 个海洋浮标组成。开展海洋水文气象、海洋生物化学、海洋污染物等观测，并具备海洋放射性监测、船舶尾气监测等功能。

自 1998 年以来，德国联邦海事与水文局利用海洋调查船定期对北纬 51°—60°的整个北海海域进行海洋水文和生物化学剖面调查，以评估北海的热量和盐度平衡、总体化学状况等海洋环境信息，同时用于数值模型验证、卫星遥感数据验证等。调查站位由约 50 个核心固定站位组成，开展海水温度、盐度、溶解氧、浊度和叶绿素 a 等的垂直剖面观测。近年来，德国联邦海事与水文局的业务化调查范围不断扩大，并在走航过程中利用 XBT、海上取样等开展了更多形式的观测。

德国通过积极参与国际 Argo 计划开展全球海洋观测，德国联邦海事与水文局每年部署约 50 个 Argo 浮标，其他包括汉堡大学、阿尔弗雷德-魏格纳极地与海洋研究中心和基尔亥姆霍兹海洋研究中心等在内的德国海洋机构通过多种渠道补充布放一部分 Argo 浮标，使得德国在其重点关注的北大西洋、北冰洋和地中海常年保持约 150 个 Argo 浮标。

北海栖息地观测与评估项目(North Sea Observation and Assessment of Habitats, NOAH)由 Helmholtz-Zentrum Geesthacht 研究中心组织，德国联邦海事与水文局、不来梅大学、汉堡大学等众多机构参与，从 2013 年起，NOAH 通过在北海的德国湾开展海底物理、生物地球化学、生物特性等的长期监测，以全面跟踪、评估该区域的生态环境问题(如海上风电场建设对海底沉积物和海洋捕捞的影响)，服务海洋生态保护、海底资源开发等海洋管理决策。

7.2.2 澳大利亚海洋观测系统

澳大利亚综合海洋观测系统(IMOS)于 2006 年由澳大利亚政府的国家合作研究基础设施战略支持建设，是由塔斯马尼亚大学牵头，澳大利亚海洋科学研究所、气象局、澳大利亚联邦科学与工业研究组织、南澳大利亚研究与发展研究所、悉尼海洋科学研究所、西澳大利亚大学等研究机构和政府组织组成的机构联合体，负责制订、组织和实施澳大利亚的海洋观测战略计划。澳大利亚周边是广阔的太平洋、印度洋和南大洋，海洋对澳大利亚的影响重大，海洋观测的目标和区域众多，IMOS 通过积极和深度参与全球海洋观测系统框架下的 Argo、OceanSITES、TPOS2020 等国际计划，充分共享全球海洋观测数据，提高了澳大利亚的海洋观测服务能力。IMOS 目前建设了包括 Argo 浮标、机会船、深水锚系、水下滑翔器、自主水下潜器、国家系泊网络、海洋雷达、动物遥测、无线传感器网络、卫星遥感、海洋微生物组计划、海洋数据网和新技术验证在内的 13 个海洋观测基础设施网络(见图 7.4)，可以从海岸、大陆架、开阔大洋各个尺度以及物理海洋、生物地球化学、生物学和生态系统等各个学科开展系统和持续的澳大利亚海洋环境观测和服务。IMOS 的海洋观测类基础设施建设原则与 GOOS 保持一致，是 GOOS 的重要组成部分。IMOS 在澳大利亚包括昆士兰州综合海洋观测系统(Q-IMOS)、新南威尔士州综合海洋观测系统(NSW-IMOS)、南澳大利亚州综合海洋观测系统(SAIMOS)、西澳大利亚州海洋综合观测系统(WAIMOS)和澳大利亚东南部综合海洋观测系统(SEA-IMOS)五个子系统,以及一个蓝水与气候研究节点。

IMOS还有一个新技术验证功能,主要是支持新技术、新产品或新方法的试验,并优先考虑可以提高观测效率和有效性、填补现有空白(例如生物观测)、提高数据利用效率的新技术。"新技术"既包括硬件和软件技术,也包括新设备、新传感器及其升级换代,还包括新的数据分析技术和产品。目前,新技术验证已成功支持了低成本波浪浮标技术、风速和风向测量拓展、系泊设备分析评估等。

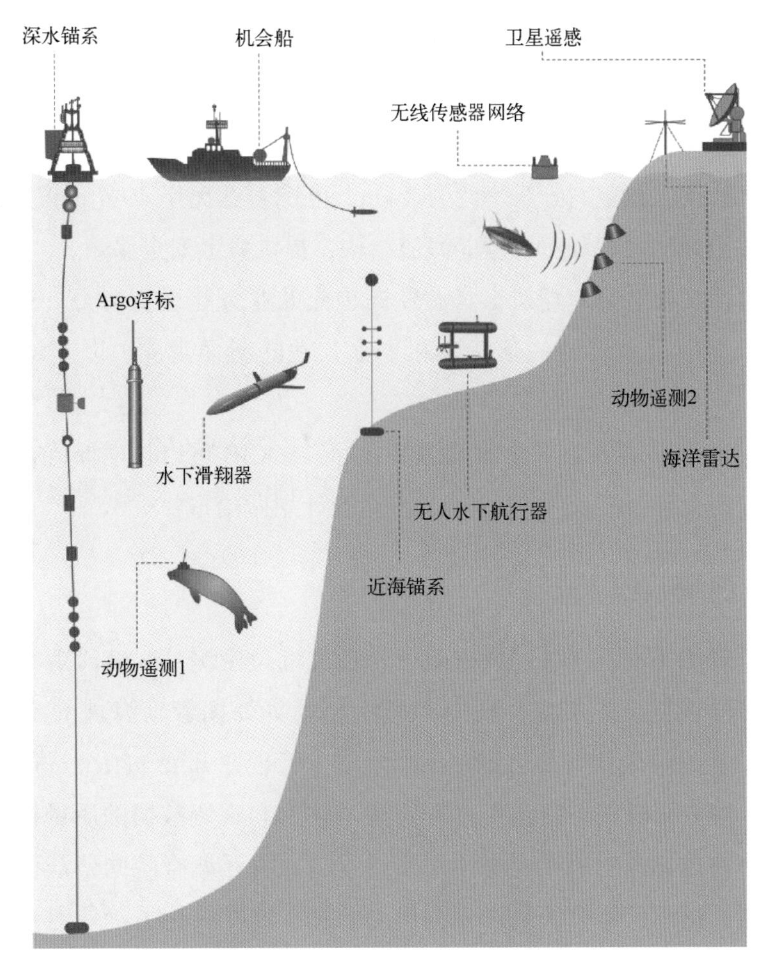

图7.4 IMOS系统部分组成示意

7.2.3 西班牙海洋观测系统

西班牙巴利阿里群岛沿海海洋观测与预报系统(Balearic Islands Coastal Ocean Observing and Forecasting System,SOCIB)自2014年10月起开始建设,可提供从近岸到开阔大洋的数据、预报产品和服务。SOCIB 支持其所有数据的开放访问，可以更好地为沿海业务化海洋应用提供服务，从而产生生态和经济效益。SOCIB 主要由海洋观测基础设施、海洋预报基础设施和数据中心/网络基础设施组成。海洋观测基础设施是一个多平台的集成系统，用于获取从近岸到大洋的气象、水文、海洋物理，以及生物地球化学数据。观测设施主要包括科学调查船、表面漂流浮标、剖面测量设备、沿海和深海锚系设备、海洋站(点)、卫星、高频地波雷达、水下滑翔机以及海洋动物等。

近海海洋科学调查船是 SOCIB 的重要观测设施之一，SOCIB 拥有一艘自持力 5~7 天，长 24 m 的快速双体船，装备有现代化、多学科的海洋科学调查设施，可提供实验室及海洋学研究相关设备，该调查船主要聚焦巴利阿里群岛周边的重点区域。

固定观测设施主要是在巴利阿里群岛周围部署的 18 个业务化运行的自主测量平台(截至 2018 年)，实时观测海洋水文和气象参数，包括海平面观测站、水文气象浮标、海洋气象站和海洋站等。

高频雷达主要部署在伊维萨海峡，提供每小时的海流流场图。雷达设施可提供详细的全天候实时表面海流的速度数据，其空间分辨率约为 3 km，范围可达离岸 40 n mile。这些高分辨率数据足够表征伊维萨海峡当前中尺度和亚尺度的海流结构，提供海上安全保障。

水下滑翔机队包括 7 架水下滑翔机，具有欧洲领先的业务化运行能力。SOCIB 通过滑翔机队在伊维萨岛和马略卡岛航道上维持一条持久和半永久性的断面观测，以了解地中海环流的时空变化。

通过长期部署 3 个 Argo 浮标和 8 个表面漂流浮标，SOCIB 可以长期保持在地中海西北部海洋观测的空间覆盖率，为全球 Argo 计划和全球漂流观测计划做出重要贡献。

7.2.4 韩国海洋观测系统

韩国的国家海洋观测网由国立海洋调查院所管理的潮位观测站、海洋观测浮标及测流雷达站与海洋观测平台等海洋观测设施组成，长期不间断地收集韩国管辖海域的海洋观测数据。截至 2018 年 1 月，韩国国家海洋观测网共运营 131 个台站，管理并开展 111 个可提供信息的台站的统计和数据分析工作。国立海洋调查院还负责进行海洋观测和观测数据的质量控制，确保国家海洋观测网的稳定运行。通过韩国的海洋观测预报系统，国立海洋调查院向公众提供国家海洋观测网收集的实时海洋观测数据和已质控的海洋观测历史数据。此外，为了确保海洋调查结果的准确性和可靠性，国立海洋调查院还负责对海洋仪器设备进行性能测试。同时，通过国家海洋观测网实时平台，为海洋利用、海洋开发、海洋环境保护、气候变化、海洋灾害处理等工作提供支持。

潮位观测站共有 50 个，其中，西海岸 24 个、南海岸 19 个、东海岸 7 个，有选择性地开展水温、盐度、气压、风速和风向等要素的观测。潮位的观测设备主要有浮子式、雷达式、激光式和压力式验潮仪，其中在釜山、仁川、木浦等 28 个观测站配备浮子式验潮仪，对安装困难的地点(包括大桥)等在内的 22 个观测站使用雷达式验潮仪，在举文岛、蔚山等 7 个观测站利用激光验潮，在大山、巨门岛、釜山等 8 个观测站，为了进行数据校验和设备验证，同时使用 2 种潮位观测设备进行验潮。

截至 2018 年 1 月，海洋观测浮标共有 31 个，包括 15 个海上观测浮标，观测潮位、流向、波浪、水温、风速、气压、气温等要素，另有 16 个主要航线的可测流的航道标。

在 18 个海域近岸建设了 44 个高频雷达站，用于开展海流观测。

另外，在周边海域布设了同类规模较大、数量较多、功能设施较齐全的观测平台(图 7.5)。目前，韩国周边海域建有 25 个系列观测阵列，共 207 个观测站，主要观测参数包括大气、海水物理和化学基本特征参数，生态系统(如浮游生物、叶绿素 a)等。值得注意的是，过去 10 年韩国在我国的邻近海域建立了 3 座海洋原位多功能观测塔，两座位于黄海，一座位于东海。

图 7.5 韩国海洋观测平台

7.2.5 发展特点

纵观全球海洋观测系统以及国外一些海洋国家业务化海洋观测系统的发展，可以看出海洋观测系统有以下发展特点。

(1)因地制宜发展海洋观测系统，观测技术先进，观测分区明确、功能和用途清晰，观测职责和分工合理。韩国根据自身的国情和海洋环境情况，没有建设大型海底观测网，而是在周围海域布设海洋观测固定平台，Argo、Glider、无缆机器人(AUV)等先进的海洋观测设备得到应用；澳大利亚观测系统包括五大子系统(5 个州)，每个子系统(每个州)都有主要的观测目的，且承担相应建设和维护职能。

(2)大洋和近海观测的策略不同。对于大洋观测，各国通过参与国际海洋计划和合作，实现资料共享。对近岸和近海区域，则注重加强本国自己的海洋观测系统，通过整合和评估，提高观测效率，在本国和区域内部实现资料共享。

(3)以业务化观测为主，注重业务化和科学研究与试验验证并存。各国的海洋观测系统基本都以业务化为主，以长期、稳定、解决当前的实际需求为目标；同时注重科学研究和试验测试功能，因为科学研究和试验测试是业务化工作的先导，是业务化观测的技术支撑，只有经过大量科研试验验证后的海洋观测技术和设备才能用于业务化观测。

7.3 国内海洋观测系统

7.3.1 发展现状

海洋观测是我国一项长期基础性、公益性海洋工作，自然资源部一直承担海洋观测网的主要建设和维护任务。此外，中国气象局、中国科学院、教育部、生态环境部以及地方政府和一些涉海企事业单位也开展了一些海洋观测工作。经过这些部门和单位的共同努力，我国已经建立了由岸站台站、海洋雷达、浮标、船舶、卫星遥感、航空遥感等多手段、多平台组成的立体化观测网络。

(1)自然资源部。截至2020年10月，自然资源部正在运行的海洋观测系统包括153套海洋站观测系统、75套常规资料浮标观测系统、3套海啸浮标观测系统、61套志愿船观测系统、6套油气平台观测系统、34部X波段雷达观测系统、22部高频地波雷达观测系统、56个全球导航卫星系统(GNSS)站、42套岸基生态在线监测系统、23套生态浮标监测系统、163架无人机、4艘无人艇、200余套表层漂流浮标；深海大洋方面现有Argo浮标200余套、东南印度洋锚系浮标1套、爪哇西南潜标1套。具备了对我国近岸、近海及重点关注海域的业务化观测能力，为我国海洋防灾减灾、海洋环境安全保障、全球海洋治理等提供了有力的支撑。

另外，在国家海洋公益性行业科研专项经费支持下，2018年，自然资源部国家海洋技术中心在山东蓬莱近岸海域建设了海洋水下长期在线生态环境定量监测系统(图7.6)。一方面，用于水质环境在线监测，与蓬莱海洋站观测数据进行比对和业务应用分析；另一方面，针对我国自主研发的海底观测网节点设备和传感器技术进行现场验证。该系统包括1个网络节点、2个观测节点和3 km海缆，可持续实时在线测量水深、温度、盐度、pH、溶解氧、浊度、叶绿素a、硝酸盐、波浪、海流等海洋环境参数，同时通过安装的水下摄像机，可以实时观测到近海底层鱼类活动。该套系统采用环式结构、单极供电方式，通过海底光电复合缆为水下观测仪器提供不间断的能源供给和大容量的通信带宽，利用GPS时钟与NTP协议，实现岸基服务器、交换器及水下观测传感器测量的时间同步，采用VLAN与安全防护系统的方法，实现水下观测网络数据上岸分流的安全处理，同时，采用我国自主研发的具有压力自动补偿功能的 pH、溶解氧传感器和具有自清洁功能的浊度、叶绿素光学传感器，以及新型硝酸盐光学传感器。

图 7.6　蓬莱海洋水下长期在线生态环境定量监测系统观测节点

（2）地方海洋部门。2019 年，自然资源部开展了地方观测网纳入国家全球海洋立体观测网工作，对 11 个沿海省市的地方海洋观测设施［海洋站（点）、浮标和雷达站］进行了全方面评估，建议 178 个海洋站（点）中的 145 个、105 个浮标站位中的 97 个、22 个雷达站中的 19 个纳入国家观测网。

（3）中国气象局。据 2016 年 1 月 5 日国家发展改革委、中国气象局、国家海洋局联合印发的《海洋气象发展规划（2016—2025 年）》显示，中国气象局已经建设了 304 个海岛（海上平台）自动气象站、200 个强风观测站、39 个船载自动气象站、33 个锚系浮标气象站、26 个天气雷达站、10 个探空站、17 个风廓线雷达站、75 个全球卫星导航定位水汽观测（GNSS/MET）站、37 个雷电监测站、6 个地波雷达站，并建立了监控运行及保障天气雷达、自动气象站、探空雷达、GNSS/MET 等气象装备的信息化业务应用系统（ASOM）。

（4）中国科学院。中国科学院建设了“中国科学院近海海洋观测研究网络”，该网络包括 4 个海洋观测研究站、现有的 3 个国家临海生态环境监测站（见表 7.2）以及“科学一号”“科学三号”“实验一号”“实验二号”和“实验三号”等海洋考察船的航次断面调查，实现了点、线、面结合的多要素同步观测，同时兼有全面调查与专项研究功能。该网络由海洋研究所和南海海洋研究所共同负责日常的运行管理。该观测网络体系是我国近海生态、生物资源、海洋环境与声学观测研究体系的核心部分，是水下定位与导航技术、水声通信技术、水下光缆技术、深海工程结构、深海机器人等高技术研究的关键支撑平台，为海洋环境预测、灾害预警提供实时监测数据，为提升海洋科技自主创新能力，为海洋科学技术向纵深发展做出引领性贡献。

表 7.2　中国科学院近海海洋观测研究网络台站分布

序号	野外台站	建站时间	研究所
1	海南热带海洋生物实验站	1979 年	中科院南海海洋研究所
2	大亚湾海洋生物综合实验站	1984 年	中科院南海海洋研究所
3	胶州湾海洋生态系统研究站	1981 年	海洋研究所
4	西沙海洋观测研究站	2007 年	中科院南海海洋研究所
5	南沙海洋观测研究站	2007 年	中科院南海海洋研究所
6	黄海海洋观测研究站	2009 年	海洋研究所
7	东海海洋观测研究站	2009 年	海洋研究所

（5）教育部。在国家重点研发计划、国家海洋局专项、国家自然科学基金、中国海洋大学专项经费等项目支持下，中国海洋大学在南海构建了国际上规模最大的区域海洋潜标观测网。2020 年 6 月 11 日，完成了历时 16 天的中国海洋大学三亚海洋研究院“南海潜标观测网”构建与维护航次 2020 年第一阶段任务。本航次成功回收、维护、再布放“南海潜标观测网”潜标 10 套，完成了 200 余台声学多普勒流速剖面仪、温盐深仪、海流计、声学释放器等观测仪器设备的维护工作，批量获得关键海域的温度、盐度、压力、流速等海洋要素观测数据，提升了“南海潜标观测网”的观测能力，为南海海洋科学研究、环境安全保障、资源开发利用等提供支撑。

另外，近些年来，我国开展了多个海底观测系统示范建设。2013 年 5 月，在三亚建设了南海首个海底观测示范系统；2014 年 10 月，浙江大学在摘箬山岛开展了海底试验研究观测系统建设；2017 年 5 月，同济大学与中科院声学研究所共建的国家“十二五”重大科技基础设施建设项目——“国家海底科学观测网”正式被批复建立。

7.3.2　发展建议

通过对国内外海洋观测系统发展现状和特点进行分析，提出几点发展建议。

1. 组建统一的海洋业务化观测系统

全面整合海洋水文气象观测、生态监测以及科学调查业务体系，有机结合近岸、近海至全球大洋和极地的观测资源，把建设、维护以及管理职能集中到特定的业务部门，构建全国海洋观测“一张网”，组建统一的业务化海洋观测系统，建立数据共享长效机制，切实履行自然资源管理“两统一”职责。

2. 高质量发展国产化海洋观测技术装备

世界先进海洋国家的海洋观测系统基本成熟，并大力应用经过试验验证的新技术与装备，对其新技术高效转化起了很大作用。目前，在国家相关计划的支持下，我国的海洋观测技术得到了快速发展，种类与国际基本一致，但在稳定性、可靠性、一致性方面与国外产品相比还有相当的差距，加快开展海洋观测网入网设备的海上试验、测试和评价，高质量发展国产化海洋观测技术装备已成当务之急。

3. 提升观测业务化水平

完善海洋观测技术装备体系，统一技术标准，实施海洋观测站点分级分类管理，加强观测网技术装备运行状态监控；加大新技术装备应用，主要是无人机、无人船、水下滑翔器等无人、自治观测手段的应用，提高近海到大洋过渡海域的数据获取频率和空间密度，提升应急机动观测能力；完善数据管理平台、数据质量控制、数据产品制作和数据共享分发等方面的建设，通过数据的共享分发充分挖掘和发挥数据价值。

4. 加强海洋观测领域国际合作

深入参与海洋观测领域国际合作计划，主动发起与我国相关的国际合作计划，在为全球海洋观测贡献我国力量的同时，共享国际先进海洋观测技术和成果。开展国际间海洋观测仪器检测评价、标准化和质量控制，实现海洋观测标准计量质量工作国际化新突破，实现海洋观测标准、海洋仪器计量校准结果国际互认，让中国海洋观测标准“走出去”。

参考文献

国家发展改革委，中国气象局，国家海洋局，2016. 海洋气象发展规划(2016—2025 年). [2021-04-09]. http://www.gov.cn/xinwen/2016-02/25/content_5046060.htm.

中国海洋大学三亚海洋研究院，2020. “南海潜标观测网”构建与维护航次 2020 年度第一阶段任务顺利完成. [2020-04-21]. http://soi.ouc.edu.cn/archive/info/377.

中国科学院，2012. 中国科学院近海海洋观测研究网. [2021-04-12]. http://www.cas.cn/zt/kjzt/ywtz/ywtzwltx/201212/t20121219_3724256.html.

中国科学院海洋研究所，2020. 中国科学院近海海洋观测研究网络——黄海站、东海站 2020 年工作简报第 3 期. [2021-04-15]. http://omorn-hd.qdio.ac.cn/cms/a/139.html.

Argo International Program. Argo: A window into the ocean. [2021-02-19]. https://www.arcgis.com/apps/Cascade/index.html? appid=a170a0d522bb42f1a019e4e473cf1bdd.

BRUNNER S, HESLOP E, LEGLER D, et al., 2020. A 5-Year Strategic Plan for JCOMMOPS (2020—2025). GOOS Report No. 250. Task Team for an Integrated Framework for Sustained Ocean Observing. 2012. A Framework for Ocean Observing. IOC/INF-1284, doi: 10.5270/OceanObs09-FOO.

BSH, About us. [2020-12-29]. https://www.bsh.de/EN/The_BSH/About_us/about_us_node.html.

BSH, MARNET monitoring network. [2020-12-29]. https://www.bsh.de/EN/TOPICS/Monitoring_systems/MARNET_monitoring_network/marnet_monitoring_network_node.html.

BSH, State of the North Sea. [2020-12-29]. https://www.bsh.de/EN/TOPICS/Monitoring_systems/State_of_the_North_Sea/

state_of_the_north_sea_node. html.

EuroGOOS, Animal-Borne Instruments. [2020-08-28]. http: //eurogoos. eu/animal-borne-instruments/.

GLOSS, What is GLOSS. [2021-02-19]. https: //www. gloss-sealevel. org/about.

GO-SHIP, About GO-SHIP. [2020-08-28]. https: //www. go-ship. org/About. html.

IMOS, About Us. [2020-12-28]. https: //imos. org. au/about.

IMOS, From Observations to Impact: the first decade of IMOS. [2016-11-10]. https: //imos. org. au/news/news-publications/impact.

IMOS, IMOS Facilities. [2020-12-28]. https: //imos. org. au/facilities.

IMOS, 2014. IMOS Strategy 2015-25. [2021-02-19]. https: //imos. org. au/about/plans-and-reports/plans.

IOC, 2019. Ninth Session of the GOOS Regional Alliance Forum (GRF-Ⅸ). GOOS Report No. 243. OceanOPS. About OceanOPS. [2020-08-28]. https: //www. ocean-ops. org/board.

IOC, 2019. The Global Ocean Observing System 2030 Strategy. IOC Brochure 2019-5 (IOC/BRO/2019/5 rev. 2), GOOS Report No. 239. The Global Ocean Observing System. Overview: History of GOOS. [2020-08-28]. https: //www. goosocean. org/index. php? option=com_content&view=article&id=10&Itemid=110.

JAMSTEC, DONET. [2020-12-29]. https: //www. jamstec. go. jp/donet/j/donet/.

Japan Meteorological Agency, About Us. [2020-12-29]. http: //www. jma. go. jp/jma/en/AboutUs/indexe_aboutus. html.

Japan Meteorological Agency, Oceanographic Section Time-series Dataset for the 137°E Meridian. [2021-04-21]. https: //www. data. jma. go. jp/gmd/kaiyou/db/mar_env/results/OI/137E_OI_e. html.

Japan Meteorological Agency, 潮位観測情報. [2020-12-29]. http: //www. jma. go. jp/jp/choi/.

JCOMMOPS, Data Buoy Cooperation Panel. [2020-08-28]. http: //www. ocean-ops. org/dbcp/.

JCOMMOPS, The Voluntary Observing Ships Scheme. [2020-08-28]. https: //www. ocean-ops. org/sot/programmes. html.

MEOP, Marine Mammals Exploring the Oceans Pole to Pole. [2020-08-28]. http: //www. meop. net/.

MOLTMANN T, TURTON J, ZHANG H M, et al., 2019. A Global Ocean Observing System (GOOS), Delivered Through Enhanced Collaboration Across Regions, Communities, and New Technologies. Front. Mar. Sci. 6: 291. doi: 10. 3389/fmars. 2019. 00291.

Nationwide Ocean Wave information network for Ports and HArbourS. Description of NOWPHAS. [2020-12-29]. https: //nowphas. mlit. go. jp/about_nowphas/.

Network Center for Earthquake, Tsunami and Volcano. About Center. [2020-12-29]. https: //www. mowlas. bosai. go. jp/mowlas/#menu1.

NOAH, North Sea Observation and Assessment of Habitats. [2020-12-29]. https: //www. noah-project. de/index. php. en.

OceanGliders, OceanGliders in brief. [2020-08-28]. https: //www. oceangliders. org/about-us/.

OceanSITES, Putting eyes and ears in the deep ocean. [2020-08-28]http: //www. oceansites. org/about. html.

Ocean Tracking Network, Ocean Tracking Network in brief. [2020-08-28]. https: //oceantrackingnetwork. org/about/.

ROARTY H, COOK T, HAZARD L, et al., 2019. The Global High Frequency Radar Network. Front. Mar. Sci. 6: 164. doi: 10. 3389/fmars. 2019. 00164.

SOCIB, Executive summary. [2021-02-19]. https: //www. socib. es/? seccion=textes&id_textotextes=resumenEjecutivo.

SOCIB, 2018. ICTS SOCIB Strategic Plan 2017—2020. [2021-02-19]. https://www.socib.es/?seccion=textes&id_textotextes=planEstrategico.

The Global Ocean Observing System, Essential Ocean Variables. [2020-08-28]. https://www.goosocean.org/index.php?option=com_content&view=article&id=170&Itemid=114.

The Global Ocean Observing System, GOOS Regional Alliances. [2020-08-28]. https://www.goosocean.org/index.php?option=com_content&view=article&id=83&Itemid=121.

第 8 章
海上试验场

海上试验场，是依托典型海域、依据相关测试评估标准，对海洋仪器设备、海洋可再生能源装备的可靠性、环境适应性、维修性、保障性、安全性、测试性与兼容性等进行海上试验、测试、评估、认证的公益、权威、开放、共享的业务支撑与科技创新服务平台。建设海上试验场，将填补我国综合性海洋标准试验场、海洋技术装备系统性试验测试体系的空白，对促进突破制约国产设备产业化发展的卡脖子技术，引领海洋技术装备领域规范化发展，建设高质量业务化海洋观测网具有重要意义。

海上试验场通常包括：测试平台、监测系统、信息系统、服务系统、保障系统和标准体系等。测试平台是搭载参试仪器设备的主体，具备仪器设备的安装布设、供电、数据传输等功能；监测系统布放在海上试验场内，为海上试验提供满足精度和时空分布要求的实测数据；信息系统实时采集监测系统的实测数据，并不断积累历史数据，为海上试验场运行提供信息支持；服务系统采用线上和线下等形式，为用户提供服务；保障系统为海上试验场提供业务化运行、维护、安全等必要的保障；标准体系是海上试验场在长期运行的基础上，逐步形成并不断完善的、用于规范海上试验场试验行为的相关标准、规范的总体构成。

8.1 国外典型海上试验场

世界先进海洋国家十分重视海上试验场建设，已陆续建设了可满足多种需求的多个海上试验场，场区覆盖环境类型广，试验测试流程完善，配套设施和服务齐全，技术标准体系系统化、规范化。其中大部分为公益性质，极少部分以商业化模式运行，面向全球开放。

8.1.1 美国

20 世纪 90 年代初，美国开始建设持续、有效、集成与综合的国家业务化海洋观测系统。为确保观测数据的真实性、可靠性、时效性、连续性、可溯源性，特别重视入网业务化海洋观测系统仪器设备的测试与评估。国家海洋和大气管理局（NOAA）下属的国家海洋局（NOS）成立专门机构——业务化海洋产品与服务中心（Operational Oceanographic Products and Service，CO-OPS），通过海洋系统测试与评估项目(Ocean System Test and Evaluation Program, OSTEP)对业务化海洋观测系统中新近或已有的海洋水文、气象仪器设备开展从实验室到真实现场一系列的系统性测试和评估，为综合海洋观测系统(IOOS)提供支撑。在进入 OSTEP 的入网测试评估环节时，美国海岸技术联盟(Alliance for Coastal Technologies, ACT)提供的技术验证报告是强制性参考条件。ACT 拥有 6 个不同真实海洋环境的海上试验场区，支持海洋仪器设备在研发过程中从概念设计到进入产品选型数据库各个环节的室内和现场实海况试验和测试。ACT 对海洋仪器设备的技术测试环节包括技术验证和技术示范两类，技术验证主要针对已经商业化的仪器产品，检验厂商所声称的性能指标或技术参数是否能够达标，并验证用户关注的测量参数的数据是否可靠。技术验证需经历 25 项步骤，包括测试协议、实验室和现场测试、基于环保署和国际标准组织(International Organization for Standardization, ISO)指南的质量保证/质量控制等环节。其中，海洋现场测试要求在不少于 4 个场区开展，但一般在所有 6 个场区均进行测试。技术示范主要关注预商业化或新兴技术的功能和应用潜力，促进技术的成熟和业务化应用。根据用户的需求，技术示范只在 2 或 3 个海上试验场区开展。最终形成技术验证报告或技术示范报告，但 ACT 不对被测技术的性能做任何保证、不对被测技术进行认证许可、也不对被测技术进行比较与评价。在经过技术研讨之后，被测技术设备将录入 ACT 的技术数据库，用于帮助用户根据需求选择海洋观测仪器，用户可根据环境参数、传感器类型或生产商等分类进行检索，查询所需的仪器信息。

8.1.2 英国

英国建设的欧洲海洋能中心(European Marine Energy Centre, EMEC)是世界上最大的波浪能和潮流能装置测试场，可为海洋可再生能源研发机构提供全方位的测试与认证服务。目前，拥有 5 个波浪能测试泊位和 7 个潮流能测试站，以及 2 个小规模测试站用于比例样机及组件测试，还有 1 个计划中的潮流能测试场尚未建设。

波浪能试验场位于奥克尼群岛主岛西南部 BilliaCroo 湾，试验场离岸 2 km，水深 35~75 m，试验海域面积为 5 km^2，包括 5 个海上测试泊位，5 条 11 kV 海底电缆在离岸 0.5 km 处分开，延伸至测试站点。潮流能试验场位于奥克尼群岛北部的 Eday 岛 Fall of Warness 水道，试验海域面积为 8 km^2，拥有 7 个试验泊位，水深为 25~50 m。目前，累计有 30 多个波浪能和潮流能装置在 EMEC 完成了实海况测试示范。EMEC 非常重视海洋能标准的建立，自 2009 年以来，先后发布了用于试验、测试、评价和运行管理等方面的共计 12 份指南和标准化文件，包括：波浪能发电系统性能评价方法，潮流能资源评估方法，海洋能产业领域健康与安全指南，海洋能发电系统设计准则，波浪能发电装置水槽测试指南，海洋能发电系统制造、组装和测试指南等，其中 6 份指南已被国际电工委员会(IEC)采用。

2020 年，EMEC 通过了国际电工委员会可再生能源认证体系认证，成为世界上第一个海洋能源领域认证实验室(Renewable Energy Test Lab, RETL)。2020 年 10 月，EMEC 开展对美国 Verdant power 公司的 Gen5 潮流能机组的第三方测试工作，这是获得 RETL 认证后，国际上首次开展跨国的潮流能装置测试评估工作。

8.1.3 爱尔兰

爱尔兰海洋能试验场由三个测试中心组成，可覆盖 1～9 级技术成熟度的海洋能装置的全链条测试与试验，其中，1～4 级、5～6 级与 7～9 级技术成熟度装置分别在 Lir 国家海洋测试中心(NOTF)、戈尔韦湾测试中心与大西洋海洋能试验场(AMETS)进行测试及示范。

爱尔兰 Lir 国家海洋测试中心主要用于小比尺海洋可再生能源发电装置性能测试。已测试了 70 多种不同的波浪能技术和多个浮动风电平台。该中心与海洋和可再生能源中心(MaREI)合作，正在通过 H2020 MaRINET2 和 MARINERG-i 项目推动制定标准化的海洋可再生能源开发技术测试方法。戈尔韦湾测试中心 2018 年获得 35 年海域使用权租约，并于 7 月重新投入使用，最多可同时开展 3 个海洋能装置和 1 个海上风电装置测试。大西洋海洋能试验场可满足全尺寸波浪能发电装置的工程示范和并网测试需求。

8.1.4 挪威

挪威 Trondheimsfjorden 海上试验场是全球首个自主航船试验区，主要针对技术概念设计阶段的安全性和可操作性进行测试和验证，由通信技术、定位技术、先进的传感技术、机器学习、人工智能和改进的连接性技术(物联网)等关键技术实现。Trondheimsfjorden 试验场的目标是促进技术发展、推动创新、制定规章制度、测试和验证概念和解决方案等。建设分 3 个阶段进行，第一阶段为 2018—2020 年，主要为建设控制中心、全球导航卫星系统(GNSS)监测站、差分全球卫星导航系统(DGNSS)参考站、船舶自动识别系统(AIS)基站、移动宽带无线电(MBR)、VDE 卫星终端与数据中心等；第二阶段为 2020—2022 年，布置激光雷达、沿海雷达站、视频监控网络、气象和环境浮标与水下装置等；第三阶段为 2022 年以后，建成一个综合性海上试验场，包括海洋空间中心和海洋实验室。

8.1.5 韩国

韩国船舶海洋工程研究所(Korea Research Institute of Ships & Ocean Engineering，KRISO)在济州岛西部海域建设韩国波浪能试验场(Korea Wave Energy Test Center，K-WETEC)，利用已有的 Yongsoo 振荡水柱式波浪能装置作为第一个测试泊位和海上变电站。另有 4 个泊位，两个位于浅水区，水深 15 m；两个位于深水区，水深 40～60 m，都已连接到海上变电站和电网系统，总装机容量为 5 MW。2018 年，完成了海上电缆的安装，漂浮摆式波浪能发电装置(Floating type Pendulum Wave Energy Converters，FPWEC)连接到第四个泊位，该泊位装机容量为 300 kW。韩国潮流能试验场(Korea Tidal Current Energy Center，KTEC)位于朝鲜半岛西南水域，由韩国科学技术研究所

(Korea Institute of Ocean Science and Technology, KIOST)负责，包含5个测试泊位，并网装机容量为4.5 MW，还将建造用于潮流能发电装置部件测试的陆上性能测试设施。KTEC试验场附近有Uldolmok潮流能试验电站(Uldolmok Tidal Current Pilot Plant, TCPP)，500 kW以下的中小型潮流能发电装置将使用Uldolmok TCPP作为试验场地。

8.2 国内试验场

近些年来，在国家重点研发计划、海洋能专项资金等国家相关计划支持下，我国海上试验场建设取得了长足进步。自然资源部已开展三个海区(威海、舟山和万山)的国家海上试验场建设，中国科学院、中国船舶重工集团公司与中国船舶工业集团公司等多家单位也建设了海洋声学仪器设备试验场。

8.2.1 浅海试验场区(威海)

自2010年起，在国家海洋能专项资金和国家重点研发计划项目“基于固定平台的海洋仪器设备规范化海上测试技术研究及试运行”项目支持下，国家海洋技术中心联合国内高校、科研院所、企事业等10余家单位，在当地政府确权的5 km^2的海域上，开展了我国首个面向海洋观测仪器设备和海洋可再生能源发电装置的海上试验场的论证、设计及建设工作。经过10年的不懈努力，国家海上试验场-浅海试验场区(威海)已初具规模，并于2019年10月开展了示范运行。

8.2.1.1 地理位置和自然条件

国家海上试验场-浅海试验场区(威海)位于山东省威海市褚岛北部海域，水深、水文气象、海底底质等自然环境条件良好，水深最深可达70 m，褚岛北部海域的波浪能资源比较丰富，潮流能条件于我国北方近海资源有较强的代表性，良好的水深地形和规律的水文气象环境为海洋仪器装备提供了良好的试验条件。

8.2.1.2 功能定位

1. 海洋观测仪器设备海上试验

为岸基、气象、漂浮、剖面、坐底、自航行及组网式等海洋观测仪器设备，提供长期、连续的浅海海上试验环境。

2. 海洋能发电装置海上试验

重点针对波浪能、潮流能发电装置及比例样机等，提供长期、连续的浅海海上试验环境。

8.2.1.3 构成

1. 试验平台

海上试验平台主要为海洋观测仪器设备和海洋能发电装置开展海上试验提供安装布设、供电、数据传输等试验环境。该场区设计建造了锚泊式试验平台和浮标式试验平台。锚泊式试验平台“国海试 1”(图 8.1)，平台总长 30 m，宽 21 m，总吨位 432 t；平台中部设有 10 m×3.5 m 的试验月池；平台建有 4 个 20 m^2 实验室；配有柴油发电机、太阳能板，可提供 AC 220 V 和 AC 380 V 电力；配有电动液压吊机，最大吊装能力为 5 t；配有卷扬升降机，行程可至水下 5 m，载重为 13 t。浮标式试验平台(图 8.1)外径 4 m，设有 4 个直径为 0.60 m 的仪器井，顶部设有 12 个试验机位，平台由太阳能供电，通过“北斗”和 CDMA 两种方式通信。

图 8.1　锚泊式“国海试 1”试验平台和浮标式试验平台

2. 监测系统

监测系统主要为海洋仪器设备和海洋能发电装置的海上试验测试提供环境背景场数据支持，图 8.2 为背景场监测系统。通过搭建试验场水上、水面和水下的实时海洋环境监测系统，结合历史数据和精细化调查，借助海洋环境数值模拟与预报，精确掌握试验场海域环境的高分辨率时空分布特征和变化规律，为试验场开展试验测试、试验区域与试验时段选划等提供支撑和服务。试验场监测系统现由综合观测浮标、测波浮标、坐底观测平台、验潮站、气象站、温盐链、水质观测点等组成，可实现对包括海洋气象、海洋水文、海洋生物、海洋化学等在内 20 个要素的长期连续观测。

3. 信息系统

信息系统基于数据库和地理信息技术，实现试验场的历史数据、监测数据、数值模拟数据、被测设备信息和试验数据、试验平台信息数据等种类繁多的海量数据的高效管理，具备数据自动有序存储、统计分析、自定义导出、可视化展示等功能，支撑试验场的日常运行、试验方案制定、试验过程管理、试验结果分析等，现系统已进入试运行调试阶段，不久将开始业务化运行。图 8.3 为数据管理与服务系统初始界面。

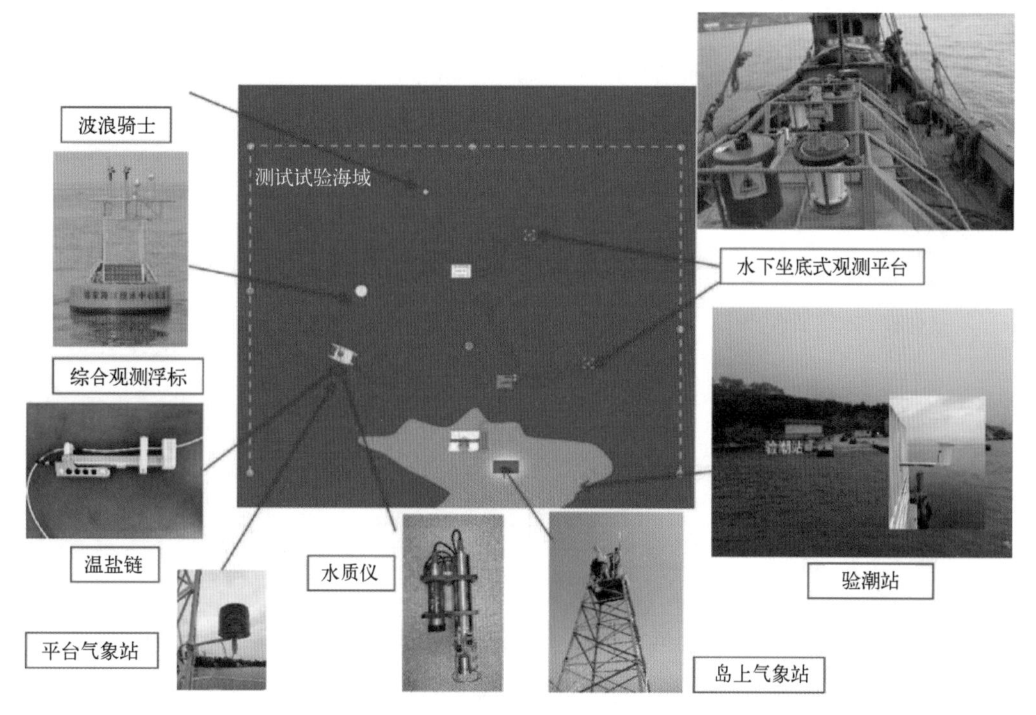

图 8.2　背景场监测系统

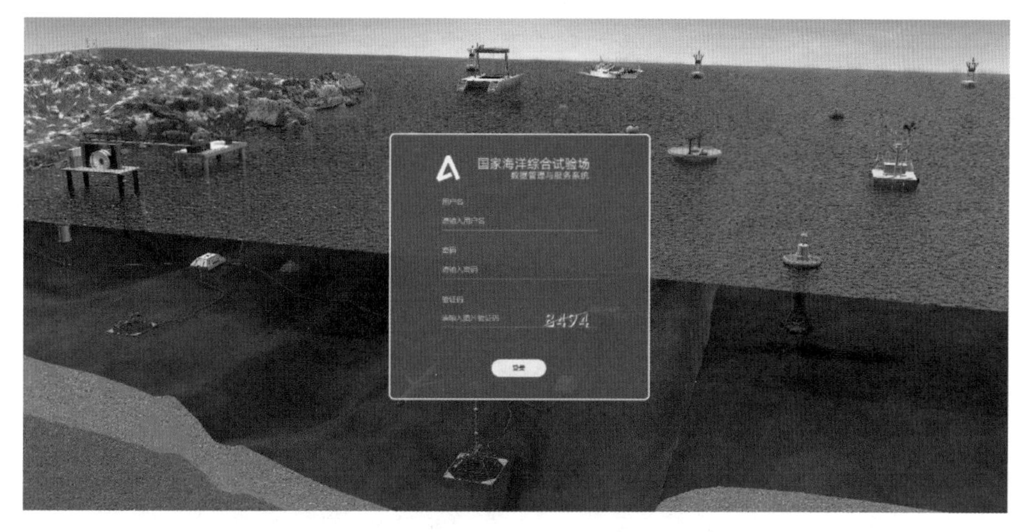

图 8.3　数据管理与服务系统初始界面

4. 服务系统

为了提供更为规范的海上试验服务，建立了规范化海试信息管理系统，为参试单位提供试验预约与申请、比测设备申请、试验报告模板下载等服务，并可提供第三方独立检验与质量控制服务，保障海试流程的标准化与规范化。图 8.4 为服务系统操作界面。试验用户可以通过门户网站登入系统，方便快捷地进行试验预约、试验申请等工作。截至 2020 年年底，该系统已经服务于 11

项国家重点研发计划课题的验收海试工作，取得了很好的应用效果。

图 8.4　服务系统操作界面

5. 保障系统

该系统主要为海上试验提供岸站运行、海上监测装备、海上试验仪器装备的安全保障，已建成相关设施主要包括：数据中心和试验海域警示浮标(图 8.5)、海上雷达及视频监控系统(图 8.6)。数据中心主要作为海上监测、监控、试验等获取的数据接收、存储和展示的场所；警示浮标用于界定试验海域，以围绕 5 km^2 试验海域布设 9 台警示浮标；雷达及视频监控系统在海岛和试验平台分别搭建一套，全天候对整个试验海域内布设的装备进行监视，对非法闯入船只进行自动识别与记录。

图 8.5　数据中心和警示浮标

图 8.6　基于海岛和试验平台搭建雷达及视频监控系统

6. 标准体系

试验测试标准体系是国家海上试验场重点建设内容。本着“标准先行，权威规范”的原则，在前期已经开展相关标准预研和立项的基础上，经充分论证、系统梳理，形成试验场试验测试标准体系框架，分类制定试验测试和运行管理的系列标准、规范和规程，通过海上试验不断进行技术积累与标准的验证工作。在此基础上形成国家、行业及团体标准，从而支撑试验场标准化、规范化运行，保证试验场业务工作的权威性。

8.2.1.4　已开展的试验情况

自海上试验平台布放到位以来，试验场共完成了约 30 项海上试验，其中仪器设备 14 种，涉及试验 12 项，整机装备试验 13 项，声学技术验证试验 4 项，其他试验 1 项，共涉及 11 家单位。其中，包括 11 项重点研发计划项目、15 项课题研发，共计 28 台套海洋仪器装备的海上试验，累计仪器装备试验时间 1 300 余(台・天)。

8.2.2　潮流能试验场区(舟山)

8.2.2.1　地理位置和自然条件

国家海上试验场-潮流能试验场区(舟山)所在海域水深范围 20~60 m，中部水下地形相对平坦，是我国强潮海区之一。潮流性质均为非正规半日潮流类型，浅海效应比较明显，最大潮差约 4.75 m。1 天内出现两次涨潮和落潮，但涨落潮历时存在一定差值。潮流运动形式以往复流为主，潮流运动方向基本都与其所在的水道岸线走向保持一致。场区均有超过 2 m/s 的流速出现。

8.2.2.2　功能定位

为潮流能发电机组海上试验提供试验环境与条件，可支撑对其发电特性的现场测试，同时兼顾海洋仪器设备的海上测试试验。

8.2.2.3 建设情况

依托 2015 年海洋可再生能源资金支持的“舟山潮流能示范工程建设”项目，在浙江省舟山市葫芦岛与普陀山岛之间海域建立潮流能发电装置测试区，开展公共测试泊位(3 个)及平台建设和测试仪器设备及系统研建，与示范工程项目共享环境监测与数据管理服务系统和岸基配套设施，场区具备输电、保护、并网功能，可满足 300 kW 装机容量的潮流能发电装置海上测试试验。图 8.7 为葫芦岛岸站基地，图 8.8 为海上桩基升压平台。

图 8.7 葫芦岛上建成的岸站基地

图 8.8 海上桩基升压平台

目前，完成海域确权、3个试验泊位位置选划、升压平台和岸站建设、主海缆铺设和环境监测系统布放等工作，后续还将布设3条动态海缆通往试验泊位区域，将服务于参试的潮流能机组电力输送与数据传输。

8.2.3 波浪能试验场区(万山)

8.2.3.1 地理位置和自然条件

国家海上试验场-波浪能试验场区(万山)附近海域波浪能资源丰富，该海域全年主要受秋、冬、春三季的东北季风和夏季的西南季风影响。大万山岛的北侧为白沥岛，西临小万山岛，向东16 n mile为游庙湾岛和北尖岛。整个大万山岛受到东北、东、东南、南、西南多个方向波浪的影响；岛南侧上述各向波浪均可到达，全年时间皆具有较好的波浪资源条件。

大万山岛南侧海域波浪年均能流密度约为4 kW/m，波谱峰周期3~6 s(随浪况变化)，冬季受到东北季风影响，波能流密度可达4~10 kW/m；夏季波能流密度为1~6 kW/m；风能年均流速7 m/s。同时，该试验海域水深均在28 m左右，海底地势平缓，波浪较为稳定，适合波浪能发电机组开展试验。

8.2.3.2 功能定位

为国内波浪能发电机组海上试验提供试验环境与条件，可满足波浪能装机容量在50 kW以上的发电机组发电特性、环境适应性等的海上试验与测试，同时兼顾海洋仪器设备的海上测试试验。

8.2.3.3 建设情况

为解决远海岛屿供电困难，在前期波浪能研究基础上，2017年7月，国家海洋局设立海洋可再生能源资金项目“南海兆瓦级波浪能示范工程建设”，支持开展我国首个兆瓦级波浪能示范场建设，由中科院广州能源所、南方电网综合能源公司、招商局重工、中南粤水电等7家单位共同承担，旨在利用广州能源所鹰式波浪能发电技术，将珠海市万山岛打造成完全由清洁能源供电的新型海岛智能微网，积累海岛智能电网运行技术，向全国其他海岛推广应用，打造海洋能装备新兴产业，促进海岛经济开发。

依托该示范工程建设项目，目前已完成174 hm^2海域用海审批、2台500 kW波浪能发电装置建设，即将开始岸上机房建设，预期建设完毕后将实现2台500 kW波浪能发电装置并网示范运行，并完成岸上机房建设、海底电缆铺设、电力控制系统、公共测试系统等配套工程设施建设，向国内外各种波浪能发电样机提供相关装备测试服务，为我国快速推动波浪能发电装备产业化提供技术和平台支撑。

另外，中国科学院、中国船舶重工集团公司、中国船舶工业集团公司等多家单位在浙江省淳安县千岛湖分别建设了多个试验场，主要以水声测量与试验为主，安装了湖上试验平台，配置有试验船。

8.3 发展特点与建议

8.3.1 发展特点

纵观国内外海上试验场的发展，可以看出海上试验场的发展特点主要包括以下四个方面。

1. 业务化海洋观测系统稳定运行的保证

国家海上试验场作为海洋仪器设备的海上测试平台，是仪器研发者、生产商和用户在需求和技术方面的连接纽带，对新型海洋观测仪器设备在业务化海洋观测系统中的使用起到极大的促进作用。如美国国家海洋和大气管理局要求入观测网(观测系统)仪器设备要通过系列 OSTEP 评估，规范了海洋仪器设备技术管理，降低了其国内海洋仪器设备业务应用的风险，确保了业务化海洋观测系统的稳定、高效运行。

2. 海洋技术装备高质量产业化发展的助推器

海上试验场可提供“一站式”服务模式，将海洋仪器设备的试验、测试、检验等质量技术服务从离散化转变为流程化、系统化，有效缩短了仪器设备的研发和成果转化周期，促进了成果实际应用，也促进了海洋技术装备的高质量产业化发展。例如，EMEC 作为海洋能源行业的“一站式”服务组织，服务波浪能和潮流能开发利用的设备研发、电力检测，有力地推动了波浪能和潮流能开发利用技术的产业化进程。

3. 国家投资建设、运行形式多样化的管理模式

由美国、英国等世界先进海洋国家的海上试验场的建设、运行与管理模式可见，试验场的建设阶段在政府主导和推动下，主要依托具有国家背景的一个或多个科研机构落实具体建设工作，资金持续投入且全部来自政府设立的各类专项、计划、基金等。试验场运行阶段，特别是在运行初期，政府资金和政策的扶持仍然是必不可少的，且政府依托的科研机构在这一阶段继续发挥着重要的作用，同时企业开始参与其中；随着试验场测试服务水平在运行过程中的提高，随着产业发展催生的测试试验服务市场需求不断增长，试验场运行经费的来源也趋于多元化，有的完全依托于市场实现了自负盈亏。如 EMEC 建成后的成功运行，有效地推动和培育了海洋能上下游产业的发展，同时也培育了机构自身的“造血能力”，实现了自负盈亏的良性发展。

4. 具有多种功能与作用

业务化运行的海上试验场，多是“一场多能”，可兼顾海洋环境观测、支撑科学研究等。例如，NOAA 所辖的海上试验场设立有阵列式高频地波雷达等观测设施；美国工程兵团建设的军用海上试验场，部署有压力式波浪测量仪器、波浪浮标、自动气象站、视频系统、X 波段雷达、高频地波雷达等多种观测设备，在完成测试任务的同时，可对场区所在海域的水文气象环境进行长期连

续观测。再如，美国蒙特雷湾海洋观测试验场包括多个子系统，旨在为进入美国海洋观测计划的(深海)海洋仪器设备提供试验与测试平台，开展观测、模型检验，我国同济大学研制的海底接驳盒、水下原位化学和动力环境监测系统样机等设备在此开展了大量试验。蒙特雷湾海洋观测系统除支撑测试工作外，还是一个深海观测站，主要研究蒙特雷海底峡谷深处颗粒有机碳通量(颗粒有机碳及其对生物群落的影响)。该站是世界上唯一一个供科学家对沉入海底的碳以及深海动物和微生物对这种有机碳的消耗进行长期不间断监测的深海站点。该站点位于海平面以下 4 000 m，已建成运行 30 多年，在其支撑下已在深海生物研究领域产生丰硕的成果，2020 年 6 月《深海研究Ⅱ》特刊刊登了 16 篇有关世界各地的科学家在该站进行研究的高水平论文，这些论文涵盖了海面的卫星观测以及深海生物的行为和遗传学等多个深海前沿研究主题。

8.3.2 发展建议

经过分析，对我国海上试验场的发展建议如下。

1. 制定我国海上试验场建设规划，加快建设步伐

以海洋仪器设备海上试验需求为目标，充分考虑我国北部、东部、西部海域海洋环境特点，合理布局试验海区，科学定位各试验场区功能，制定我国海上试验场建设规划。依据需求紧迫性和基础条件，分步实施；加快开展多种形式的海上试验平台、监测系统、信息系统、服务系统及运行保障系统等设施建设。针对已具备条件的试验场区，支持其开展示范运行，验证并完善海上试验场建设，发挥推广和带动作用。

2. 建立合理高效的运行管理机制

建立合理高效的运行管理机制才能保证试验场健康持续的发展。通过试验与测试工作的开展，不断完善运行与管理体制机制，健全场区、设备、数据及人员等相关管理制度；合理设置执行组织；制定高效的服务流程，实现管理与运行的科学化、规范化；建立开放、共享的运行管理体系，为我国海洋高新技术仪器设备研发、产业化推进和业务化应用提供支撑。

3. 逐步完善标准体系

规范化的测试离不开完善的标准体系。从试验测试标准体系框架的建立，到各技术基础标准和技术专业标准按需求迫切程度不断丰富，再到最终形成完善的测试标准体系，需要不断地开展测试，并进行技术积累，只有这样才能为试验场试验、测试、评估等技术工作的科学性、专业性、权威性，以及试验场运行管理工作规范化、标准化、制度化提供保障。

参考文献

包宁，2020. 近海海洋仪器试验场测试浮标设计与优化．上海：上海海洋大学．

陈建冬，张达，王潇，等，2019. 海底观测网发展现状及趋势研究．海洋技术学报，38(6)：95-103.

冯景春，梁健臻，张偲，等，2020. 深海环境生态保护装备发展研究．中国工程科学，22(6)：56-66.

孟祥尧，马焱，曹渊，等，2020. 海洋维权无人装备发展研究．中国工程科学，22(6)：49-55.

吴迪，王芳，黄翠，等，2017. 海洋能海上试验场运行管理分析研究．海洋技术学报，36(4)：100-104.

王静，韩林生，王鑫，等，2016. 国家波浪能和潮流能试验场标准体系框架构建初探．标准科学，(5)：48-51.

王鑫，孙瑜霞，石建军，等，2015. 标准检验与试验场技术的发展现状与趋势分析．海洋技术学报，34(3)：104-110.

许凯玮，张海华，颜开，等，2020. 智能船舶海上试验场建设现状及发展趋势．舰船科学技术，42(15)：1-6.

中国经济改革研究基金会，北京国民经济研究所，2015. 我国规划建设三个海洋能海上试验场．中国经济月报，(9)：1.

张宏成，2019. 近海海洋仪器试验场测试装备设计与分析．上海：上海海洋大学．

周凯，程杰，贺可海，等，2021. 国内海洋仪器设备海上试验技术现状．气象水文海洋仪器，38(1)：81-84.

张晓波，宗乐，于凯本，等，2018. 海上试验场公共测试服务平台的运行管理制度．海洋开发与管理，35(12)：66-69.

Center For Operational Oceanographic Products And Services，2013. Test and Evaluation Report For WaterLog® H-3612 Radar Sensor in CO-OPS Air Gap Applications. [2020-09-08]. https://tidesandcurrents.noaa.gov/publications/NOAA_Technical_Report_NOS_COOPS_072.pdf.

National Oceanic And Atmospheric Administration，2018. Center for Operational Oceanographic Products and Services. 2021-03-08. https://tidesandcurrents.noaa.gov/ostep.html.

Ocean Energy System，2019. OES Annual report 2018. [2019-03-01]. https://www.ocean-energy-systems.org/about-us/annual-report.

Ocean Energy System，2020. OES Annual report 2019. [2020-03-12]. https://www.ocean-energy-systems.org/about-us/annual-report.

Ocean Energy System，2021. OES Annual report 2020. [2021-04-23]. https://www.ocean-energy-systems.org/about-us/annual-report.

SELLAR B G，WAKELAM G，Duncan R J，et al.，2018. Characterisation of Tidal Flows at the European Marine Energy Centre in the Absence of Ocean Waves. Energies，11(1).

第9章 海洋放射性在线监测技术

海洋放射性监测作为我国海洋环境监测的重要组成部分，是国家海洋核安全监督管理的重要手段，是海上核事故应急处置的重要支撑，是发展海洋事业，维护海洋权益的重要载体。海洋放射性核素主要包括天然放射性核素和人工放射性核素两大类。天然放射性核素包括：铀系、锕铀系和钍系。这些核素散布在地球环境中，其半衰期的变化幅度很大，从几秒钟到几十亿年不等，主要包括^{40}K、^{214}Bi、^{208}Tl等。

人工放射性核素包括：裂变产物^{89}Sr、^{90}Sr、^{95}Zr、^{106}Ru、^{131}I、^{137}Cs、^{141}Ce、^{144}Ce、^{147}Pm等和活化产物^{3}H、^{14}C、^{51}Cr、^{54}Mn、^{59}Fe、^{58}Co、^{60}Co、^{65}Zn、^{110}Ag、^{124}Sb、^{134}Cs、^{239}Pu、^{240}Pu等。主要来源：核电站、后处理厂、科研院所等产生的低放废液受控排放；核事故，如福岛、切尔诺贝利等核电站事故和核潜艇沉没，载有核武器的飞机失事，载有核材料的航天器在大气层内坠落等；海洋核废物倾倒。

通常情况下，海洋环境放射性核素活度都处于极低的水平，一般为$1 \sim 10^4$ Bq/kg 或$1 \sim 10^4$ Bq/L。在常规环境样品的放射性活度分析中，需要对大量样品进行浓缩、分离、提纯和制样，然后利用HPGe探测器、低本底α、β计数器、α能谱仪、液体闪烁体探测器以及质谱仪等实验室设备对样品测量分析。最近几年，国内外监测方法及仪器未有突破性发展。

在海洋放射性在线监测系统方面，其实时性、连续原位监测随着电子信息技术的发展而快速发展。

9.1 国外发展现状

受切尔诺贝利核电站核事故、俄罗斯失事核潜艇、巴伦支海沉没核废物影响，很多沿海国家都在积极发展和完善海洋放射性自动监测、污染预警系统。欧洲最早建立了基于固定点监测的海洋放射性监测网络，主要以沿岸台站、海上固定平台、浮标及调查监测船等为观测平台，以德国波罗的海、希腊爱琴海的监测网络为主。

9.1.1 德国海洋放射性在线监测业务现状

德国联邦环境部已经建立了包括13个近海、近岸固定观测站的德国湾和西波罗的海海洋放射性监测网络。近海观测站为浮标，近岸观测站为验潮站。此外，有 3 套设备安装于德国联邦海洋和水文局(The Federal Maritime and Hydrographic Agency，BSH)的调查船，用于巡测、定位放射性热点地区。海水 γ 射线探测器放置于水面以下 2~6 m 处。监测数据通过卫星或电话传输到 BSH 的中央计算机。

海上的放射性监测是基于浮标系统固定点监测和船载相结合的方式，岸基站点的核辐射仪主要放置在验潮站内。台站的记录数据可通过卫星(海洋)或无线电(岸站)传输到 BSH 数据中心。图 9.1 给出的是 1999—2011 年间波罗的海^{137}Cs 的辐射监测结果。

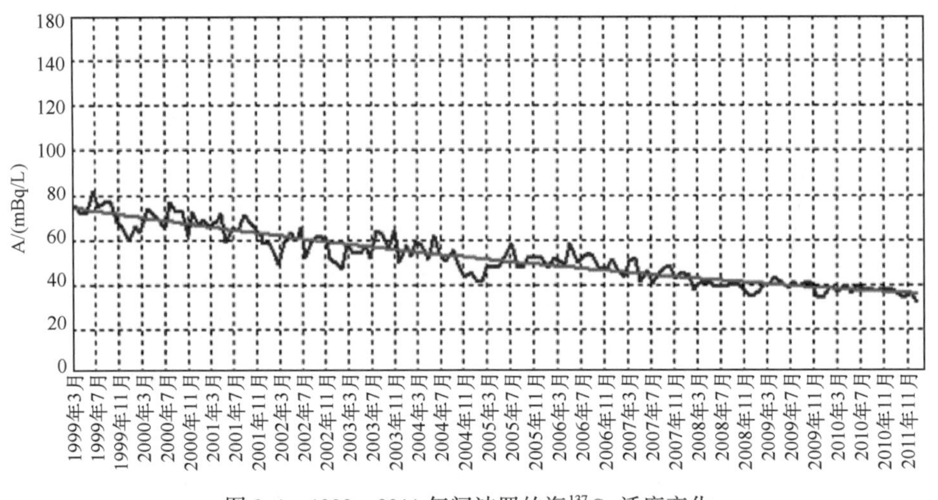

图 9.1　1999—2011 年间波罗的海^{137}Cs 活度变化

BSH 监测器基于 ϕ7.5 cm×7.5 cm 的 NaI(Tl)闪烁体探测器的海水就地 γ 能谱仪。探测器使用 10 位的 ADC，转换时间 600 μs，脉冲幅度分析器为 512 道，每道计数最多 24 位，记录能量范围 0~2 MeV，线性±0.3%。探测器系统分为水下和水上两部分，水下探测器通过电缆与水上的电源供应和数据通信单元相连。水下的探测器使用聚酰胺材料做封装，尺寸 ϕ15 cm×50 cm，包壳外还有一层硅树脂保护膜以防止海洋生物淤积。探测器质量为 5.5 kg，高压范围 500~1 000 V，合适的使用温度为 0~50℃。

9.1.2　希腊 Poseidon 地中海监测与预报系统

希腊 Poseidon 地中海监测与预报系统建立于 1997 年，不久就在部分 Seawatch 浮标上安装了 Oceanor 公司的 RADAM 核辐射检测器，后期改为希腊海洋研究所自己研发的卡特琳娜探测器。

希腊海洋研究所研发的碘化钠(铊)探测器进行核辐射监控的主要特点：该谱仪以较低电耗在海洋观测浮标上持续工作，整个系统的电功率消耗 1.2~1.4 W。该谱仪内部控制的高压范围是 100~1 200 V，探测的能量下限和上限都可以调节，最大能量是 3 000 keV。在 140.5 keV 处的能量分辨率是 10%，在 662 keV 处的能量分辨率是 6.5%。使用温度是-5~50℃，可以自动补偿温度对探测器增益的影响。该谱仪使用10位的ADC，MCA的道数可调(256~1 024道)，非线性小于0.08%。该谱仪输出参数有时间、日期、计数率、能谱、死时间，在水中的死时间小于0.5%。通过3个已知能量的γ射线全能峰来进行增益的稳定(稳谱)，分别是^{208}Tl的2 615 keV、^{40}K的1 461 keV以及海水中能量阈值50 keV，再用^{214}Bi或^{214}Pb的射线来检验非线性。传感器在水深400 m以内可正常工作；可插拔的防水电缆系统用于实时数据传输；在深海至少可工作5年。

9.1.3 美国海洋放射性在线监测

2001年，美国国土安全部的国防威胁减低署(Defense Threat Reduction Agency，DTRA)在佐治亚州金斯湾海军潜艇基地布放了两个核素监测浮标(图9.2)，防止恐怖分子携带核武器潜入潜艇基地。

图9.2 美军潜艇基地反恐放射性监测浮标

9.1.4 俄罗斯海洋放射性监测

俄罗斯研究中心的Kurchatov研究所为有效监测各种水域的放射性污染而开发了高灵敏度水下γ能谱仪REM-10系列(见图9.3)。该系列水下γ能谱仪曾经用于失事核潜艇“Komsomolets”号和“Kursk”号调查，也曾用于喀拉海(Kara Sea)和新地岛(Novaya Zemlya)海湾放射性废物倾倒场调查。

REM-10谱仪采用ϕ20 cm×20 cm的NaI(Tl)闪烁体晶体。探测器置于钛包壳中，通过40 mm厚的石英玻璃与光电倍增管和电子元件分隔开来。光电倍增管中使用的是特殊的不含钾的玻璃。这些设计特点使得探测器自身在天然辐射能量范围的背景辐射不超过若干cps。谱仪能量响应范围为0.1~3 MeV，但可以设置范围。对于^{137}Cs的662 keV射线，谱仪能量分辨率不超过12%。

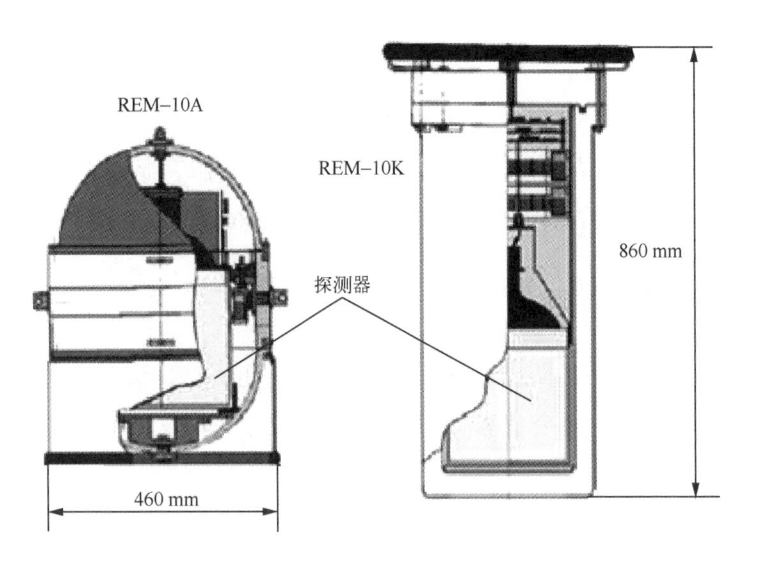

图 9.3　俄罗斯 REM-10 系统示意

9.1.5　法国海洋放射性监测

为了满足对水体放射性实时监测日益增长的需求，法国 Canberra 公司设计了水体放射性探测器，用于对核电厂排放废液受纳河流进行监测的 6 个自动取样监测站，并初步形成了河流自动取样监测网。

水体放射性探测器（图 9.4）采用 2 英寸（5 cm）NaI 晶体和光电倍增管，1 024 道多道脉冲幅度分析器和数字稳谱，通过嵌入式 PC 采集多道数据，并利用 USB 与上位机进行通信。壳体最大耐压深度为 100 m，灵敏度为 5 Bq/m^3（^{137}Cs），体积为 16 cm×48.8 cm，使用温度为-10～30℃，质量为 8 kg。

图 9.4　水体放射性探测器

9.1.6 国际原子能机构海洋放射性在线监测

2000年国际原子能机构的海洋环境实验室和爱尔兰辐射防护研究院合作，应用MEL探测器的Oceanor浮标，布放于爱尔兰近海，用于检测来自英国Sellafield的处理厂排放流出物中的^{137}Cs，如图9.5所示，负责核事故时国防部应变部门间的协调。

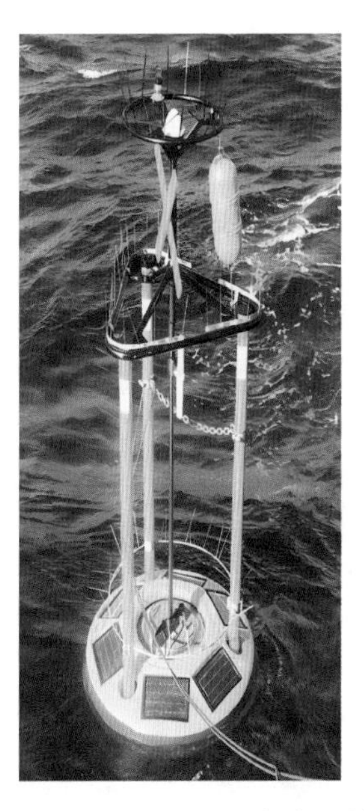

图9.5 设置于Sellafield的处理厂的海上放射性监测浮标

同时，国际原子能机构海洋实验室还研制了IAEA-MEL拖曳式水下能谱仪。IAEA-MEL水下γ能谱仪装置(图9.6)由单独放置的HPGe和NaI(Tl)探头以及安装在一起的数据获取和处理元件[两个多道分析卡(MCA)和一个微型计算机]、由船载PC及调制解调器连接的通信设备、配有1 200 m缆绳的绞车的支持系统组成。

该能谱仪已成功布放在爱尔兰和喀拉海域。获得的HPGe探测器测量结果代表了现场测量的最高分辨率海底γ能谱。对海底表层沉积物中的^{137}Cs，HPGe探测器的灵敏度为5×10^{-4} cps/Bq·kg^{-1}。

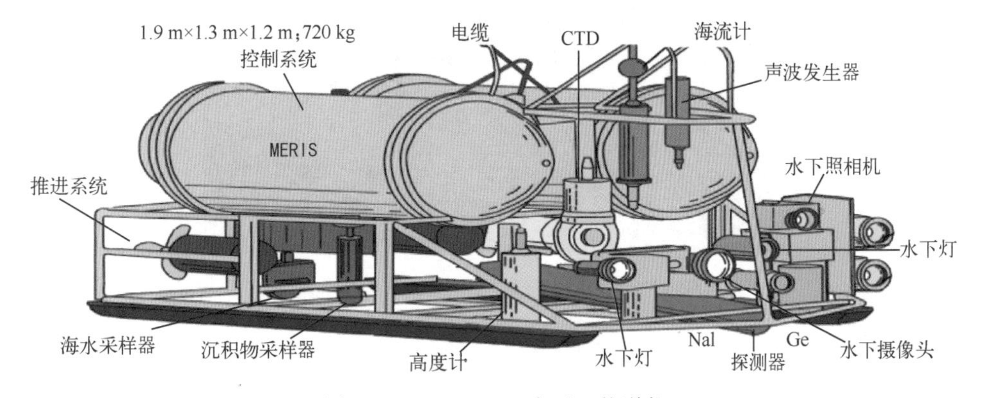

图9.6 IAEA-MEL水下γ能谱仪

9.2 国内发展现状

9.2.1 基于浮标的海洋放射性监测

国内基于浮标的海洋放射性监测是从2013年开始，最早是自然资源部东海局采用山东省科学院海洋仪器仪表研究所开发的浮标和希腊卡特琳娜探测器，在台湾海峡北口和南口分别布放一套基于浮标的放射性监测系统，但是放射性探测器工作一直不稳定，未能长时间连续运行；深圳市规划与自然资源局采用YSI浮标搭载希腊卡特琳娜探测器，于2013年4月布放于大亚湾核电站附近海域，也受到放射性探测器故障的困扰。

2011年福岛核事故后，国家海洋技术中心承担了国家海洋局西太平洋地区海洋放射性在线监测任务，开展了相关技术研究。经过近10年的发展已经形成了放射性在线监测浮标系统、放射性在线监测漂流浮标系统、放射性在线监测空投浮标系统、放射性在线监测潜标以及可搭载各种无缆机器人、波浪能滑翔器等移动平台的一系列海洋放射性监测系统(图9.7至图9.9)。

2017年，广东海洋渔业厅、阳江核电站已布放国家海洋技术中心基于浮标的海洋放射性在线测量系统，用于放射性定点测量。

图9.7　放射性探测器和浮标系统的布放

图9.8　基于潜标的γ能谱在线测量系统布放

图9.9　放射性漂流浮标的布放

9.2.1.1　浮标组成

放射性在线监测锚系浮标系统主要由浮标体、传感器系统、数据采集控制系统、通信系统、供电系统、安全系统、锚泊系统、检测系统和岸站接收系统组成，根据需要布放于指定位置(见图9.10至图9.13)。其中，安全系统由助航标志、雷达反射器、避雷针、开舱进水传感器、卫星定位系统和航标灯组成。

1. 浮标系统的工作流程

- 值班电路的定时时钟按照预定的时间唤醒并启动数据采集处理系统；
- 数据采集模块开始工作，按设定的时序给传感器等模块加电；

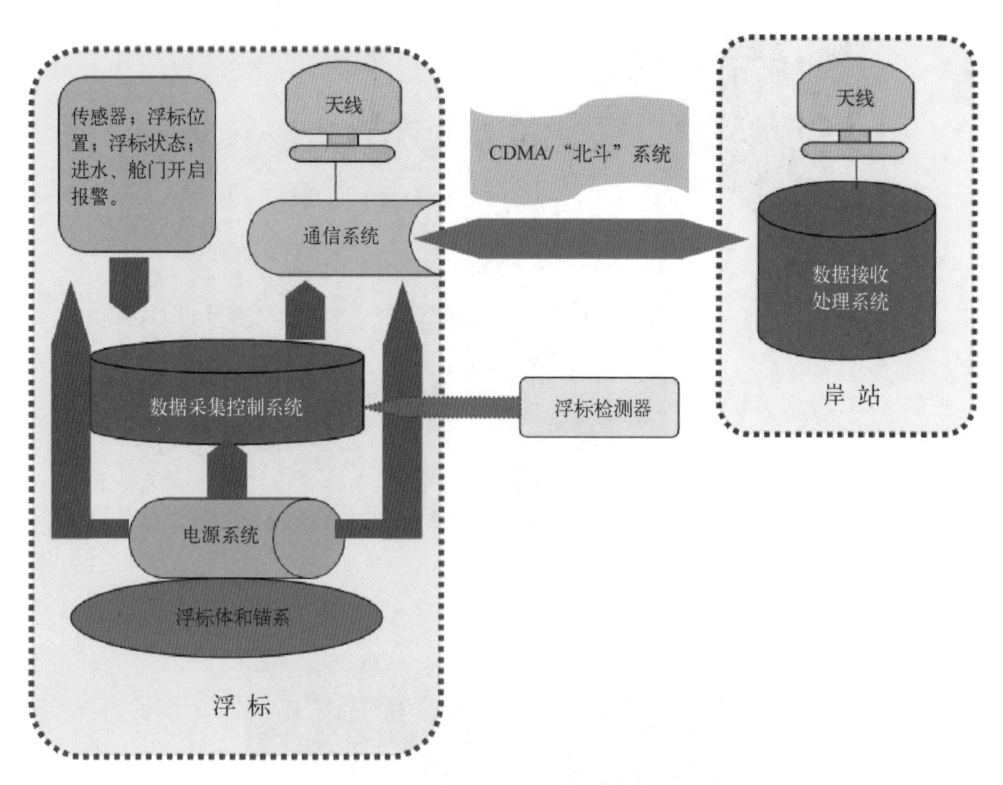

图 9.10　海洋放射性在线监测浮标组成

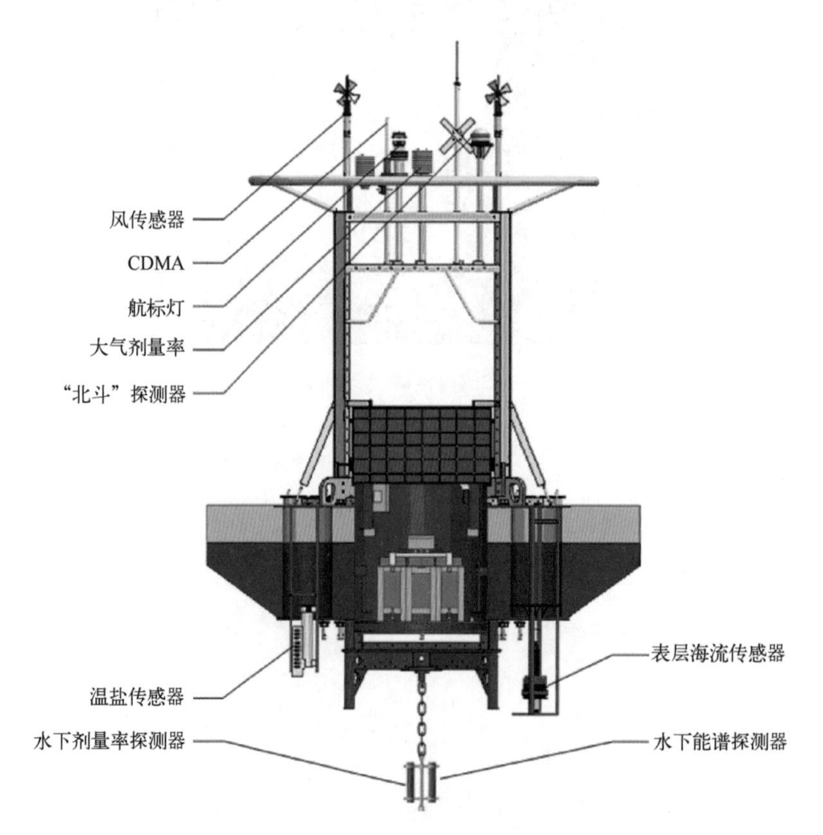

图 9.11　海洋放射性在线监测浮标示意

- 加电后传感器等模块开始工作；
- 待测量完毕后，数据采集处理控制系统采集数据，进行数据处理和存储；
- 将处理后的数据按照预定的报文格式存储并准备数据传输；
- 通信系统将报文发射到岸站数据接收处理系统。

2. 海洋放射性监测系统主要技术指标

表 9.1 海洋放射性监测系统的主要技术指标

序号	测量参数	测量范围	测量准确度
1	总辐射剂量率	(1~100 000) nGy/h 能量响应 25 keV~3 MeV	±10%
2	γ 射线能谱探测器	能量响应 60 keV~3 MeV	20 Bq/m³(24 h)
3	风速	0~60 m/s	v≤20 m/s：±1 m/s v≥20 m/s：±5% Vm/s
4	风向	0°~360°	±10°
5	气温	-20~+50℃	±0.5℃
6	气压	850~1 100 hPa	±0.5 hPa
7	相对湿度	0%~100%	±5%
8	表层流速	±3 m	±1% xV±0.5 cm/s
9	表层流向	(0~360)°	±10°
10	表层水温	-4~+40℃	±0.1℃
11	表层电导率	0~65 ms/cm	±0.05 ms/cm

3. 浮标体主要参数

- 主尺度：总高 4.85 m，直径 3 m，型深 0.76 m；
- 浮标体排水量：2 t；
- 横摇角：<30°。

4. 放射性探测器工作模式设定

放射性探测器同时具备 4 个工作模式：

- 每 10 分钟获取一组谱数据；
- 每天获取一组谱数据；
- 每周获取一组谱数据；
- 每个月获取一组谱数据。

图 9.12　海洋放射性在线监测浮标吊装

图 9.13　海洋放射性在线监测浮标布放

9.2.1.2　投弃式漂流浮标放射性监测系统

投弃式漂流浮标放射性监测系统(见图 9.14)能够随洋流漂流，对海洋水体的放射性进行连续监测，浮标可通过船载快速投放(见图 9.15)，可针对海上核设施、滨海核电站的核事件开展应急监测，对放射性核素在海洋中扩散进行应急监测和长期连续监测，也可用于海洋放射性的大范围本底调查。

1. 功能特点

- 集成度高，质量轻，可单人布放；
- “北斗”、4G 双模式通信；
- 工作时间长；
- 可兼顾温盐测量；
- 采用一体化设计，结构简单、随波性好，姿态稳定，可靠性高。

2. 应用领域

- 核电厂周围水域；
- 核设施附近水域；
- 江、河、湖、海等；
- 海洋本底调查。

3. 技术规格

- 工作时间：3~6 个月(通信频次增加，工作时间缩短)；

- 表层水温：-2~35℃，准确度±0.2℃；
- 探测器类型：塑料闪烁体/NaI；
- 能量范围：60~3 000 keV ；
- 剂量率范围：1 nSv/h~100 mSv/h；
- 尺寸：高2.3 m；
- 重量：10 kg。

图9.14 投弃式漂流浮标放射性监测系统

图9.15 投弃式漂流浮标放射性监测系统布放

9.2.1.3 轻型海洋放射性在线监测应急浮标

轻型海洋放射性在线监测应急浮标(ϕ 0.7 m)，主要使命是对涉核设施附近水域进行大气中γ辐射剂量率测量，以及水中γ核素能谱数据的采集，并将测得数据通过无线通信链路实时传回地面测控终端(见图9.16)。

可布放于江、河、湖、海等核辐射环境与核应急应用场景，在完成对放射性物质的原位监测的同时，可以结合全球定位系统、阈值报警算法等，确定放射性物质所在水域的位置信息和辐射剂量强度等信息，从而方便快捷地告知获取探测到的各种数据，有助于决策者及时采取相应措施。

1. 功能特点

- 浮标随波性好，水中姿态稳定；
- 浮体及金属结构件的表层使用特殊材料，具有优异的耐水性、耐气候性和耐腐蚀性；
- 质量小，可双人布放；

图 9.16　轻型海洋放射性在线监测应急浮标

- 具有完整的外部检测功能，在浮体上或远程均可将故障定位到模块级，便于维修更换；
- 具有双向通信功能，用户根据需求更改观测频次和启用数据加密功能；
- GM 管与 NaI 探测器，兼顾环境测量与核应急测量；
- 放射性探测器采用耐腐蚀、抗氧化、耐压材料。

2. 应用领域

- 核电厂周围水域；
- 核设施附近水域；
- 江、河、湖、海等。

3. 浮标体主要参数

- 主尺度：总高 1.5 m，直径 0.7 m；
- 工作水深：≥500 m；
- 外部浮力材料：不吸水弹性泡沫内芯，外裹高弹高强聚脲外壳；
- 内部仪器舱材料：优质无磁不锈钢 316 L；
- 浮标体重量：≤70 kg；
- 锚系方式：单点复合式锚泊系统，倒悬链式。锚系设计经过详细计算，安全系数不小于 3；
- 数据传输：“北斗”卫星和 4G 双通信；
- 全年数据平均有效接收率：在双通信模式，网络完好条件下≥95%；在网络条件不好的地域，接收率不低于90%；

- 工作时间：≥2年(在不含太阳能板的情况下，大于7天)；
- 维护性指标：平均维护(修复)时间(MTTR)≤3 h。

4. 轻型海洋放射性监测系统的主要技术指标

表9.2 轻型海洋放射性监测系统的主要技术指标

序号	测量参数	测量范围	测量准确度
1	风速	0~60 m/s	v≤20 m/s：±1 m/s v≥20 m/s：±5% V m/s
2	风向	0°~360°	±10°
3	气温	-20~+50℃	±0.5℃
4	气压	850~1 100 hPa	±0.5 hPa
5	相对湿度	0~100%	±5%
6	测量对象	γ射线	—
7	探测器类型	GM管+NaI/$LaBr_3$/$CeBr_3$	—
8	总辐射剂量率	(1~100 000)nGy/h 能量响应25 keV~3 MeV	±10%
9	γ射线能谱探测器	能量响应60 keV~3 MeV	20 Bq/m^3(24 h)

5. 应急浮标布设与回收

- 布设：双人将浮标放入水中(图9.17)；
- 回收：由船将浮标与锚系一起拖起。

图9.17 轻型海洋放射性在线监测应急浮标布放

9.2.2 无人船海洋核应急监测系统

无人船海洋核应急监测系统(图9.18)含基于无人艇的小型化α、β在线分析装置、高灵敏水下γ射线测量装置、高效水面剂量率监测单元、无线数据传输模块、智能化路径优化模型、系统控制软件等，具有α、β核素在线监测分析、水下γ能谱测量、水面剂量率监测、高灵敏放射性报警、快速核素识别、低下限活度浓度测量等多种功能，可用于核电厂近岸海域的日常放射性污染监测预警、核事故应急等。

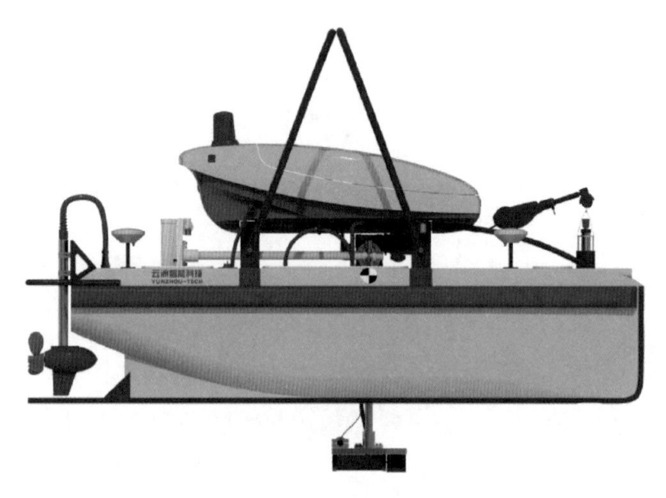

图9.18　无人船海洋核应急监测系统

1. 功能特点

- 测量范围宽，可兼顾近海海洋放射性生态环境业务化监测预警，也可用于核事故应急监测；
- 含有多种任务模块，可原位测量α、β、γ核素，对γ核素可实现表面巡测与剖面测量相结合；
- 基于人工智能的测量路径优化模型，可实现无人自主巡航；
- 模块化设计，可靠性、维护性高。

2. 技术指标

- 主要包含无人船平台、岸基站平台、辐射测量系统；
- 无人船续航能力≥80 km；
- 无人船剖面测量探测深度≥50 m；
- 能够识别的放射性核素种类：①人工核素：^{137}Cs、^{134}Cs、^{131}I、^{60}Co、^{124}Sb等；②天然核素：^{40}K、^{208}Tl、^{214}Bi、^{214}Pb、^{226}Ra、^{232}Th等；
- 剖面测量深度≥50 m；

- α、β 探测下限：400 Bq/L；
- γ 射线能量响应 60 keV～10 MeV；
- 水下 γ 探测单元能量分辨率：≤4.5%(662 keV)；
- 水面 γ 辐射剂量率：(1～100 000)nGy/h。

9.2.3 波浪能滑翔器海洋放射性在线监测系统

该系统以波浪能滑翔器为平台，搭载海洋放射性探测器，实现开阔海域放射性监测。具有大范围、远距离、长时间走航测量和可虚拟锚系的特点，通过空气、水体的放射性监测数据与智能走航路径优化算法相结合，实现海洋水体与空气的 γ 射线原位、实时监测与数据实时回传。可用于海上核动力平台、核动力破冰船、滨海核设施外围的放射性环境监测与应急监测(图 9.19 和图 9.20)。国家海洋技术中心已成功将该技术应用于西北太平洋放射性在线监测。

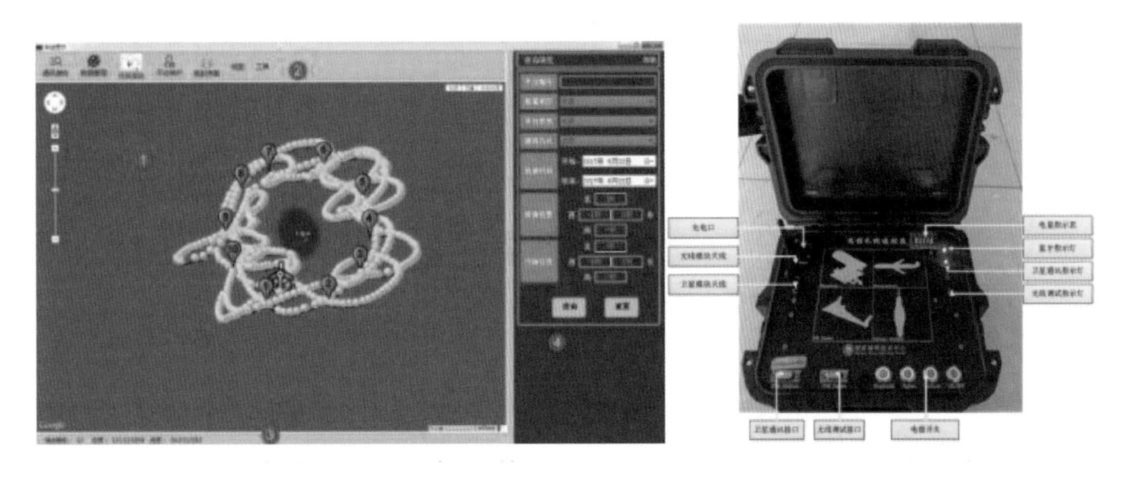

图 9.19 波浪能滑翔器海洋放射性在线监测系统控制

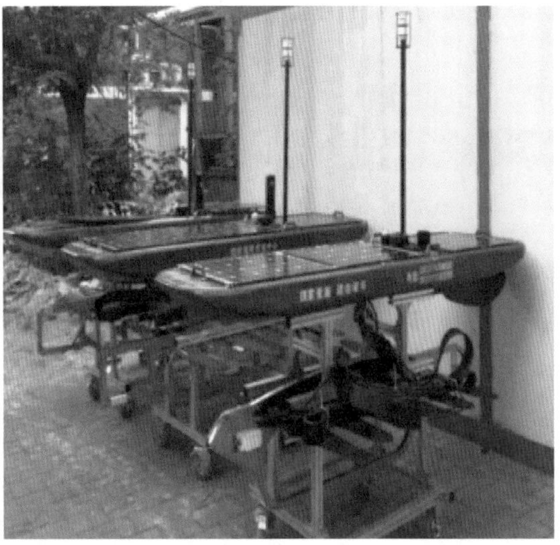

图 9.20 波浪能滑翔器海洋放射性在线监测系统展示

1. 功能特点

- 抗风浪能力强，具备超强的海洋环境生存能力；
- 布放、回收方便简单；
- 载重能力强；
- 连续续航能力强(≥10 000 n mile)；
- 可虚拟锚系。

2. 平台技术规格

- 平台参数：长 2.4 m，宽 0.7 m(可根据载荷和监测时间定制)；
- 重量：≤120 kg；
- 峰值发电功率：180 W；
- 平均发电功率：20 W；
- 航行指标：连续航行距离>10 000 km；
- 连续工作时间：>1 年；
- 平均航速：1 节(3 级海况下)；
- 最大可生存浪高：6 m；
- 定位精度：24 h 内虚拟锚泊定点误差：半径小于 1 000 m 概率≥80%；
- 124 h 内路径跟踪偏差：半径小于 1 000 m 概率≥80%；
- 搭载能力：搭载质量 20 kg；
- 搭载体积：26 L；
- 搭载功率：15 W；
- 适用水深：>15 m。

3. 海洋放射性在线监测系统的主要技术指标

表 9.3 海洋放射性在线监测系统的主要技术指标

序号	测量参数	测量范围	测量准确度
1	风速	0~60 m/s	v≤20 m/s：±1 m/s v≥20 m/s：±5% V m/s
2	风向	0°~360°	±10°
3	气温	-20~+50℃	±0.5℃
4	气压	850~1 100 hPa	±0.5 hPa
5	相对湿度	0%~100%	±5%
6	表层水温	-4~+40℃	±0.1℃
7	表层电导率	0~65 ms/cm	±0.05 ms/cm
8	测量对象	γ 射线	—

续表

序号	测量参数	测量范围	测量准确度
9	探测器类型	GM 管+NaI/labr$_3$/CeBr$_3$	—
10	总辐射剂量率	(1~100 000) nGy/h 能量响应 25 keV~3 MeV	±10%
11	γ射线能谱探测器	能量响应 60 keV~3 MeV	20 Bq/m^3(24 h)

9.2.4 海洋放射性应急监测机器人

海洋放射性应急监测机器人主要包括有缆和无人自主两种机器人，国内海洋技术中心开展了相关研究，并取得了一定的成果。

9.2.4.1 海洋放射性应急监测有缆机器人(ROV)

海洋放射性应急监测有缆机器人通过 ROV 搭载高能量分辨率、宽能量响应放射性探测器，对海洋放射性事故源进行水下抵近监测和采样，用于海洋核事故救援、海洋核事故类型判断、海洋放射性环境监测等(图 9.21 和图 9.22)。

图 9.21 海洋放射性应急监测 ROV

1. 功能特点

- 抗风浪能力强，具备超强的海洋环境生存能力；
- 布放、回收方便简单；

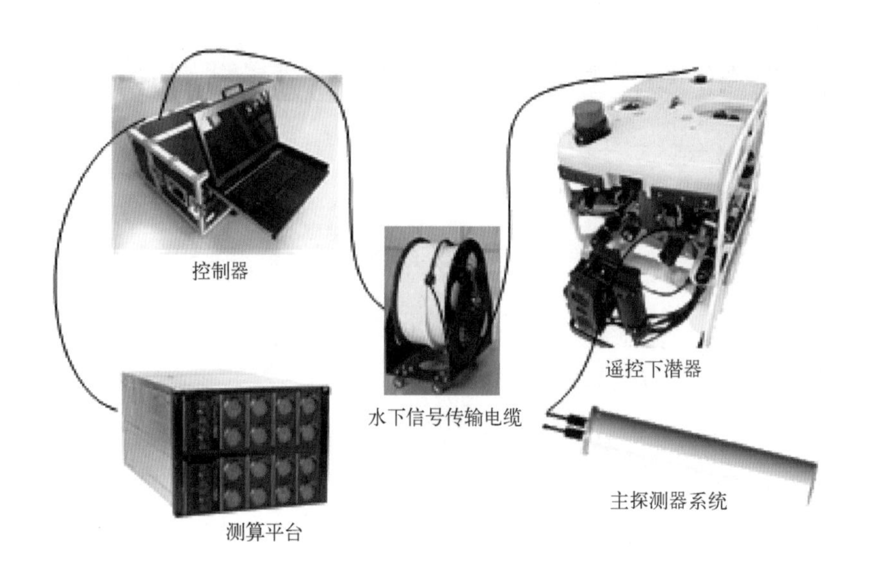

图 9.22　海洋放射性 ROV 测量系统组成

- 探测能量范围宽；
- 可兼顾环境测量与应急测量；
- 高能量分辨率；
- 可实现水下远程控制抵近监测；
- 可提供视频。

2. 应用领域

- 核电厂周围水域；
- 核设施附近水域。

3. 传感器舱（搭载 $LaBr_3$/$CeBr_3$ 传感器）

- 能量分辨率<3%/4.5%（0.662 MeV）；
- 能谱范围 0.1~10 MeV；
- 剂量范围 0.1~10^6 μSv/h；
- 计数率：10^5 cps。

9.2.4.2　海洋放射性应急监测无缆机器人（AUV）

海洋放射性应急监测无缆机器人是通过 AUV 搭载小型高能量分辨 γ 探测器，能够在核事故情况下对事故源进行抵近监测，用于近岸高浓度放射区的水面水下近距离核污染快速协同监测，实现水体中放射性核素活度浓度三维立体分布的高效精确测定（见图 9.23）。

1. 功能特点

- 模块化设计；

- 布放、回收方便简单；
- 机动能力强，具有定深、定向、定高航行的能力；
- 高能量分辨率 4.5%(^{137}Cs)。

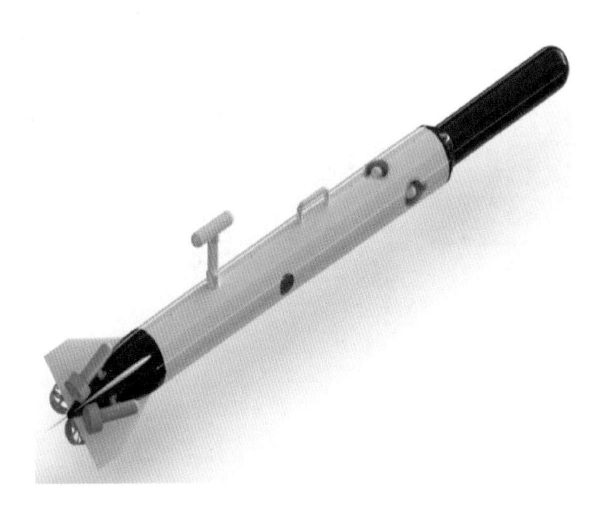

图 9.23　海洋放射性应急监测无缆机器人

2. 应用领域

- 核电厂周围水域；
- 核设施附近水域；
- 江、河、湖、海等。

9.2.5　海洋放射性在线监测探测器现状

自然资源部第三海洋研究所在国内最早采用海洋 γ 射线在线测量，采用 ϕ30 mm×25 mm 的 NaI(Tl)探测器，最低的探测水平为 4×10^{-10}Ci/L。

清华大学采用 NaI(Tl)探测器，对^{137}Cs 全能峰探测效率为 2.27×10^{-5}cps/(Bq/L)，同时对溴化镧应用于海洋 γ 射线测量进行调研和理论计算，发现相同尺寸的溴化镧对^{137}Cs 的最小探测活度比 NaI 探测器的强若干倍。

从 2011 年开始，国家海洋技术中心研发了基于 NaI、$LaBr_3$探测器的自容式、浮标式海洋 γ 能谱监测系统和基于放射性漂流浮标的监测系统，可对放射性核素进行实时监测，通过手机、卫星、长波电台等通信方式进行通信。针对 NaI 探测器探测下限高、能量分辨率差的问题，2015 年国家海洋技术中心研制了基于 HPGe 的水下探测器，克服了 NaI 探测器的上述缺点，并在天津港和防城港进行了相关实验，达到了预期目标，10 min 和 1 min 的探测下限分别为 0.380 Bq/L 和 1.960 Bq/L(见图 9.24 至图 9.26)。

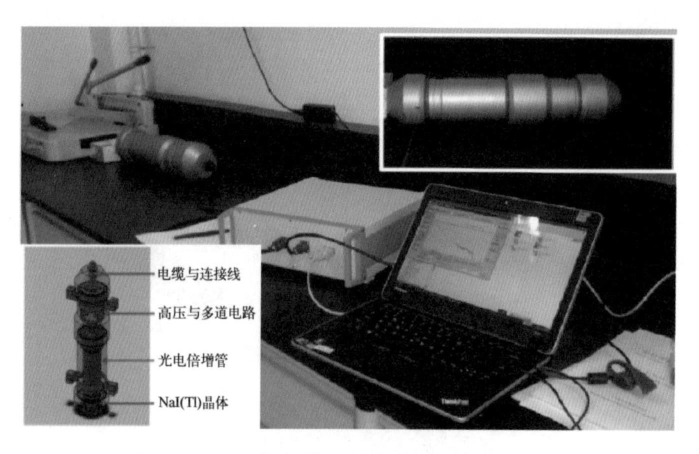

图 9.24　清华大学放射性在线监测探测器

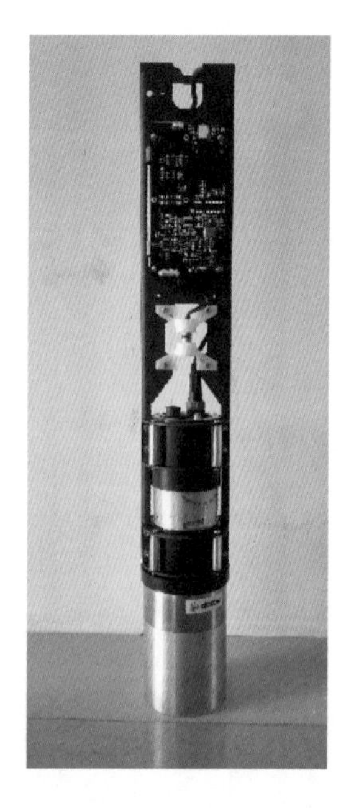

图 9.25　FWG-N 放射性在线监测探测器

图 9.26　水下 HPGe 探测器

9.3　发展趋势及建议

我国在海洋实验室放射性化学分析方面，无论设备还是方法，已经走到了世界的前列。但有关方法探测下限较低，速度太慢、成本高；一年最多监测两次，不能达到连续监测目的，尤其是应急监测和短寿命核素监测。

我国在陆地上已经建立和健全了核安全与应急监测网络，但海洋放射性在线监测体系尚未建立。放射性在线监测网络高度自动化，网络化，可远程操作，能够实时、连续性提供监测数据，并设定预警阈值，当 γ 辐射核素活度浓度达到设定预警范围便进行自动预警，应大力实施和推广。

参考文献

陈立奇，何建华，林武辉，等，2011. 海洋核污染的应急监测与评估技术展望．中国工程科学，10：34-39.

李红志，王磊，樊世燕，等，2015. 水体 X-剂量率测量中宇宙射线的影响研究．核电子学与探测技术，35(10)：1014-1016.

刘广山，2011. 海洋放射化学．化学进展，7：1558-1565.

刘广山，2012. 海洋放射性监测技术——现在与未来．核化学与放射化学，2：65-73.

苏耿华，2010. 海水就地 γ 能谱测量溴化镧探测器的技术研究．北京：清华大学．

曾志，苏健，衣宏昌，等，2013. 海水放射性监测装置研制及初步测试结果．辐射防护，33(1)：46-48，53.

BARANOV I，KHARITONOV I，LAYKIN A，et al.，2003. Devices and methods used for radiation monitoring of sea water during salvage and transportation of the Kursk nuclear submarine to dock. Nuclear Instruments and Methods in Physics Research Section A：Accelerators，Spectrometers. Detectors and Associated Equipment，505(1-2)：439-443.

POVINEC PP，OSVATH I，BAXTER M S，1996. Underwater Gamma-spectrometry with HPGe and NaI(Tl) Detectors. Applied Radiation and Isotopes，47(9)：1127-1133.

BSH-Radioactivity. [2021-02-15]. https：//www.bsh.de/EN/TOPICS/Monitoring_systems/MARNET_monitoring_network/Radioactivity/radioactivity_node.html.

OSVATH I，POVINEC P P，LIVINGSTON H D，et al.，2005. Monitoring of radioactivity in NW Irish Sea water using a stationary underwater gamma ray spectrometer with satellite data transmission. Journal of Radio analytical and Nuclear Chemistry，263(2)：437-440.

SAWIDIS T，HEINRICH G，BROWN M T，2003. Cesium-137 concentrations in marine microalgae from different biotopes in the Aegean Sea (Greece). Ecotoxicol Environ Saf，54(3)：249-254.

Science Technology Review. 2004. [2021-02-17]. https：//str.llnl.gov/content/pages/past-issues-pdfs/2004.01.pdf.

TSABARIS C，BAGATELAS C，DAKLADAS T，et al.，2008. An autonomous in situ detection system for radioactivity measurements in the marine environment. Applied Radiation and Isotopes，66(10)：1419-1426.

TSABARIS C，THANOS I，DAKLADAS T，2005. The development and application of an underwater gamma spectrometer in the marine environment. Radioprotection，40：S677-S683.

SOUKISSIANT H，CHRONIS G，2000. Poseidon：A marine environmental monitoring，forecasting and information system for the Greek seas. Mediterranean Marine Science，1(1)：71-78.

VLASTOU R，NTZIOU I T，KOKKORIS M，et al.，2006. Monte Carlo simulation of γ ray spectra from natural radionuclides recorded by a NaI detector in the marine environment. Applied Radiation and Isotopes，64(1)：116-123.

VLACHOS D S，2005. Self-calibration techniques of underwater gamma ray spectrometers. Journal of Environmental Radioactivity，82(1)：21-32.

VLACHOS D S，TSABARIS C，2005. Response function calculation of an underwater gamma ray NaI(Tl) spectrometer. Nuclear Instruments and Methods in Physics Research Section A：Accelerators，Spectrometers，Detectors and Associated Equipment，539(1-2)：414-420.

Water Radioactivity Monitor – Canberra Industries. [2021-02-17]. https：//www. canberra. com/cbns/products/pdf/WaterMonitor. pdf.

WEDEKIND C，SCHILLING G，GRÜTTMÜLLER M，et al.，1999. Gamma radiation monitoring network at sea. Applied Radiation and Isotopes，50(4)：733-741.

ZHANG J，LI H，TUO X，2019. Insitu Measurement of Artificial Nuclides in Seabed Sediments Based on Monte Carlo Simulations and an Underwater HPGe Detector. Marine Technology Society Journal，53(3)：16-22.